貓頭鷹書房

有些書套著嚴肅的學術外衣，但內容平易近人，非常好讀；有些書討論近乎冷僻的主題，其實意蘊深遠，充滿閱讀的樂趣；還有些書大家時時掛在嘴邊，但我們卻從未看過……

如果沒有人推薦、提醒、出版，這些散發著智慧光芒的傑作，就會在我們的生命中錯失——因此我們有了**貓頭鷹書房**，作爲這些書安身立命的家，也作爲我們智性活動的主題樂園。

貓頭鷹書房——智者在此垂釣

內容簡介

搜尋引擎讓你在〇．〇一秒內搜遍全球，你的世界觀將會產生什麼變化呢？從印刷書到網路閱讀，我們對世界的感知所發生的改變，也在西方世界的口語時期過渡至印刷書時期發生過。一九六二年出版的《古騰堡星系》最早提出電子時代「全球村」的概念。麥克魯漢以其博學的藝術和歷史知識，分析了西方文明從口語、手抄書到印刷術出現時期，人類如何從聽覺文化過渡至視覺文化，以及印刷術最後如何促成人類意識的同質性、民族主義，以及個人主義的誕生。

《古騰堡星系》以他特有的「馬賽克風格」寫作，是麥克魯漢最難閱讀的經典。全書由多則看似獨立又環環相扣的短文組成，篇篇都閃爍著麥克魯漢先知般的智慧花火和洞見，即使在原版書出版後近半個世紀的今天來看，這本經典依然散發著預言的魅力。

作者簡介

麥克魯漢，二十世紀媒體理論宗師，出生於加拿大，於劍橋大學取得博士學位，擔任多倫多大學英語教授，一九八〇年病逝於多倫多。他在一九六〇年代創造的「全球村」、「媒體即訊息」等概念，已成爲世界人人熟悉的名言，並被稱爲「媒體先知」。「紐約前鋒論壇報」讚譽麥克魯漢爲「自牛頓、達爾文、佛洛依德、愛因斯坦和巴甫洛夫以來最重要的思想家」。另著有《機械新娘》、《認識媒體》（貓頭鷹出版）等。

譯者簡介

賴盈滿，英國倫敦政經學院科學哲學碩士，譯有《神話簡史》、《麥田圈密碼》等書，現旅居歐陸。

貓頭鷹書房 36

古騰堡星系
活版印刷人的造成

The Gutenberg Galaxy
The making of typographic man

麥克魯漢◎著

賴盈滿◎譯

貓頭鷹

貓頭鷹書房 36 ISBN 978-986-7001-88-7

古騰堡星系：活版印刷人的造成

作　　者　麥克魯漢（Marshall McLuhan）
譯　　者　賴盈滿
主　　編　陳穎青
責任編輯　劉偉嘉
特約編輯　蕭永玫、陳綺文、吳孟潔
文字校對　魏秋綢
版面構成　謝宜欣
封面設計　莊士展
發 行 人　凃玉雲
社　　長　陳穎青
總 編 輯　謝宜英
出　　版　貓頭鷹出版
　　　　　讀者意見信箱：owl_service@cite.com.tw
　　　　　貓頭鷹知識網：www.owls.tw
發　　行　英屬蓋曼群島商家庭傳媒股份有限公司城邦分公司
　　　　　聯絡地址：104台北市民生東路二段141號2樓
　　　　　郵撥帳號：19863813／戶名：書虫股份有限公司
　　　　　購書服務專線：02-25007718~9
　　　　　（周一至周五上午09:30-12:00；下午13:30-17:00）
　　　　　24小時傳真專線：02-25001990~1
　　　　　購書服務信箱：service@readingclub.com.tw
　　　　　城邦讀書花園：www.cite.com.tw
香港發行　城邦（香港）出版集團
　　　　　電話：852-25086231／傳真：852-25789337
馬新發行　城邦（馬新）出版集團
　　　　　電話：603-90563833／傳真：603-90562833
印　　刷　成陽印刷股份有限公司
初　　版　2008年2月

定　　價　480元

國家圖書館出版品預行編目資料

古騰堡星系：活版印刷人的造成／麥克魯漢（Marshall McLuhan）著；賴盈滿譯. -- 初版.-- 臺北市：貓頭鷹出版：家庭傳媒城邦分公司發行, 2008.02
面；　公分　.-- (貓頭鷹書房；36)
參考書目:面　含索引
譯自：The Gutenberg galaxy : the making of typographic man
ISBN 978-986-7001-88-7（精裝）
1. 活字印刷術
477.21　　96025328

■導讀

從印刷術預見數位時代的麥克魯漢

南華大學教授兼社會科學院院長 翟本瑞

麥克魯漢早年在英美文學領域深耕，然而，他在威斯康辛大學任教期間，面對一時無法理解的美國青年，藉著敏銳的觀察和思辨力，讓他急迫想要研究他們的通俗文化，以便接觸到它的內涵。同時，受到因尼斯的影響，麥克魯漢也認識到傳播技術對社會文化所帶來的影響，因而轉向媒體研究，並從傳播學伸展到大眾文化，無論是詩歌、音樂、電影、報紙、影像文本等，都是他關心的議題。

派瑞和洛德等人從口傳詩歌與筆傳詩歌性質差異的研究出發，分析口說傳統與書寫傳統對人類心靈和社會文化型態所造成的影響。此一論點深深影響麥克魯漢，他在思索大眾文化形成時，就以此思考模式，反省派瑞和洛德的研究發現，以透視當前電子時代的可能發展。

威爾森以電影來教導原住民識字，結果發現「看電影」與看照片，也需要特別訓練，否則口說傳統的人類是無法自發地「看到」書寫傳統中的視覺邏輯。彩色電視機刺激了所有感官，與黑白電視有所不同；法國電視解析度有八百一十九條，美國電視只有五百二十二條，這些差異影響了兩個國家的審美態度。對麥克魯漢而言，這些都說明即使是感官知覺，也不是放諸四海皆準的，它會受到傳播媒體的影響。

媒體即訊息（The media is the Message）。使用媒體會造成人類心靈認知差異。在麥克魯漢的媒體史觀中，口語傳播、拼音文字及印刷術，以及電子媒體代表三個不同階段，三個階段的人類認知思維模式大不相同，社會型態與心理邏輯也很不相像，不能以連續發展視之。而《古騰堡星系》一書，主要就在探討口說傳統與印刷術發明後，這兩種不同時期的媒體形式，對人類感官、訊息傳遞、社會型態、思維邏輯以及表現方式所造成的影響。新的技術，建構出西方現代文明，書寫及印刷決定了現代西方文明的開展方式，以及在技術文明上的優越性。

就好像分析口說傳統需要以書寫文字來記載，派瑞和洛德分析口說傳統時，它就不再屬於口說傳統，但又要能客觀將其運作邏輯加以分析。同樣地，麥克魯漢分析印刷術對人類文明的影響，如果還是只能用印刷排版的方式來講述，又將受限於書寫傳統而無法跳脫出其限制。然而，以本書寫成的年代而言，電子媒體也還只有電視與電影，尚未充份發展出其他可能性，麥克魯漢很難預知未來的發展。即令如此，麥克魯漢仍然試圖以電子時代的表達方式來寫成本書。即使就當前網路時代的觀點視之，這種簡潔、段落式、超連結的表述方式，仍可部分彰顯網路時代的寫作風格。

不同於曼古埃爾在《閱讀地圖》中的寫作方式，麥克魯漢在《古騰堡星系》一書中從不同的文化現象來檢視西方文明經由印刷術而得到的開展。一〇七項主題在全書中開展，每一單元都像是各自獨立的論述，然而，其間又彼此相關，都在論說印刷術對西方文化的影響。每一主題所占篇幅都不長、彼此相關、交互指涉，可以從任何一頁開始讀，也可以從某一項讀完跳到其他不同主題，其間沒有嚴格的邏輯關係，望之儼然不似學術著作，充分體現網路去中心化的特性。

就此點而言，我們不能不佩服麥克魯漢的先知先見。同樣地，資訊超載造成「內爆」，P2P端對端溝通透過網際網路具體實現，而Web2.0的發展更促成集體創作時代來臨，諸如「全球村」的預言，預視著電子時代的社會型態。從報紙、書籍、電影等線性閱讀模式，要能過渡到網路式的超文本閱讀，現代人還需要一段學習過程才能習慣。麥克魯漢從電子時代的必然來臨，預視未來社會型態發展的可能，其洞察力與分析能力可見一斑。

目次

■前言

媒體形式的轉變及對人類的影響

本書在許多方面都可說是洛德《敘事歌者》一書的補充，而洛德教授本人則承繼了派瑞的未竟之功。派瑞專研荷馬史詩，進而思考口傳詩歌與筆傳詩歌如何由於性質不同，發展出相異的模式與功能。派瑞深信荷馬史詩以口傳詩歌爲體裁，因而「決心求證，便開始研究南斯拉夫史詩。」派瑞指出，研究現代史詩是「爲了精確界定口傳敘事詩的**形式**，方法是找出尚未形諸文字的口傳歌謠，觀察歌手演唱，研究歌手如何不靠讀寫習得歌謠與演唱方式，以了解口傳歌謠的形式如何受其影響。」[1]

根據洛德教授的著作和派瑞的研究來透視當前的電子時代，其實順理成章，各位讀完本書或許就能明白。伊莉莎白時代，機械和印刷術無所不在，正如同現今電子技術與產品遍布生活各處，而我們也恰似當年的先祖，夾在經驗形式大不相同的新舊社會之間深感困惑，猶豫不安。伊莉莎白時代由中世紀集體主義過渡到現代個人主義，我們卻恰好相反，電子科技似乎讓個人主義瀕臨瓦解，集體依存再度成爲時代鐵律。

伊莉莎白時代，世界崩解消融，獨特的生活經驗衍生出迥異的藝術取向，夸特威潛心探究之後寫成《莎翁時刻》一書。現代人也處在類似的時刻，兩種文化天差地別卻彼此互動的時刻。表音字母出現和後來印刷術興起，影響了人類經驗和心理表徵的**形式**，而《古騰堡星系》便旨在追溯其間的遷易，將派瑞的研究加以延伸，不再局限口傳與筆傳詩歌的**形式**之分，而是擴及社會與政治，探討思想的形式和經驗如何組織。口傳和筆傳社會組織型態極為不同，長久以來卻未有歷史學家研究，實在令人匪夷所思。究其原因，或許必須等到口傳和筆傳的經驗形式再度衝突（例如當前），才會出現契機。列文教授在《敘事歌者》前言中（xiii頁）便明白指出這點：

「文學」一詞已經預設了文字存在，並假定表達想像的口語作品均藉由讀寫才得以傳承，因此「口語文學」根本是自相矛盾。然而，當前「文質」如此淡薄，再也無法作為美學的判準，反倒是說唱之「言」和言者歌者的肉體形象在電子時代依然保有其力量。文藝復興時期直到晚近，印刷書籍儼然是西方文化的基石，雖留下難以衡量的豐富資產，卻也造成裝腔作勢的習性，應該勉力去除。傳統必須重估，前人留下的浩瀚糟粕也不能被動接受，承襲過去的言談和發明都必須加以消化，重新創造。

表音文字改變了思想和社會組織的形式，歷史學家非但不曾研究其演變，更沒有探討表音文字在社經史所扮演的角色。羅伯斯特是〈古典時代經濟生活〉的作者，他於一八六四到六七年對書中理論提出更深入的闡釋，皮爾斯在《早期帝國貿易與市場》中（五頁）指出羅伯斯特的創見所在：

羅伯斯特察覺貨幣的社會功能，他的觀點非常現代，卻未獲得應有的重視。他發現「自然經濟」過渡到「貨幣經濟」代表交易方式改變，從「以物易物」變成「銀貨兩訖」，但卻不僅於此。他極力強調貨幣經濟和傳統經濟的社會型態完全不同，因此重點在於伴隨貨幣而來的社會型態轉變，而非止於使用貨幣這項技術事實。這樣的觀點倘若加以擴展，針對古代不同社會，研究社會型態和貿易活動的關聯，或許後人對「社會和貿易關係為何」的爭論根本不會出現。

換言之，羅伯斯特當年要是更進一步，指出不同的貨幣和交易方式會塑造出不同的社會，後人或許就能省下數代之力，不再爲此困擾爭執許久，直到布許爾出現才一舉化解難題。布許爾不以現代慣用的回顧法上溯古代，而是從史前開始，從尚無文字的社會向下推演，並且建議「從史前著手，或許比從現代觀點切入更能掌握古代經濟生活。」[2]

當代西方世界由於知文識字，因此必須顛倒角度才能讀懂《敘事歌者》，然而電子和後讀寫時代來臨，爵士樂手充分運用口傳詩歌的各項技巧，二十世紀想要感同身受口傳文化的模式，其實不難。

五百年印刷術和機械時代過去，電子時代到來，人類相互依存與表達方式也隨之出現新的型態與結構，雖然組成元素或非口語，形式卻是「口語」無誤，本書結尾將針對這個問題詳加著墨。問題本身不難，只是心靈運作型態需要重組，但由於舊有認知模式勢必頑抗，改變注定延誤。在現代人眼中，伊莉莎白時期就跟中世紀無異。中世紀人自比古典時代，正如同我們自認現代，但後人必然覺得我們充滿文藝復興習性，竟然對過去一百五十年來自己一手促成的社會新變因毫無所知。

本書絕非蓋棺論定之作，牽動社會變遷的因素不少，本書只希望闡明其中一項主因，指出這項因素未來或許能讓人類更爲自主。德魯克探討當代「科技革命」時（《科技與文明》一九六一年卷二，號四，三四八頁）表示：「關於科技革命我們只有一事不知，但卻攸關重大。科技革命源自人類態度、信念和價值的根本轉變，但轉變的起因爲何？筆者希望闡明『科學進展』並非答案，最終解答在於：科學革命和革命前一百年的世界觀巨變有何關聯？」本書想說的就是這「一事」，但也許最後會發現我們不知的根本不只一事！

本書採用的研究方法來自伯納德，伯納德在為《實驗醫學研究》所寫的經典導論中（八至九頁）指出，在生理學家眼中，觀察就是注意現象但不干擾現象，「實驗卻和觀察相反，透過干擾或加入變因來研究現象。因此，我們會摘除或部分切割活體器官，觀察活體或活體生理機能的改變，藉以推論該器官的功能。」

派瑞和洛德的做法是先觀察口傳環境下的詩歌創作過程，再和筆傳社會中的「正常」過程相比較。換言之，兩人都將詩歌視為活體，研究詩歌在音覺功能被文字抑制之後的演變。兩人或許也都思考過文字大幅加強視覺功能對詩歌的影響，但這項因素不易掌控，很可能被實驗法忽略。不過，只要強度足夠甚至超過，文字加強視覺功能造成「活體或活體生理機能的改變」一樣明顯可見。

人是製作工具的動物，無論言說、書寫或廣播，人類不斷加強感官功能，單一感官改變，其他感官和機能都會隨之擾動。雖然「實驗」層出不窮，人卻時常忘記觀察事後的發展與演變。

楊格在《科學的懷疑與確定》裡（六七至六八頁）指出：

> 只要刺激出現，無論來自內外，都會破壞腦部整體或部分運作的和諧。有論者認為，腦部原有一套和諧的運作模式，但被刺激擾亂，於是便對刺激的部分性質有所反應，以期修復模式，讓細胞運作重回和諧。筆者不敢妄自推斷腦部運作的細節，但應能證明人類會適應環境，也會讓環境適應我們。腦部會藉由一連串反應試圖重返和諧，或許是完成，或許是終止。前者無法化

解干擾，就會改行後者，反之亦然。腦部會按規則一一嘗試，用不同的模式回應刺激，直到恢復和諧為止，過程或許非常費力、多變而冗長。混亂中，新的連結和運作模式將會產生，成為未來反應的機制。

人類感官機能無論受到抑制或加強，都必然產生「終止」、「完成」或重回均衡的驅力。西方文化先後經歷文字和印刷兩次「擾動」，出現一系列演變與完成，而《古騰堡星系》就在觀察其間的歷程。以下引述人類學家的說法，對讀者理解本書或有幫助：

過去人類憑藉身體所從事的行為活動，如今幾乎都得到外在延伸。武器從牙齒和拳頭開始發展到原子彈，服裝和房舍是人體溫控機制的延伸，家具取代蹲坐，強力工具、電視電話和書本讓聲音得以超越時空，在在都是物質延伸身體的例證。貨幣能夠擴張和貯存勞力，運輸網路取代了雙腳和徒手負重。所有人造事物其實都可以視為人類身體的延伸，或看成身體的某一部分。[3]

語言也是感官的外張與外延，人類藉由這項工具「得以用傳遞最容易、效益最廣大的方式累積經驗與知識。」[4]

語言是隱喻，因爲語言不只貯存經驗，更能將一種經驗型態轉譯成另一種。貨幣是隱喻，因爲貨幣不只貯存技能和勞力，更能將一種技能勞力轉譯成另一種。但無論交易、轉譯或隱喻，關鍵都在我們有理性能力，能將不同感官彼此轉譯，終其一生分分秒秒從無間斷。然而，爲了擁有輪子、文字和無線電之類的科技工具，人類也付出了代價。個人感官不是封閉系統，無時無刻都在所謂的意識（共感）狀態中彼此轉譯，感官的外在巨幅「延伸」卻是各自「封閉」，無論工具或科技都無法互動，也無法擁有集體意識。於是，電子時代來臨之後，新的科技設備具有同步共存的性質，反倒帶來人類史上前所未有的危機，外延感官機能不再封閉，而是構成單一的經驗場域，要求人類以整體視之。電子科技一如個人感官，同樣要求互動和彼此得以**理性**共存的相對關係。輪子、文字和貨幣之類的傳統科技速度不快，因此雖然封閉隔絕，社會和人類心智還承受得起；一旦視覺、聲音和動作全都瞬間同步，遍及各處，那就另當別論了，而目前便是如此。人類理性（從個人感官或過去所謂的「機智」來看）向來是集體互動，現在連感官的外延也不例外。

傳統物理學將物理事件視為各自獨立，文化史學家過去面對科技事件也是如此。德布羅意在《物理學革命》裡就曾提到笛卡兒和牛頓體系的局限，跟歷史學家採取個人「觀點」治史的做法遙相呼應（一四頁）：

> 傳統物理學堅守笛卡兒的想法，將宇宙比擬成一台大機器，只要標定所有元件的空間位置和瞬時變化，就能完全精確掌握宇宙……然而，這樣的想法隱含幾項假設，我們毫無知覺就全盤接受。其中一項假設是我們用以標定感官經驗的時空系統是固定的剛體架構，所有物理事件原則上都能準確獨立標定，和事件本身或事件周圍的動態變化完全無關。

本書稍後將會指出，早在笛卡兒之前，歐幾里德體系便已經以表音文字為架構，德布羅意所說的革命並非源自表音文字，而是起於電報和無線電。楊格是生物學家，但和德布羅意英雄所見略同，他認爲電力並非「電流」，而是「讓我們得以觀察到物體間特定空間關係的條件，」他指出（一一一頁）：

物理學家測量極短距離時，也遇到類似的狀況。過去的做法是將所謂的物質切分成更小的元件，各有其特性如大小、重量和位置，測量極短距離卻不適用。當代物理學家不再認為物質由原子、質子或電子之類的單位所「組成」，他們放棄了傳統的物質描述法，不再以人類製造物品（如蛋糕）的過程來比擬，原子或電子也不再是事物，而是物理學家對觀察所得的「描述」，一旦脫離實驗和觀察所得之外，便不具任何涵義。

楊格接著強調，我們「必須明白，人類日常言行之所以產生巨變，與採行新工具設備難脫關聯。」世人要是及早發現這項基本事實，或許就能輕易掌握科技的本質與效應，而非受科技役使驅動。

總而言之，本書承繼了楊格的見解，並嘗試加以衍伸闡發。

史學書寫由於性格封閉，因此成果貧瘠，這一點艾許感受最深。他在《機械發明史》這部經典中詳加說明，封閉系統爲什麼無法掌握歷史變遷：「德國歷史學派開展出線性史觀，以直線序列看待社經演變，但對古代文明卻不適用……只要放棄線性發展觀，將文明演進視爲多線過程，吾人就更能理解西方文化其實是不斷統合歧異元素的過程。」（三〇至三一頁）

歷史「觀點」之所以封閉，和印刷術脫不了關係，而只要文字的潛意識效果不和文化驅力相衝突，這樣的「觀點」就能大行其道。托克維爾的文字性格深受口傳文化影響，因此由現代角度觀之，他對當時法國和美國的社會變遷模式才會洞察深刻。托克維爾沒有觀點，沒有觀察事件的固定立場和角度，反而試圖從中找出一種動能：

然而，當我更進一步，在諸多特質中尋找足以總括一切的主要因素，我便發覺美國人運作心智幾乎總是訴諸個體，強調個人追求理解。

因此，環顧世界，美國可以說是笛卡兒體系最乏人聞問、卻應用最好的國家……所有人都自囿於個體之內，堅持從個人觀點評判世界。[5]

認知結構又分口傳模式與筆傳模式，托克維爾自創出一套互動法則，使他對心理學和政治擁有極爲「科學」的睿見，能夠洞燭機先，其他觀察家卻只擁有個人觀點。托克維爾非常清楚，印刷文字不只催生了笛卡兒世界觀，也是美國人心理機制和政治制度的特質所在。有了這套法則，他就能完整而非片面和世界互動，並且將之視爲開放的**場域**。艾許發現，文化史和文化變遷研究欠缺的就是這套方法。托克維爾的做法可以用楊格的話（七七頁）來總結：「人腦的奧祕或許就在於場域中受刺激的單元都可以自由對彼此的反應做互動，大腦是互動場也是混合場，因此我們才能將環境視爲**整體**，與之互動，程度遠遠超過其他動物。」不過，並非所有科技都鼓勵有機互動和彼此依存，本書便是以字母和印刷文化爲樣本，嘗試探討這項議題。要達成任務，就得從新科技著手，因爲新科技深深撼動了表音文字和印刷文化的傳統運作模式和既定價值。

近來一本著作問世讓我鬆了口氣，大有吾道不孤的感受。這本書就是波柏的《開放社會及其敵人》，主旨在研究古代社會去部落化和現代社會再部落化的現象。本書結尾將會闡明「開放社會」其實源自表音文字，現在卻因電子媒體出現而備受威脅。不過，本書只指出諸多演變的「實然」而不討論其「應然」，這點自不待言，因為評價和診療之前，必須先有診斷和描述。診斷之前就遽下道德判斷，這麼做很自然也很常見，卻不必然有所成果。

波柏巨著的第一部主要探討古希臘的去部落化和後續反應，不過無論古希臘或現代，他都以舊有的經濟政治觀點來描述分析，因此始終不曾論及科技延伸人類感官產生新的動態模式，對開放或封閉社會有何影響。以下引述波柏一段文字跟本書特別有關，因為他提到文化「藉由」商業往來彼此互動，結果導致部落政體分崩離析。這段演變，莎士比亞曾經透過《李爾王》以戲劇手法表現出來。

波柏認為，部落式封閉社會就像生物體有統整性，「現代開放社會則主要建立在抽象關係之上，如交換與合作。」促成封閉社會抽象化和開放的是表音文字，而非其他形式的書寫和技術，這是《古騰堡星系》一書的核心主張。另一方面，封閉社會是言說、鼓聲和聽覺技術的產物，如今電子時代來臨，全體人類再度整合為單一部落，形成地球村。表音文字革命當年瓦解了傳統部落封閉社會並加以重構，讓世人深感困惑，現代開放社會面對電子革命，迷惘不下當年。對於改變的原因，波柏並未著墨，但他提到（一七二頁）一個現象和《古騰堡星系》關係密切：

> 及至西元前六世紀，時代發展已經導致舊有的生活方式部分瓦解，甚至引發一連串的政治革命與反動。有人（如斯巴達）全力挽留部落型態，不惜採取強制手段，但也有人催生了巨大的心

智革命，發明批判思辨取代魔法靈力。與此同時，一股新的不安開始出現，人類開始感受到文明的緊張與壓力。

這股不安與壓力是封閉社會瓦解的後果，直到現在依然隱約可見，社會變遷期間感受尤其強烈。部分抽象的開放社會要求我們力持理性，摒棄感性的社會需求（即使並非全部），自我照顧，承擔責任。人必須滿足這樣的要求，壓力便由此產生。我認為，只要為了提升存活率，增加人口而決心追求知識、合理性和合作互助，壓力就是必須的代價，全體人類都無法避免。

封閉社會瓦解，階級問題首度浮現，而壓力就和階級關係密切。封閉社會沒有階級問題，奴役、種姓制和階級統治都是「天經地義」，無可置疑，起碼統治階級認為如此。但隨著封閉社會終結，原本天經地義的道理不再無可置疑，也不再穩固如山。部落（以及後起的「城市」）是部落成員的安居之所，雖然四周強敵環伺，充滿危險惡毒的魔力，部落卻能喚起他孩時的感受，感覺部落就是他的家，他的居所。成員在部落裡角色明確，成員不但知之甚詳，而且駕輕就熟。封閉社會崩潰之後，階級和其他社會地位問題興起，看在部落成員眼中，必然有家族爭執和家庭瀕臨破裂的感受。當然，特權階級衝擊尤其強烈，因為他們比被壓迫階級更受威脅，但就連被壓迫階級也會感到不安，害怕「天經地義」的世界即將瓦解。就算他們不會放棄鬥爭，戰勝階級敵人之後也不會轉而壓榨對方，因為傳統和「現狀」都站在敵人這方，不但更有教養，也自然散發權威。

波柏的觀察帶領我們踏入《李爾王》的世界，走進十六世紀古騰堡時代初期所捲入的家族鬥爭。

古騰堡星系

十七世紀初，李爾王提出「黑暗計畫」準備切分國土，他這麼做在當時的政治環境下是非常大膽而前衛的：

我只留國王的名義和一切的虛銜；至於政權，入款，及其他一切設施，親愛的女婿們，都是你們的；為證實起見，這項金冕由你們兩個均分罷。

（《李爾王》一・一）[1]

李爾王的提議非常現代，他計畫將權力由中央下放，分配給地方。伊莉莎白時期的人肯定一眼就將他的「黑暗計畫」視爲左派的馬基維里學派。早在十六世紀，新的權力與分配模式便獲得廣泛討論，及至十七世紀初，無論社會或個人都已經感受到新模式的迫近。《李爾王》所展現的便是這一個新的文化與權力策略，而此一新策略正開始影響國家、家庭和個人的心靈：

現在我要宣示更祕密的計畫。把地圖給我。你們知道，我已經把我的國土分為三塊……

（《李爾王》一・一）

另外，地圖也是十六世紀出現的新事物。隨著麥卡托投射法盛行，地圖成爲放眼想像新的權力和財富範圍的關鍵。哥倫布在探險之前是製圖師，而發現世界可以視爲一個均勻而連續的空間，並能沿直線航行，更是文藝復興時期人類意識的重大突破。不僅如此，地圖的誕生也立刻凸顯李爾王的主題，亦即將「視覺孤立」視爲一種盲目。

《李爾王》劇中第一幕，李爾王用馬基維里學派的術語，提出了他的「黑暗計畫」。稍早，大自然藉由葛勞斯特吹噓自己英俊的愛情結晶艾德蒙是私生子，展現了它的黑暗面：「不過，先生，我有個嫡生子，比這小孩大上幾歲，卻沒那麼親。」身爲艾德蒙父親的那種快樂，艾德加在稍後也提及了：

他和人私通而生了你，結果是他的眼睛付了代價。

（《李爾王》五．三）

而愛情結晶艾德蒙則用下面這段話揭開第二幕：

天性，你纔是我的神明；我只聽從你的法律，為什麼我要受習慣的束縛，讓人間吹毛求疵的精神剝奪我的權利，只為了我比我的哥哥遲生十二個月，或十四個月？

（《李爾王》一．二）

艾德蒙擁有法文所謂的「量化精神」，此一精神對翔實測量和無個人偏私的經驗心靈都非常重要。艾德蒙在劇中代表自然的力量，無論從人類經驗或「國家觀點」觀之，都是非常古怪的。在切分人類組織的過程中，他是主要的執行者沒錯，但李爾王才是發號施令的人。李爾王不知從哪兒得來的靈感，想藉由分配權力的方式建立憲政獨裁體制，而他自己則打算成為某種「專家」：

我只留國王的名義和一切的虛銜
（《李爾王》一．一）

就在李爾王點出專家概念後，孝順的宮納芮和蕾根便以熱烈的專家相爭姿態出場了。不過，堅持用頌詞競賽定出兩人高下並依此分封土地的，還是李爾王：

我的女兒們，告訴我（既然我現在就要放棄我的統治，領土，以及政務），妳們當中哪一個可以說是最愛我的？哪個情愛最篤，最應邀賞，我便給予最大的獎賞。宮納芮，妳最年長，妳先說。
（《李爾王》一．一）

對向來強調合作和集體價值的社會而言，競爭求勝的個人主義是很可恥的。印刷術在推動建立新文化模式所扮演的角色，並不罕見。然而，這種新的知識型態所催生的專業分工現象，卻自然使各種形式的權力都具有強烈的集中性格。封建獨裁是涵納包容的，國王其實將其所統治的一切都當成是自己的一部分。然而，文藝復興時期的王儲卻傾向成為排他的集權核心，由個別臣民環繞在其周圍。這樣的集權型態有賴於新道路和新商業的大量拓展，而結果就是權力分派，並且讓不同領域和不同個人擁有各自的專業機能。莎翁在《李爾王》和其他劇中展現出過人的見解，對於速度、精確和權力擴張對社會和個人所造成的影響，亦即個體特質和功能的剝奪喪失，有深邃的洞察。類似的洞察在莎翁劇中字裡行間隨處可見，舉例難免掛一漏萬。不過，宮納芮在其詠嘆調開頭所敘述的事理，我們是再熟悉不過了：

我愛你不是語言所能表達的；比這一雙眼睛，全世界，和自由，都更親愛

（《李爾王》一．一）

人類感官剝除是《李爾王》的主題之一。將視覺和其他感官區分開來，在李爾王提出「黑暗計畫」並只訴諸雙眼可見的地圖時，便已經清楚凸顯出來。然而，正當宮納芮準備自瞎雙眼以示忠誠，蕾根卻用下面這段話集中火力，加以反駁：

……我可以說我對於最敏銳的感官所能感受到的快樂是一概加以敵視的……

（《李爾王》一．一）

為了擁有李爾王的愛，蕾根願意犧牲自己的所有感官。

諸如「最珍貴的感官和諧」之類的暗示，顯示莎翁在此處以近乎學者的姿態，楬櫫了人類感官間彼此互動、各按比例的需求，並以此為理性的基本要件。他在《李爾王》劇中所處理的主題，和英國

詩人唐恩的〈解剖世界〉相同：

支離破碎，所有和諧蕩然無存；
一切只是補充，只是關係：
君王、人民、父子，都已遭到遺忘，
一切人曾經得到以成為火鳳凰的事物……

「最珍貴的感官和諧」破裂，意味按照感官造成機智、個人與功能相互衝突的程度，以及引發非理性狀態的強度，將不同感官區分開來。這樣的和諧破裂是莎翁後來積極處理的主題。宮納芮和蕾根兩人爲了凸顯孝心所表現出的機智，寇戴麗看在眼裡，說道：

……我敢說，我的愛是比我的語言要豐富些。

（《李爾王》一．一）

在訴諸專門分工的兩位姊姊眼中，寇戴麗完足的理性根本不算什麼，因爲她毫無可大肆發揮的固定觀點。這兩位做姊姊的依據特定情境、按照精確計算來畫分感官和動機。她們和父親李爾王一樣，都是前衛的馬基維里份子，能夠毫不避諱根據科學方法應付不同的情境。她們非但有意而堅決地從感官和諧當中解放出來，更努力掙脫其道德意涵（亦即「良知」），因爲在不同動機之間取得平衡「會讓我們所有人成為懦夫」；而寇戴麗正由於受到自身良知、理性和角色的複雜所牽絆，無法做出區分的行為。

人藉由剝除的過程，從角色世界轉譯過渡到工作世界中，《李爾王》正是剝除過程的運作模型

人將自己由角色世界轉譯過渡到新的工作世界，《李爾王》具體而微地將其間的過程記錄下來。這是個剝奪、去除的過程，除了藝術領域，其他方面都不是立即發生的。然而莎翁卻認為，該過程在他的時代已經發生了，他談的不是未來。不過，舊的角色世界仍然像鬼魂般徘徊不去，一如西方世界使用電力雖然過了整整百年，依然感受到過去讀書識字、個人隱私和彼此區隔的價值。

肯特、艾德加和寇戴麗在葉慈筆下，都是「過氣的」人物。他們認定自己的「角色」並展現出全然的忠誠，這都是「封建」的表現。他們置身在角色當中，不會將權力和權威分派出去。他們是自主的核心，誠如蒲列在《人類時代》中（七頁）所指出的：「對中世紀的人而言，時間不只一個，而是有『許多個』，層層相疊。非但外在世界有普同齊一性，就連人的內在，亦即人的天性與存在，都是普同而齊一的」。過去幾百年來所養成的「堆疊式」認知，如今讓渡給文藝復興時期連續、線性而單一的時空與人際關係。由角色和比例所建構的類比世界，突然被新的線性世界所取代，一如《自作自受》劇中第三幕第三景所描述的：

不要放棄眼前的捷徑，光榮的路是狹窄的，一個人只能前進，不能後退。所以你應該繼續在這條狹路上邁步進行，因為無數競爭的人都在你的背後，一個緊追著一個。要是你略事退讓，或者閃在路旁，他們就會像洶湧的怒潮一樣直衝過來，把你遺棄在最後。

《自作自受》三·三）

個人、關係和功能均勻分割的概念，唯有在所有感官和理性的鏈結瓦解的十六世紀，方能出現。《李爾王》充分揭示了當時的人從中世紀時空觀走向文藝復興的時間觀，從包容世界走向排他世界時，心中所經歷的感受。而李爾王對寇戴麗的態度轉變，恰恰反映出面對失落時，「改革者」的概念是如何出現的。蒲列寫道（十頁）：

同樣，對中世紀人而言，人和自然都具有神性，而在遠古的過去，人和自然也都曾經參與創造……然而，這段時光已經逝去。自然曾擁有神性，如今卻墮落了。這是自然本身的錯，因為她任意行動，使自己脫離了根源，切斷她和根源的臍帶，亦即否決了神。自那一刻起，神便從自然和人身上離開了。

李爾王公然明白將寇戴麗視爲清教徒：

由傲慢，即她所謂的坦白，去給她找個丈夫罷。

（《李爾王》一．一）

改革者強調個體的功能與獨立，自然對於社會中的非個人角色所帶來的種種形式嗤之以鼻。但對觀眾而言，寇戴麗忠於傳統角色的表現，顯然才是讓她在父親李爾王和她姊姊面前感到無助的原因：

我按照我的義務愛陛下，不多也不少。

（《李爾王》一．一）

寇戴麗心裡明白，在來勢洶洶、不斷擴張的個人主義趨勢下，她忠於自己的「角色」根本毫無意義。蒲列說（九頁），新世界「不過是巨大無邊的有機體，是帶有生命力的龐大交換互動網路。驅動新世界的是內在的週期發展力量，這股力量在各處都是均等齊一的，永遠不斷分化，你可以稱之爲神或自然、世界靈魂或愛，都無所謂。」

第三維的劇痛藉由《李爾王》的詩化歷史，首次透過文字展現出來

莎翁本人似乎沒有發現，他在《李爾王》劇中以三維透視角度書寫，（就我所知）是前無古人、後無來者的創舉。直到米爾頓撰寫《失樂園》才清楚明白地提供讀者一個固定的視覺觀點：

這時撒旦高坐在寶座上，就像帝王般威風凜凜，那寶座燦爛輝煌，遠勝波斯灣奧瑪斯島和印度的財富，即使東方最富有之地，裝飾在蠻王身上的珍珠和金子都無法與之相比……

隨意選擇一個固定視角，就能創造出一個圖像空間，擁有一個消失點。圖像空間可以一點一點塡滿。非圖像空間則不一樣，事物只能在視覺的二維形式裡，局限在自己的空間中調整或共振。三維語言藝術在《李爾王》劇中只有一處出現，就是第四幕第六景。艾德加費盡唇舌想說服盲目的葛勞斯特相信幻象，相信他們正在萬丈深淵邊緣：

艾德加：聽！你聽見海聲了嗎？

葛勞斯特：沒有，真的。

艾德加：那麼，你是因為眼痛而別的感官也不靈了。

……來罷，先生；就是這個地方：站住了。向這樣深的地方看下去是多麼眩暈可怕！

（《李爾王》四．六）

關於第三維幻象，宮布里奇在《藝術與幻象》一書中有長篇討論。三維觀點遠非人類天生的視覺習慣，而是因襲學得的觀看方式，就跟學習認識字母，或按時間順序敘事一樣。三維幻象是學習而來的，莎翁探討其他感官和視覺的關係，藉此幫助我們發現這類幻象。葛勞斯特之所以能看見幻象，是因爲他突然失去視覺，導致「視覺化」的能力和其他感官區隔開來。正由於這樣的強迫區隔，加上視角固定，讓人得以見識到三維幻象。莎翁說得明白：

來罷，先生；就是這個地方：站住了。向這樣深的地方看下去是多麼眩暈可怕！半空中飛著的烏鴉和赤腳鴉還沒有甲蟲大哩；半山腰懸著一個採藥草的，好可怕的事業！我想他現在也就和他的頭那般大。在岸上走的漁人像是老鼠，那邊停著的高船像是一隻小舢板，那舢板又像一個浮標幾乎不能辨識了。潺潺的波浪衝在無數的碎石上，在這樣高處是聽不到的。我不再望了，否則看得頭暈要倒栽下去。

（《李爾王》四・六）

莎翁在此安排了五個二維的平面方格，前後交疊。藉由對角線的扭曲，這五個方格從「靜止不動」的角度觀之，是彼此相繼的。莎翁非常清楚，想看到這種幻象，必須將感官區隔。米爾頓失明之後，也學會創造這樣的視覺幻象。直到一七〇九年，巴克萊主教仍在其《視覺新論》中抨擊牛頓將空間界定為視覺的，獨立於觸覺之外，斥之為荒謬的抽象幻覺。隔離感官、切斷感官互動形成可感知的合成印象，很可能是古騰堡技術的結果之一。十七世紀初是功能縮減與區隔化的關鍵時期，而《李爾王》便是在這時問世的。然而，要了解古騰堡技術對此一人類感官革命的影響有多深遠，光挖掘關鍵時刻出現的偉大戲劇並從中擷取吉光片羽是不夠的，還需要其他方法。

《李爾王》類屬於中世紀的教諭軼聞和歸納推理，目的在展現新的文藝復興時代人類行為裡的瘋狂與悲哀。莎翁仔細告訴我們，文藝復興時期的「行為」準則就是將社會運作和個人感官生活分成專門的部分，結果就是人發狂似的渴望尋獲新而全面的互動力量，以確保所有部分和個人在新的壓力下，都能受到強烈的激發。

塞萬提斯也有類似的體悟。《唐吉訶德》便是在新的書本形式的激發下誕生的，猶如馬基維里受某種經驗隔離感召，因而選擇以這樣的經驗隔離，讓知覺達到最大強度。馬基維里將個人能力從社會網絡中抽象出來，這和過去人類從動物運動方式中抽象出「輪子」，意義相同。這類抽象能帶來更大量的運動，然而，莎士比亞和塞萬提斯卻認爲這類運動或行動是徒勞的，因爲它刻意建立在偏頗的片段化和專門化之上。

葉慈寫過一首諷刺短詩，用隱諱的方式表現出《李爾王》和《塞萬提斯》的主題：

哲人洛克陷入昏沉
花園已然衰敗
神將紡紗機從身邊推開

洛克之所以昏沉，是因爲他讓經驗的視覺成分極度擴張，直到占據所有注意力範圍，從而獲得催眠似的恍惚。根據心理學定義，注意力範圍被單一感官占據，就是催眠。而這時，「花園」也死去了。在這裡「花園」是指所有感官在觸覺和諧中彼此互動的狀態。由於只專注單一感官，抽象和重複的機械原理便清楚成形了。布萊森說得好，科技就是「成形」，而「成形」的意思就是一次呈現一項事物、一種感官、一個身體動作或一項心理活動。由於本書意在探討古騰堡技術對事件的重組，並且區分其根源及模式，因此研究字母出現對現今人類的影響，應該有所裨益，理由是上述的根源和模式都和字母出現有關，一如我們也曾經和字母的出現息息相關。

表音文字技術的內化，將人類從聽覺的魔力世界轉譯到中立的視覺世界

卡羅瑟斯在《精神病學》（一九五九年十一月號）論及〈文化、精神病學和書寫文字〉時，提到他將沒有文字和擁有文字的族群做比較，也拿沒有文字的種族和一般西方人做比較，隨後發表他的看法。他首先（三〇八頁）指出一項爲人熟知的事實：

> 由於嬰幼兒期的教育與終生的耳濡目染，非洲人會將自己放進大的有機體（如家庭和部落）裡，將自己視為其中微不足道的一部分，而非獨立自主的個體。在非洲，個人理想和野心沒什麼發揮的空間，也無法將經驗的意義建構在個體生命上。然而，相對於智性上的限制，非洲人在感性上卻得以擁有極大的自由。社會期盼個人盡量「活在當下」，盡量外向，並允許個人自由表達情感。

簡而言之，我們認爲部落民族「無拘無束」，其實這樣的看法完全忽略了一樁事實，亦即沒有文字的社會必然會徹底拘束或壓抑個人的心智和生活：

> 西方小孩很早便開始學堆積木、插鑰匙、開水龍頭和其他許許多多事物及技巧，養成按時空關係和機械因果關係思考事理的習慣。然而，非洲小孩學習事物絕大部分仰賴口語教導，因此相對而言，具有豐沛的情感和戲劇性（三〇八頁）。

換言之，西方小孩生活四周充滿了抽象外顯的視覺技術，這類技術假定時間和空間是單一而連續的，因果關係是環環相扣的動力因，事物都在單一平面出現、移動，並且前後相連。與此相對，非洲小孩的世界是內隱的，充滿魔力，建立在彼此呼應的口語之上。在他們眼中，世界沒有動力因，只有形式因，所有的無文字社會都是這麼教導後代的。卡羅瑟斯不斷強調「非洲部落活在聲音世界裡（這世界會對每個人說話，而且就說給他聽）；西方人（亦即歐洲人）卻活在視覺世界裡，這樣的世界對人完全無動於衷。」聽覺世界炙熱、高度感性，視覺世界則是淡漠而中立。對來自聽覺世界的人而言，西方人確實冷若冰霜。[2]

卡羅瑟斯檢視了無文字世界一個常見的說法，即語言是有「魔力」的，思想行為全都倚賴語言的神祕迴響，以及語言不斷應驗現實的能力。他引述肯亞塔對奇庫羽族愛情魔法的描述：

> 正確唸誦咒語，並且發音準確，這點非常重要。因為想讓魔法生效，就得按照儀式的規矩唸誦咒語……施行愛情魔法時，施法的男子必須覆誦神奇的咒語……之後再大聲呼喊愛人的名字，對她說話，彷彿她正在聆聽。（三〇九頁）

這便是喬伊斯所謂的「用字對，順序對」。時至今日，西方小孩聆聽收音機或電視裡的廣告，陪伴他們長大的就是這樣不斷重複的魔法世界。

卡羅瑟斯接著（三一〇頁）又問，文字如何讓社會改變想法，不再將語詞視爲自然力量，彼此相互呼應，活躍而主動，而只代表心靈中的「意義」和「內涵」呢？

> 我認為，書寫文字（尤其是印刷文字）出現之後，改變才準備就緒，語詞才開始喪失魔力和能動力。為什麼？
>
> 我之前寫過一篇關於非洲的文章，裡頭有個要點就是：沒有文字的原始部落大致活在聲音世界裡，不像西方的歐洲人基本上活在視覺世界裡。聲音可以說是活的流動的，至少也代表動態的事物（如動作、事件或行為）活在灌木叢或大草原這類地方，置身於危險當中缺乏保障的人，對這一類動態必須時時提高警覺……這層意義在西方歐洲幾乎已所剩無幾。西方人常常發展出（甚至必須發展出）忽略聲音的驚人能力。一般歐洲人普遍認為「眼見為憑」，但在非洲人看來，現實似乎大部分存在於聽說之間……的確，要說多數非洲人不把眼睛當成接收器官，而是意志的表達管道，要說他們不把耳朵當成主要接收器官，是很難說得過去的。

卡羅瑟斯重申，西方人非常倚賴時空關係的視覺印象，沒有這種視覺印象，就不可能掌握機械因，也無法掌握生活中的秩序。然而，原始住民的視覺概念和西方人不同，因此他進而追問（三一一頁）知覺習慣從聽覺轉成視覺之際，書寫文字扮演的可能是什麼角色：

語言落成文字之後，當然便成為視覺世界的一部分，因此也和其他多數視覺世界元素一樣，成為靜態的事物，喪失了聽覺世界和口語裡獨有的動態。另外，語言也不再是個人事物。聽覺世界裡，語言多半針對個人，但在視覺世界卻非如此，要讀不讀悉聽尊便。語言再也不像莫拉克隆等人所描述的情感洋溢，充滿抑揚起伏……因此，大體而言，語言變成可見的事物，意味著進入對觀者較為漠然的世界之中——語文的「魔力」被抽象掉了。

卡羅瑟斯接著觀察文字社會中普遍存在的「自由構念」現象。這個現象在缺乏文字的口語社群是無法想像的：

形諸文字的思想和行為是分開的，思想無法改變外在事物，只局限在人的心靈裡……這樣的看法對社會文化影響甚鉅，因為唯有在認為思想只局限在人心之中，沒有現實作用力的社會，種種規範才能（起碼在理論上）忽略「構念」。（三一一頁）

因此，在俄羅斯這種口語文化根深柢固的社會裡，間諜行爲取決於耳朵，而非眼睛。一九三〇年代著名的「潔淨」大審判，有許多人徹底認罪，不是因爲他們做了什麼，而是他們想了什麼。這一點讓西方人非常困惑。因爲在高度文字化的社會裡，視覺和行爲的一致性讓個人得以擁有內心的歧異。但在口語社會中，內心話卻是現實有效的社會行爲：

> 在這樣的脈絡下，限制行為「必然」包括限制思想，這一點並不明顯。既然所有行為都受制於社會脈絡，也都必須透過社會脈絡加以考量，既然思想幾乎總是私人而獨特的，社會也就隱然不容許個人思想存在。於是，只要一有思想出現（除了完全實用或有效的思想），社會很容易就認為它來自魔鬼，或出於外在邪惡勢力的影響，因此會害怕、躲避思想，無論自己心中或別人的想法皆然。（三一二頁）

在口語聽覺社會裡，種種嚴謹強制的模式「都受制於社會脈絡，也以透過社會脈絡爲考量」，這樣的說法或許有些讓人意外。這是由於無文字的口語社會只有集體，沒有個人，任何事物都不能超越社會的自律與嚴格之故。因此，西方文字社會跟其他「原始」聽覺社會接觸，往往非常困擾。中國和印度目前大致仍是聽覺化、觸覺化的社會，表音文字傳入所造成的改變極微，即便是俄羅斯也都還帶有強烈的口語傾向。文字改變語言和感性的過程，是緩慢而漸進的。

印克里斯在《俄羅斯的輿論》中（一三七頁）指出，這種常見的無意識口語傾向就連文藝界都無法避免，這對擁有長久文字傳統的社會而言，是很「不自然」的。俄羅斯的口語化態度和其他口語社會相同，都倒轉了西方文明的壓力：

> 美國和英國重視的是言論自由，而言論自由本身就是抽象的……但在蘇聯，行使言論自由的「結果」才是社會關注的焦點，自由本身反倒是次要的。正因如此，雖然雙方都強調新聞自由有其必要，蘇聯和英美代表對特定議題就是無法達成共識。美國通常大談「言論」自由，亦即能

說什麼不能說什麼的權利，他們認為美國享有這種自由，蘇聯沒有。然而，蘇聯代表強調的是能自由「取得」表達言論的「管道」，根本不談言論權本身。他們認為大部分美國人都無法取得言論管道，但在蘇聯正好相反。

蘇聯在意傳媒的「效果」，這一點在口語社會看來相當自然，因爲在口語社會的整體結構下，因果之間瞬息互動的結果就是相互依存。這是部落社群的特質，而電子媒體出現之後，也成爲全球村的特質。這種全球相互依存的新基礎維度，廣告和公關人士最清楚。他們和蘇聯一樣，關切「取得」媒體的管道和媒體的「效果」。他們對自我表達完全不感興趣，要是有人認爲石油或可樂廣告表達了他個人的感受或想法，他們會大吃一驚；同樣的道理，蘇聯的文字官僚也無法想像會有人想公器私用。這種態度和馬克思、列寧或共產主義都沒有關係，而是口語社會的標準部落特質。就形塑製造過程和社會演進這兩點看，蘇聯新聞界和他們在紐約麥迪遜大道的同業相比，可說是不相上下。

精神分裂或許是書寫文字出現的必然後果

卡羅瑟斯強調，在表音文字將思想和行動區分開來之前，所有人都必須對自己的思想負責，如同必須對行動負責。他最大的貢獻在於指出，聽覺的魔力世界和視覺的中立世界之間的斷裂，以及由此產生的去部落化個人。當然，隨之而來的後果是西方人從希臘時代開始就分裂了，患了精神分裂症；

所有文字社會自從表音文字發明之後，都是如此。然而，表音文字之所以能將個人去部落化，其力量並非來自書寫，而是將意義從聲音中抽象出來，轉譯爲視覺符碼，讓人深陷在具有轉換力的經驗之中。無論象形文字或表意符碼，都沒有表音文字的去部落化力量。能夠將人從完全相互依存的聽覺網絡世界中解放出來，從同步相互呼應的魔力世界釋放出來的，唯有表音文字。在口語聽覺的空間裡，想成爲自由獨立的去部落人只有一個辦法，就是「藉由」表音文字。然而，表音文字卻也立刻讓人墮入不同程度的精神分裂之中。羅素在《西洋哲學史》裡（三九頁）談到希臘世界二元對立和文字出現所帶來的苦痛。他是這麼形容的：

> 不是每個希臘人都很熱情，很不快樂，時時跟自己交戰，理智和情感各走各路，藉由想像力創造天堂，又因為自我主張墜入地獄。但多數希臘人確實如此。儘管希臘人的格言是「力持中庸」，但他們其實事事都過了頭（無論思想、詩歌、宗教或是罪惡皆然）。正是理智和熱情的結合讓他們偉大，而他們也確實偉大……但希臘其實有兩種傾向，一個充滿熱情、虔誠、神祕而出世，一個歡快、注重經驗、理性、對現實種種知識充滿興趣。

這種機能分化，導因於技術所造成的稀釋效應和特定感官的外在化。這在十九世紀特別明顯，使得人類在歷史上頭一回意識到文化變遷是如何激發產生的。經歷第一波新科技（如字母或電訊）的人反應最爲明顯，因爲技術稀釋視覺或聽覺所帶來的感官比例重新設定，讓人面對一個驚異的新世界，同時也讓感官出現強烈的新「封閉」或全新的互動模式。然而，隨著社會接受新的認知習慣，並將之融入各種工作和組織，最初的衝擊也就漸漸淡去。不過，眞正的革命其實發生在其後漫長的「適應」階段，無論個人或社會層面皆然，亦即適應新科技所帶來的新認知模式。

藉由文字將文化轉譯成視覺符號的，是羅馬人。古希臘人和拜占庭時代的希臘人依然泰半保有傳統口語文化，不信任行動及應用知識。這是因爲軍事結構和工業組織之類的應用知識，有賴於人口的均質齊一。象徵主義詩人小說家愛倫坡寫道：「書寫必然會將思想加以邏輯化」。直線書寫的表音文字讓希臘人得以突然創造出思想和科學的「文法」，這些文法清楚陳述了個人和社會的運作過程，讓看不見的機能和關係變成可見。這些機能和關係並不新奇，但視覺分析工具（亦即表音文字）對希臘人來說，就像攝影機對二十世紀的我們一樣新奇。

我們稍後可以自問，腓尼基人對專業化的狂熱讓他們從表意文化中創造出表音字母，卻沒有更多更大的智性和藝術成就，其中道理何在。另外値得一提的是，羅馬世界的集大成者西塞羅研究希臘世界時，譴責蘇格拉底是「心—靈」分離的始作俑者。希臘在蘇格拉底之前主要還是非書寫文化，而蘇格拉底就站在口語世界和視覺書寫世界的交界，但他本人卻沒寫過隻字片語。中世紀人認爲，柏拉圖不過是蘇格拉底的祕書或抄寫員。聖多瑪斯．阿奎納則認爲，上帝和蘇格拉底都沒有將教誨形諸文字，因爲教誨所需要的心靈互動是不可能藉由書寫完成的。[3]

傳播媒介——如「文字」——的內化，是否改變了感官的比例和心理運作的過程？

重實際的羅馬人西塞羅所關切的，是希臘人讓他培養「雄辯全才」的計畫困難重重。他在《論演說家》第三部第十五到二十三節，講述了從有哲學開始到他當時的哲學史，試圖說明專業哲學家如何分裂口舌與智慧，並且區隔實用知識和他們自詡爲「爲知識而知識」的學問。蘇格拉底之前，教育就是學習善用言辭，生活正當；但在他之後，口舌和心靈就分家了。蘇格拉底本人雄辯滔滔，卻是最先將思想和言說區分開的人，這點實在讓人費解：「不參與政治的演說家中，最傑出的就是蘇格拉底。根據所有博學之士，根據全希臘的評斷，無論是其省思、灼見、典雅、細膩，或是其口才之流利、變化、氣勢，以及其探討的所有主題，蘇格拉底絕對是這類演說家中最偉大的。」

西塞羅認爲，蘇格拉底之後情況更加惡化。斯多噶學派雖然反對刻意培養口才，卻是唯一認爲口才是德行和智慧的哲學學派。在西塞羅看來，智慧就是口才，因爲唯有靠流利的言語，才能將知識落實到人的心靈之中。實用知識是羅馬人西塞羅心之所繫，也是培根全心關注的焦點。對西塞羅和培根而言，想建立實用知識，就得倚靠羅馬人那種堆疊積木的求知方式，講求普遍的可重複性和知識的同質分類。

新科技出現，無論源自某個文化之內或之外，只要對人類某一感官產生壓力或優勢，所有感官間的輕重比例就會改變，感覺從此不同，眼睛、耳朵和其他感官也必然有所改變。唯有在麻醉狀態下，感官互動才會永遠不變。然而，某一感官只要夠強，就會對其他感官產生麻醉效果。牙醫會用「幻聽法」，亦即誘發的噪音，去除觸覺。催眠的原理也一樣，藉由加強某一感官癱瘓其他感官，其結果就是感官的輕重比例改變，失去原有的認同。無文字部落人的生活經驗裡，充斥著對聽覺器官的強力壓迫，他們因而出神了。

然而，柏拉圖（也就是中世紀人眼中的蘇格拉底記述者）卻在書寫過程中回顧非書寫世界。他寫道：

泰木斯在特伊斯面前褒貶各種技藝，重述他的評論需要很長的時間。不過，兩人談到文字時，特伊斯表示，文字讓埃及人更有智慧，記憶力更好。文字對機智和記憶都是特效藥。泰木斯答道：喔，才智出眾的特伊斯啊，新技藝對後人會有什麼好處壞處，技藝的發明者不一定最清楚。好比說，你是文字的創造者，你就像文字的父親一樣，基於親子之情，就算文字不可能擁有的性質，你也以為有。你的發明反而會讓學習者心靈健忘，因為他們有了文字就再也不會運用記憶力了。他們會仰賴外在文字，忘了自己。你發明的特效藥並不會幫助記憶，而是幫助遺忘。你留給門生的也不是真理，而是貌似真理的東西。他們聽了很多，卻什麼也沒學到。他們看起來無所不知，其實什麼也不懂。有他們作陪很煩很累，因為他們空有機智，卻沒有內涵。[4]

無論在此處或其他段落，柏拉圖都沒有意識到表音文字如何改變了希臘人的感性，而與他同時代或其後的人也沒有發現這點。然而，柏拉圖之前的神話創造者置身於傳統部落口語社會和講求個人分工的新科技之間，卻早就發現這一點，並用寥寥數語將之完整表達出來。根據神話，卡莫王將腓尼基字母（表音字母）引進希臘，並且將龍牙撒進土裡，生出全身武裝的戰士來。此一神話連同其他神話，都精簡扼要描繪了過去數世紀來不斷搬演的複雜社會變化過程。但要到因尼斯的近作出現後，卡莫王神話之謎才算徹底揭開（參見《通訊偏差》和《帝國與傳播》）。卡莫王神話和格言箴律一樣，都是口語文化的特產，因爲在文字去除語言的多維度共振之前，每個語詞都是一個詩意的世界，對不識字的人而言，是啓示或「瞬間的神祇」。卡西勒在《語言與神話》中廣泛檢視了目前關於語言起源及發展的各項研究，他也指出無文字者這項知覺特徵。十九世紀末，許多研究非書寫社會的人開始質疑邏輯項類的「先驗」性。表音文字在發展命題闡示技巧（亦即「形式邏輯」）上所扮演的角色，如今雖然廣爲人知，卻仍然有人（其中甚至包括人類學家）主張，歐式幾何和三維視覺認知是普同的人類經驗。抱此看法的學者認爲，原始藝術欠缺三維視覺空間，是因爲技巧不夠。卡西勒在點出「語言是神話」的概念時（按詞源學，希臘文的「神話」有「語詞」的意思）寫道（六二頁）：

> 烏色納認為，回溯宗教概念的根源，最低的層級就是「瞬間神祇」，亦即他所謂出於關鍵時刻、源自特定感受及需要所塑造出來的形象……這類神祇還完整保有其原始的飄忽不定與自由。不過，烏色納的作品問世至今三十年來，民族學和比較宗教學得到不少新發現，已經帶給我們更進一步的洞察。

文明讓原始部落人以眼代耳，如今卻和電子世界格格不入

這更進一步的洞察，會讓我們對神力展現有更廣泛的認識，而不僅只將之視爲獨特、個別化的「原型」或「瞬間神祇」的顯現。當代學者和物理學家肯定經常深感困惑，爲什麼總是在最低層的非

書寫知覺中，發現二十世紀最先進、最精緻的科學與藝術的根源，而本書的目的之一就在解釋這個矛盾。電子科技誕生後，世界再度從視覺導向變回聽覺導向，同樣的矛盾每天都會造成許多情緒和爭議。不過，爭議焦點顯然集中在「內容」上，完全忽略了導致此一過程的原因。我們探討字母如何導致希臘人感知世界的歐式幾何化，同時讓他們發明透視敘事和順時敘事法之前，必須再度跟著卡羅瑟斯重回原始世界。因爲想要了解表音文字如何形塑西方世界，最簡單的方法就是從非書寫世界切入。

較諸埃及人和巴比倫人，希臘人更善於發揮文字的功能。費雪（《歐洲史》一九頁）認爲這是由於希臘人並未「受到有組織的教士控制，因而綁手綁腳」的緣故。儘管如此，希臘人只探索和實驗了一小段時間，就又落回過去的「制式」思想窠臼裡。卡羅瑟斯認爲，早期的希臘知識分子不僅得到外人智慧的突然啓發，並且由於本身欠缺智識，沒有捍衛既有知識的念頭，因此立刻接受了新事物，同時加以發展。然而，也正因爲如此，西方世界現今面對那些「倒退的」國家才會深處劣勢。書寫及機械技術所帶來的龐大負荷，讓西方人在因應新生的電子科技時，顯得無助無能。新物理學屬於聽覺領域，讓長久浸淫於書寫的社會很不自在，而且這樣的不自在永遠不會消逝。

這麼說當然忽略了表音文字和其他書寫形式之間的巨大差異。能讓眼耳分家，讓語意和視覺符碼區隔開來的，只有表音文字。因此，也唯有表音文字能夠讓人從部落走向文明，以眼睛取代耳朵。中國文化精緻、感知敏銳的程度，西方文化始終無法比擬，但中國畢竟是部落社會，是聽覺人。「文明」在此只用來指稱去部落化的人，視覺在組織其思想和行爲上擁有優先權。此一說法不是給「文明」一詞增加新意或新價值，只是澄清其內涵與特質。相對於口語聽覺社會的過度敏感，大多數文明人的感覺顯然都很遲鈍冥頑，因爲視覺完全不若聽覺精細。卡羅瑟斯接著（三一三頁）指出：

柏拉圖的想法若能代表古希臘人的見解，那麼當時的字詞在我們今日看來，無論心裡想的或筆下寫的，都仍保有影響「現實」世界的能力。後人儘管不再視字詞為行為，卻將之看成行為的根源，亦是一切發現之母：字詞是知識的唯一關鍵，單憑思想（無論文字或圖像）便能打開理解世界之門。的確，字詞和其他視覺符碼的力量可以說比以前更強了……語文和數學建構的思想是唯一的真理，除了可聽或可見的思想，感官世界的其餘種種全是幻影。

柏拉圖在以他語言文法老師爲名的對話錄《克拉提勒》中，借蘇格拉底之口表示（四三八頁）：

然而，假設必須透過名字才能認識事物，我們怎麼確定當初為事物命名的人確實擁有知識？抑或在他們之前，在名字出現之前，在他們認識這些名字之前，還有立下法則的人？

克拉提勒：蘇格拉底，我認為真相是，有某樣能力在人之上的存在物給了事物名字，因此這些名字必然是他們的真名。

克拉提勒的觀點是文藝復興時期之前大多數語言研究的基礎，這樣的觀點根基於過去傳統裡「瞬間神祇」的口語「魔力」。時至今日，又有不少理由支持我們再採取此一觀點。不過，這對書寫或視覺文化而言卻是最陌生的。從裘威特在對話錄裡提到自己爲何無法置信的說詞，便能輕易看出這點。

卡羅瑟斯在探討書寫對非書寫社群的影響時，曾經從李斯曼的《寂寞的群眾》中（九頁）尋找方向。在李斯曼筆下，西方世界會在「標準成員身上發展社會性格，讓他們在生命之初便習得一組共同目標，並且加以內化，以確保成員的服從性格。」李斯曼絲毫沒有深究，古代和中世紀手抄社會為何沒有這種內化過程，但在印刷社會卻必然出現，而這也是本書的一個重點。不過，值得在此一提的是，「內化」有賴於「固定觀點」。穩定一致的特質必定擁有屹立不搖的外觀，以及近乎催眠的視覺立場。用手抄寫太慢、太不平均，無法提供固定觀點，讓人習慣在單一的思想或資訊平面上穩定滑動。本書稍後將指出，相較於印刷文化，手抄文化是非常聽覺、非常感官的。而這一點也意味疏離中立的觀察和手抄文化（古埃及、希臘或中國文化皆然）格格不入。相對於淡漠的視覺疏離，手抄世界在任何感官之中都添加一份同情和參與。然而，在非書寫文化中，聽覺猶如暴君，強力壓制視覺，而聽覺獨大的結果就是感官互動永遠不可能均衡。同樣情形也出現在西方世界，印刷造成視覺成分獨大，以至於感官均衡互動變得極為困難。

東方的場域理論讓現代物理學家備感親切

卡羅瑟斯發現，李斯曼將「傳統導向」的人定義為「重視非書寫社會或『多數人未受文字洗禮的』社會價值的人」（三二五頁）。有一點必須強調，所謂的文字「洗禮」不是瞬間發生的事，也不是在某時某地全面發生的事。等我們談到十六世紀和之後幾個世紀，這點就會非常清楚。不過時至今日，電力讓全球人類變得極度相互依賴，也讓人迅速重回事件同時發生、知覺全面化的聽覺世界。然而，因為書寫而養成的習慣仍殘留在我們的言談、感性和日常生活的時空安排當中。只要沒有大災難發生，書寫和視覺優位的習慣仍會繼續跟電力及「單一場域」知覺長期抗戰，反之亦然。德國人和日本人儘管在書寫及分析技術領域非常先進，卻始終保有部落民族聽覺統一和徹底合群的性格。無線電和電力的出現，對兩國人民甚至所有部落文明來說，都是最強烈的經驗。長期浸淫於書寫之中的文化，自然對當前整個電力場域的聽覺動態更爲排斥。

李斯曼談到傳統導向的人時，說道（二六頁）：

我們所提及的社會秩序比較穩定，因此個人對社會秩序的服從，主要出於不同年齡、性別、部落、種性和職業之間權力關係的壓迫；這些權力關係持續了數世紀，歷經無數世代，雖然不無改變，但卻微乎其微。文化鉅細靡遺掌控個人行為……嚴謹繁瑣的禮節統治著親族關係的主要影響範圍……面對老問題，尋找新答案的力量少之又少……

李斯曼指出，即便爲了滿足複雜的宗教儀式和禮儀的嚴苛要求，「個人化特質也無須高度發展」。李斯曼身爲書寫文化中人，筆下的「發展」一詞意味著擁有個人觀點。原始人眼中的「高度發展」從我們視覺化的知覺觀之，可能無法理解，不過傳統導向社會對科技進展抱持什麼態度，或許從海森堡《物理學家眼中的自然》書中一個故事可以略窺一二。現代物理學家習慣從「場域」的角度看待事物，所受的訓練會讓他們面對我們習以爲常的牛頓空間觀保持距離，因此很容易認爲前書寫世界擁有一種和諧的智慧。

海森堡在討論「科學是人與自然的互動」時，說道（二〇頁）：

在歐陸，大家都説科技時代對環境和生活方式帶來巨大改變，卻也危害了我們的思考方式。他們説，這就是危機的根源，在現代藝術中也可以清楚見到，動搖了我們這個時代。其實，這套反駁的説法早在現代技術和科學出現之前就已經存在。人類從很早就懂得使用工具，因此兩千五百年前，中國聖哲莊子便談到機械的危險：

子貢南遊於楚，反於晉，過漢陰，見一丈人，方將為圃畦，鑿隧而入井，抱甕而出灌，搰搰然用力甚多，而見功寡。子貢曰：有械於此，一日浸百畦，用力甚寡而見功多，夫子不欲乎？為圃者卬而視之曰：奈何？曰：鑿木為機，後重前輕，挈水若抽，數如泆湯，其名為槔。為圃者忿然作色而笑曰：吾聞之吾師，有機械者必有機事，有機事者必有機心，機心存於胸中，則純白不備，純白不備，則神生不定，神生不定者，道之所不載也。吾非不知，羞而不為也。

這則古老的軼事確實蘊含了大智慧。現代人所面臨的危機可能沒有比「神生不定」更貼切的形容詞。然而，科技和機械在當前全球普及的程度，就連這位中國聖哲都難以想像。

在技術分工、感官分裂的社會裡，莊子言下的「純白」反倒是最為複雜精微的東西。不過，這篇故事的重點或許在於它吸引了海森堡，因為換做是牛頓就不會被這則軼事吸引。現代物理學不僅揚棄了笛卡兒和牛頓的分化視覺空間，更重新返回非書寫世界的細微聽覺空間裡。和現代社會一樣，在大多數原始社會裡，聽覺空間是個充滿同步關係的完整場域，「改變」的意義和魅力微乎其微，一如改變在莎士比亞和塞萬提斯心中也是地位不彰。撇開價值不談，處在現代的我們必須明白，電子科技影響了我們最基本的日常知覺和行爲習慣，並且迅速在世人心中重建原始部落的心靈運作模式。我們生來就受訓練，要求思想講求批判，但新的改變並非發生在思想當中，而是發生在日常生活的最基本層面，創造出思想和行爲的漩渦與方陣。本書將嘗試說明，印刷文化帶給現代人的思想語言，爲何讓我們在面對新的電磁科技語言時顯得措手不及。任何文化在面對變動時，必須採取什麼策略應對，洪堡曾經有所指點：

> 人和身邊的物共存，多半憑藉的是（其實，人的感受行為都有賴於知覺，因此大可說是「完全憑藉」）語言所呈現的事物樣貌。人在脫口發出語言的同時，也將自己轂入語言當中。任何語言都會在人四周畫下具有魔力的圓圈，人在圓圈裡，除非走進另一個圓圈，否則永遠無法離開它。[5]

這個發現在當代促成了所謂「擱置判斷」的方法，亦即藉由批判假設，來超越假設的限制。我們現在非但能像兩棲類一樣，活在兩個判然有別的世界，還能同時活在多重世界與文化裡。我們不再局限於單一文化（固守同樣的感官比例），就像我們不再死守著一本書、一種語言或一項科技。就文化而言，我們當前的需求和科學家一樣，就是察覺研究器材的誤差，以便修正誤差。用單一文化切割人類潛能，很快就會變得和畫分學科主題一樣荒謬。比起其他時代，現代人並沒有更走火入魔，但卻比過去都還要敏銳地察覺到自己走火入魔的事實與程度。儘管如此，我們對個人潛意識、集體潛意識和各種原始知能的著迷，其實源自十八世紀反抗印刷文化和機械工業的一個激烈反動。「浪漫主義反動」

追求有機整全，或許加速了電磁波的發現，或許不然。不過，無論如何都可以肯定的是，電磁波的發現重新為所有人類事務建立起一個同步「場域」，讓人類擁有活在「全球村」的條件。我們如今生活在單一有限的空間裡，部落的鼓聲不斷迴盪，因此目前對「原始」的關切，就和十九世紀對「進步」的關切一般無二，也和我們面臨的問題完全無關。

電子時代的新相互依存為世界重塑了「全球村」的形象

李斯曼對傳統取向社會的描述和卡羅瑟斯對非洲部落社群的認識要是無法相互呼應，確實會讓人十分意外。同樣，一般讀者要是讀到原始社會的種種，卻沒有親同身受的感覺，也是非常奇怪，因為電子文化興起讓我們生活再次擁有部落特質。德日進這位浪漫主義傾向強烈的生物學家，在《人的現象》中（二四〇頁）給了我們一段極為詩意的說法：

如今，人與人之間有愈來愈多部分彼此滲透（出於壓力，同時也要感謝人類心靈的可滲透性），人的心靈也（因為神祕的機緣巧合）愈來愈近似而彼此同步。人的心靈彷彿在膨脹，一點一滴增加對地球的影響力，地球也因而愈變愈小。我們在當前情感週期爆發中所看到的東西，其實不斷有人提及。晚近發明的鐵路、汽車和飛機，讓人擁有的現實影響力從過去的短短幾公里，擴張到數百個城鎮，甚至更遠。更棒的是，由於發現電磁波，龐大奇妙的生物機制得以呈現在我們眼前，也讓所有個體因而發現自己（主動或被動）可以上天下海，同時出現在地球的任何角落。

深受書寫和批判傳統左右的人，會對德日進的殷殷熱切感到困惑，也會對他不加批判便積極主張電子科技拓展人類感官，將使包圍地球的宇宙薄膜應聲破裂的說法，感到不解。感官外化的結果，就是出現德日進所謂的「意識層」，亦即世界的科技大腦。換言之，世界愈來愈像電子運算器，愈來愈像早期科幻小說所描述的電子大腦，而非亞歷山大式的圖書館。不過，感官雖然超越了身體的限制，擴展到身體之外，老大哥卻走進我們體內。因此，我們唯有察覺這個趨勢，才不至於驚慌失措，徹底變成部落鼓聲大作的小世界，彼此完全依賴，被迫共同生存。從巴森的作品中很容易就能找到驚惶的徵兆，他在《智者之屋》裡公然表示自己是反自動機械的勇猛盧德份子。巴森發覺，他所珍視的一切都來自文字對心靈的影響和心靈對文字的運用，因此大聲疾呼揚棄所有的現代藝術、科學和慈善。他認為只要拔除這三害，就能蓋上潘朵拉盒子。儘管巴森對這三者產生了何種動力毫無頭緒，但他至少發現了問題所在。驚恐是口語社會的常態，因為所有事物無時無刻都在彼此互相影響。

卡羅瑟斯接著又談回「服從」這個主題，他寫道（三一五至三一六頁）：「思想和行為不再被視為彼此分離，思想就是行為，兩者合而為一。總觀這些社會，有不少都認為惡意是最恐怖的『行為』，對『惡意』的恐懼潛藏在所有成員心中，或者正在萌芽。」長久以來，西方世界不斷渴望意識、思想和感受的統一，但就如人類當初來不及因應印刷文化對心靈的割裂，如今我們也尚未準備好接受統一所帶來的部落生活。

讀寫能力不但影響了非洲人的生理機制，也改變了他們的精神生活

卡羅瑟斯在著作中探討表音文字對非洲人的影響，他在總結時（三一七至三一八頁）引用肯亞日報「東非權威報」的一篇文章。這篇文章的作者是位教會醫生，標題是〈文明如何影響非洲〉：

本文希望點出南非幼童雖然受教極為有限，但卻展現了驚人快速而長遠的改變。改變程度之大，僅僅一個世代，非洲人的性格與行為反應便產生原本需要數百年才會造成的巨大變化。

未曾接觸過傳教士和西方教育的非洲人，幾乎任誰見了都會印象深刻。這裡的人做事牢靠、心情愉快、任勞任怨、坦誠、不畏單調和不適，而且老實得離譜。然而，與此同時，我們常聽見有人拿他們和生於基督教家庭或很早受教育的人做比較，總是語多貶抑。一位作家參訪馬達加斯加的學校之後，便表示沒有受教的學生生性遲鈍。他們坐太久，似乎沒有玩耍的衝動，就算事情單調也無所謂。心靈懶散，因此年紀小小，忍耐力卻很驚人。這些小孩很自然變成失學的非洲人，沒有辦法從事任何技能職務。就算接受訓練，頂多也只能做不用思考推理的工作。這就是非洲人天性良善所得到的惡報。

要是不理不睬，非洲人就會永遠深陷奴役，除非有人甘冒毀滅他們善良本性的風險，讓他們受教育，同時承擔重新塑造他們人格的責任，否則他們不可能脱身。然而如此一來，非洲人就會完全變了個人。新的人格心智可能會讓他們逃避工作、擔心食物，認為生活再困苦，妻子都不能離棄丈夫。理由很簡單：經驗證明，只需要一點教育，非洲人對興趣、利害、快樂和痛

苦的感覺就會大大增加。

對受過教育的非洲人（雖然一般非洲學童學習表現不佳，但仍可勉強算是受過教育）來說，「新生活」或許讓他們意識到自己可以擁有「興趣」。從此，「單調」不但對歐洲人是項考驗，也成為非洲人的試煉。他們需要更堅強的意志力，才能繼續無趣的工作，而無聊也開始讓他們疲勞倦怠。

作者接著闡述讀寫能力對非洲人的態度、品位和性愛關係所帶來的改變：

此外我認為，未受教育的非洲人神經系統非常遲鈍，以至於幾乎不需要睡眠。我們的工人中有許多得走數公里路來工作，扎扎實實做一整天，之後回家又花了大半個晚上看守田園，不讓野豬侵犯。他們每天晚上只睡兩三個小時，幾個星期都是如此。

從這裡可以得到一個非常重要的道德教訓，就是我們共事過的上一代非洲人已經從此消失，再也看不到了。新一代非洲人和過去完全不同，有能力升得更高、潛得更深。他們需要別人以更同情的眼光，去理解他們的困境和更高張的欲望。在非洲為人父母必須及早學會這點，免得太遲。他們必須體認到自己所面對的是比他們更細微的運作機制。

卡羅瑟斯強調，的確只需要一丁點讀寫能力便能產生上述的影響，「只要對書寫符號稍微熟悉，如讀寫和運算，就會產生效應了。」

最後（三一八頁）卡羅瑟斯稍微討論了中國的狀況。中國在第七、八世紀就發明印刷術，但卻「對於解放思想幾乎沒有幫助」。他引用教會史家萊德里的著作為證，萊德里在《中國人，其歷史與文化》裡（三一〇頁）寫道：

假設當時有火星人造訪地球，他們很可能會猜想，工業革命和現代科學方法應該最先出現在中國，而非西方世界。中國人勤奮、充滿發明天分，他們憑藉經驗，搶在西方之前獲得了大量實用的農業及醫學知識。因此，在使用所謂科學方法理解並掌控自然環境方面，當領導做先驅的應該是中國，而非西方國家。中國最早發明造紙、印刷、火藥和指南針（我只舉幾個比較著名的例子）。然而，這樣的民族卻沒有率先發明動力織布機、蒸汽引擎和其他十八、十九世紀的畫時代機械，實在讓人大感意外。

對中國人而言，印刷的目的不在於創造規律重複的產品，以供市場和價格體系之用，而是用來取代法輪，當成複製魔力符咒的視覺工具，很像現在的廣告。

然而，從中國人面對印刷的態度，我們能學到很多。印刷最明顯的特性就是重複，而重複最明顯的效果就是催眠或入迷。此外，印刷表意文字和印刷表音文字是完全不同的兩回事，因為表意文字是比象形文字更複雜的完形格式塔，必須同時使用所有感官才能辨識。表意文字完全無法承受任何感官分離或分工，不能將形音義三者切開，但對表音文字來說，形音義獨立卻是關鍵。因此，工業和應用知識所要求的職能分離或分工，中國人根本做不到。目前，中國似乎正朝著表音文字的方向走，這麼做肯定會徹底瓦解他們的傳統與現代文化。之後，他們會走上精神分裂和多元對立的路，按照「中央—邊陲」或羅馬模式，建立物質力量和攻擊組織。

卡羅瑟斯解釋中國人早期對工業主義的漠視時，提了一個沒什麼關聯的原因。他表示閱讀中國的書寫（或印刷）必須學識豐富，其實任何非表音文字閱讀起來都是如此，只是程度不同而已。萊德里的見解在此對我們不無幫助：

> 中國典籍卷帙浩繁，但大都用古文寫成……古文非常矯作，閱讀不易，時常語帶暗示或旁徵博引，光是閱讀便得先熟稔所有現存典籍，若要理解，更是不在話下……讀書人必須飽讀詩書，甚至記下絕大部分，才能擁有第六感，神準判斷何者才是正確詮解。因此，閱讀古文需要漫長的準備工夫，書寫古文更是難如登天。勉強能懂中國古文的西方人少之又少，就連當代中國人，在現今的教學方法之下，閱讀古文的能力也罕見嫻熟。

卡羅瑟斯的結論是，比起從文化和環境角度切入，由起源研究人類族群，所能得到的資料相當有限，而且無法百分之百確定。我個人認爲，文化生態學以人類感官知覺爲基礎，較爲合理穩固。科技進步所造成的感官知覺擴展，對重新調配感官之間的輕重比例有相當明顯的影響。語言也是科技，它在呈現（發出）或擴展所有感官的同時，也隨即受到感官擴展的衝擊與入侵。換言之，書寫直接影響語言，不單由於字形變化和構句方法，更因爲書寫的表達功能和社會用途。[6]

非讀寫社會爲何需要訓練才能看懂電影和相片？

既然我們希望闡明表音文字如何造成新的知覺模式，並且解釋其間的因果關聯，不妨先來研讀倫敦大學非洲學院威爾森教授的一篇論文。[7]讀寫社會很難理解，非讀寫社會爲什麼無法以三度空間或三度視角來觀察事物，因爲我們假定三度空間是很正常的，覺得欣賞電影或相片根本無須訓練。威爾森講的是他的個人經驗，他曾經嘗試用電影教導原住民認字閱讀：

> 接下來這項證據非常、非常有趣。主角（衛生督察員）製作了一部慢速度、慢動作的電影，說明非洲原始部落一般房舍要如何防止積水（例如抽乾池塘、撿拾空罐妥善丟棄等等）。我們把電影放給非洲人看，問他們看到什麼，他們說他們看到一隻家禽，應該是一隻雞，但我們根本不曉得影片裡有雞！於是我們仔細檢查每個畫面，想找出這隻雞，結果真的有隻雞從畫面的角落閃過，前後只有一秒左右。有人把雞嚇到了，雞飛起來，從畫面右下角飛過。觀眾就只看到這個。督察員希望他們從電影裡學的，他們一樣也沒學到，而他們看到的東西，我們卻仔細找遍所有畫面才見著。為什麼？我們想了各種解釋，可能是雞的動作很突然，因為影片裡其他動作都很慢（人慢慢往前走，把罐子撿起來，示範該怎麼做等等之類的）。但在觀眾眼中，就只有那隻雞的動作是真實的。原來他們認為雞是神聖的，但這點我們卻忽略了。
>
> 問：您可以把影片裡那一幕說得更詳細些嗎？
>
> 威爾森：沒問題。那一幕就是衛生人員用很慢的動作走過來，看見一個錫罐，錫罐裡有水，他

把錫罐撿起來，小心把水倒乾，再壓進土裡，或小心翼翼把錫罐收進驢背上的籃子裡，以免蚊蟲滋生。這麼做是為了示範如何處理垃圾，就像有人拿著一端插了釘子的棍子，叉起紙屑放進垃圾袋裡一樣。所有動作都非常之慢，好讓他們了解撿拾這些東西有多重要，因為積水會滋生蚊子。影片中，所有罐子都小心壓進地面，用土埋好，以確保不會再有積水。影片大概五分鐘長，那隻雞在整部片子裡只出現一秒鐘的光景。

問：你和觀眾談過之後，真的認為他們除了那隻雞，就沒「看到」別的了嗎？

答：我們只問他們：你們在影片裡看到什麼？

問：不是他們「覺得」在影片裡看到什麼？

答：不是，我們問他們「看到」什麼？

問：觀眾裡面你們問了多少人？

答：三十個左右。

問：他們的答案都是「看到一隻雞」，沒有半個例外？

答：沒有。他們都立刻回答：「我看到一隻雞。」

問：他們也看到一個人了吧？

答：嗯，我們後來問他們，他們說他們有看到一個人，但有趣就有趣在他們根本沒把這個人當成故事的核心。而且我們後來發現，他們其實看的不是整個畫面，而是仔細觀察畫面的細節。接著我們又從藝術家和眼科醫師那邊得知，熟練的（就是常看電影已經習慣的）觀眾

> 的眼睛會聚焦在螢幕前面一點點，這樣才能看到整個畫面。就這點來說，看電影其實是學來的，你得先看整幅畫面。但我說的那群觀眾並沒有這麼做，他們還不習慣。因此，看到電影他們會開始檢查畫面，像電視攝影機掃描器那樣快速瀏覽過去。顯然，只有不習慣看電影的眼睛才會這麼做，也就是掃描畫面。「雖然」電影是用慢動作拍攝的，但他們還來不及掃描完一個畫面，電影就跳格了。

重點在最後一段：讀寫能力讓人眼睛聚焦在影像稍前，因而能一眼窺見影像或畫面的全貌。不諳讀寫的人沒有養成這種習慣，因此不會用我們的方式看東西。他們看東西比較像我們看書，一段一段掃描物體或影像。因此，他們沒有「跳脫的」視角，而是完全和物體「同在」同感。對他們來說，眼睛所提供的是感觸，而非視角。歐幾里德空間有賴於將視覺和聽觸覺區隔開來，但對不諳讀寫的人來說，卻是前所未聞。

除此之外，原住民觀看電影還會遇到其他難題。這些難題可以幫我們了解電影之類的非口語傳播形式，裡頭蘊含了多少讀寫能力的要素：

> 我要說的是，我覺得我們對影像要非常謹慎，因為影片可以按個人經驗詮釋。其次，如果我們想利用電影，就必須先提供教育，並且做些研究。其實，我們在這次研究中觀察到不少讓人驚嘆的現象。我們發現，電影是西方的產物，看似逼真，卻具有高度人為的象徵意涵。比方說你放電影給非洲觀眾看，假設故事裡有兩個男人，其中一個做完事，走出畫面，他們會很想知道

那個人怎麼了，他們無法接受他這個角色就這樣結束，跟故事再也無關了。他們想知道這傢伙發生了什麼事，因此即使我們覺得根本沒必要，還是得多加一堆他的故事。鏡頭得跟著他沿著街走，直到他自己轉了彎（他絕對不能走出畫面，只能沿馬路走，直到轉進街角）。對這些觀眾來說，這樣才可以理解。因為人轉進街角，當然看不見。換言之，影片中所有動作都必須謹守現實。

另外，搖鏡也很讓人困惑。因為觀眾看不出來發生了什麼，他們會以為畫面裡的東西和細部真的在移動；可見他們根本不接受我們習以為常的觀看方式。除此之外，他們也無法接受一個人坐著不動，鏡頭拉近做特寫，因為那很奇怪，畫面在你眼前變大。各位都知道電影通常如何開場：開始是整座城市，再拉近到街上，然後是房子，接著鏡頭穿過窗户，凡此等等。感覺就好像是「你」往前進，做了上述種種動作，直到被帶進窗户裡面。

這一切意味著，如果要讓電影真正發揮效用，就必須先靠教育，教導觀眾一些有用的觀影方式，同時拍攝教學電影，指導他們特定的觀影方式，並且（比方說）學會掌握主角走出銀幕的概念。我們要先讓觀眾看到轉角，接著是主角朝轉角走，下一幕再拍主角走開，最後再結束鏡頭。

非洲觀眾觀賞電影時，無法接受西方人被動觀看的模式

具有讀寫能力的觀眾有個基本特質，就是他們在看書或欣賞電影時，會自然採取被動觀看的方式。然而，非洲觀眾卻未曾受過訓練，因此無法接受這套悄悄跟隨情節發展的個人觀看過程。

> 這一點相當重要：非洲觀眾並不會靜靜坐著，置身事外，他們喜歡參與。因此放電影並做現場評論的人必須很有彈性，懂得刺激觀眾，設法讓他們有所回應。例如影片中有角色唱歌，歌聲出來的時候，記得邀觀眾一起唱。我們在拍電影時，就必須考慮到讓觀眾參與，並且要給他們參與的機會。電影放映和評論者必須受訓，起碼要能掌握電影的意涵，同時能根據不同觀眾做出不同的詮釋。我們選出來的放映和評論員都是非洲人，之前在教書，並受過相關訓練。

然而，就算迦納原住民接受訓練，學會看電影，還是無法接受描寫奈及利亞的片子。他們無法在不同電影之間做經驗歸納綜合，因爲他們投入太多個人的特殊經驗。這種同情的投入，對口語社會和聽觸覺人來說非常自然，卻被表音文字破壞了，因爲表音文字將視覺單獨從感官叢結裡抽離出來。這便引出威爾森的另一個論點。他說，拍攝電影給原住民看，其實和卓別林的默片技巧有關，因爲情節必須靠姿勢表現，而姿勢必須複雜而精準。威爾森發現，非洲人雖然無法掌握複雜的敘事，但對戲劇化情節卻非常敏感：

那時忽略了一件事，我們應該盡量多了解一點才對：非洲觀眾其實很擅長角色扮演。前讀寫社會教導幼童時，其中一種方法就是角色扮演，孩童必須學習長輩在某些特定場合所扮演的角色。不過，我們很幸運發現另一件事，就是卡通的效果非常好。我們始終想不透，直到發現傀儡戲在非洲是很普遍的休閒娛樂，這才恍然大悟。

不過，威爾森還有所不知。當時要是有電視，看到非洲人那麼快就接受電視，他肯定會大吃一驚，因爲那比他們接受電影快多了。看電影的時候，你是鏡頭，但沒有讀寫能力的人沒辦法把眼睛當鏡頭用。看電視的時候，你是螢幕，而且電視的觸覺輪廓是平面二維的，很像雕刻。電視這種媒體不適合敘事，電視的視覺成分沒有聽覺和觸覺成分強。這就是爲什麼電視能讓人感同身受，也是爲何在所有電視影像形式中，卡通是最好的。卡通對原住民的效果就和卡通對小孩的效果一樣，因爲卡通世界裡，視覺成分非常之小，觀者要做的事比起塡字遊戲可以說相去不遠。[8]

此外，卡通封閉的線條有如洞穴壁畫，會讓我們感官彼此互動，因此具有強烈的觸覺性格。換言之，製圖者和「雕版匠」之類的藝術是強烈觸覺的，看得到摸得到。其實就連歐式幾何在今日看來，也是相當觸覺的。

關於這點，小艾文思在《藝術與幾何：空間直覺研究》中有所探討。他提到希臘人潛在默認的空間知覺觀：「希臘人提出各種幾何學公設和假定，但卻絕口不提他們對全等同餘的基本假設。然而……全等同餘是希臘幾何學最基礎的要項之一，對幾何學的形式、功用和限制都有決定性的影響。」（x頁）全等同餘是刺激的新視覺面向，但對聽觸覺文化而言，卻是全然陌生的。小艾文思表示：

「手和肉眼不同，手無法判斷三個或三個以上東西是否共線。」（七頁）因此，柏拉圖規定「不懂幾何者不准進入」學院，道理其實非常明顯。維也納音樂家歐夫不准會讀寫的小孩進他辦的音樂學校，也是同樣的道理。小艾文思接著指出，雖然我們以為空間是獨立的容器，但其實空間只「是事物本身的性質或彼此間的關係。脫離事物，空間並不存在。」（八頁）不過，幾百年前「希臘人擁有的是觸覺心靈……當他們面對觸覺式思考和視覺式思考，自然傾向選擇前者。」（九至十頁）這樣的直覺在西方一直到古騰堡之後才有所改變。回顧希臘幾何學，小艾文思說：「……六、七世紀的西方人一次次走到現代幾何學門前，但卻囿於他們的肢體觸覺式、韻律式思考，始終無法開門而入，走進現代思想的廣袤天地。」（五八頁）

科技擴展我們的「單一」感官，在新科技內化的同時，新文化的轉譯也隨即發生

本書的主題是古騰堡星系，也就是事件的新組成方式。這樣的組成方式遠遠超越文字抄寫世界所能及。然而在此之前，我們必須了解為何沒有文字就沒有古騰堡。因此，我們必須設法掌握是哪些文化和知覺因素或條件，造成書寫及後來文字的出現。[9]

威爾森提到非洲成年人需要多年知覺訓練，才懂得如何看電影，其原因就和現代西方成年人難以理解「抽象」藝術完全相同。一九二五年，哲學家羅素在《相對論ABC》第一頁就指出：

許多新穎的概念雖然能用非數學語言表達，但表達起來卻不容易。我們對世界的想像和看法必須改變……哥白尼主張地球並非靜止不動，也曾經要求類似的改變……他的看法我們如今接受起來毫無困難，因為我們在心靈定型之前，已經學到這樣的觀點。同理，愛因斯坦提出的概念對伴隨這些概念一起生長的世代而言，也比較容易接受。然而我們這一代要想理解，卻勢必花費一番想像重整的工夫。

簡而言之，一旦新科技將一或多個人類感官擴展到社會，感官比例的調整也會發生在文化裡，就好比在旋律裡加入新音符一樣。文化感官比例發生改變，過去顯而易見的可能變得晦暗不明，模糊難辨的可能變得清楚明白。一九一五年，沃夫林在畫時代的《藝術史原理》中（六二頁），就曾經提及這一點。他表示：「算數的東西才有效，而非感官現實。」在此之前，雕刻家馮西爾德班在《形象藝術的形式問題》裡，率先指出人類感官知覺失序的原因，以及藝術在釐清困惑方面所扮演的角色。沃夫林延續了馮西爾德班的發現。馮西爾德班指出，觸覺是一種聯覺，是感官的互動，因此成爲藝術能夠產生巨大「效應」的關鍵，因爲觸覺引發的影像相當模糊，迫使欣賞者更主動參與。電影在非洲人眼中是缺乏主動參與的模糊表現形式，我們卻因爲電影的不協調特質而樂在其中。從結果而非原因出發，在俄國人看來天經地義，對我們而言卻是十九世紀晚期才出現的全新思考方式。這點本書稍後會有更詳盡的討論。

馮貝克西在近作《聽覺實驗》中對空間問題的解答，跟卡羅瑟斯和威爾森提出的說法完全相反。卡、威兩人談的是非讀寫人面對讀寫經驗所產生的知覺，馮貝克西教授卻直接選擇聽覺空間作爲探討的起點。身爲聽覺空間專家，他很清楚談論聽覺空間有多困難，因爲聽覺世界必然是「有深度」的世界。[10]正因爲他對於闡明聽覺和聽覺空間的性質非常感興趣，才會刻意避免採取傾向「拼貼式場域」的觀點。因此，他最後選擇二維繪畫來闡述聽覺世界的共鳴深度。以下是他的說法（四頁）：

> 解決問題的方法有兩種形式，我們可以加以區分。其中一種或可稱為理論進路，就是找出問題和已知事物之間的關係，再根據現有的原理做補充或推演，最後用實驗測試假設。另一種進路可以稱之為拼貼法，就是將問題獨立看待，跟周邊「場域」無關，只在局限的範圍內找尋原理和關聯。

馮貝克西接著提出自己的兩種繪畫說：

> 藝術領域也能找到類似這兩種進路的做法。十一到十七世紀之間，阿拉伯人和波斯人發展出高度精緻的描繪藝術……之後的文藝復興時期，新的表現形式開始發展，試圖讓畫面更統一、更有透視感，同時將氣氛表現出來……
>
> 科學領域的進展神速，絕大部分的關聯變項都已經找到。任何新問題出現，幾乎立刻就能放入現有架構當中加以解決。然而，當架構不確定，變項又多，使用拼貼法反而容易得多。

研究同步出現的事物（如聽覺場域），拼貼法非但「容易得多」，而且是唯一有關的進路。因爲在

「二維」拼貼及繪畫模式下，視覺會被消音，好讓感官之間擁有最多的互動。這正是「後塞尚時期」畫家的策略：畫物體被你持有的模樣，而非在你眼裡的影像。

任何文化變遷理論都必須提及感官外化所造成的感官比例改變，以及隨之而來的知識變化

這一點非常值得探討，因爲我們稍後會談到，字母發明之後便一直有股力量推著西方世界朝感官分離、功能分離、運作分離、情感和政治狀態分離，以及任務分離的路走（涂爾幹認爲，這樣的分離分化在十九世紀「失序」狀態出現後，便宣告終止了）。馮貝克西教授所提及的矛盾，在於二維拼貼其實就是內部充滿共振的多維世界。圖像空間三維世界只是抽象的虛構，藉由將視覺從眾感官中抽離出來，並且大力加強而得以成立。

這裡沒有所謂價値或偏好的問題。不過，了解爲什麼「原始」繪畫是二維的，而讀寫時代的繪畫卻傾向透視法，仍然有其必要。知道這點，才能明白人類的感官傾向爲何不再「原始」和偏重聽、觸覺，也才能曉得「後塞尚時期」的人爲什麼會揚棄視覺，重拾聽觸覺模式來知覺、組織經驗。清楚這一點，我們就更容易掌握字母和印刷術在其中所扮演的角色，了解它們如何讓視覺在語言、藝術，甚至所有社會及政治層面中都擔任要角。因爲在人升級視覺能力之前，社會只曉得部落結構，而個人的去部落化有賴於讀寫所灌輸的強烈視覺生活方式，起碼過去是如此。這裡所說的讀寫，指的是字母讀

象而來。

寫，因爲字母不僅獨特，而且出現甚晚；在字母之前，已經有許多其他的讀寫方法。其實，任何人只要停止遊牧生活，長期在定點勞作，都有能力發明讀寫。遊牧民族沒有讀寫能力，就和他們發展不出農業和「封閉空間」道理類似。由於讀寫是用視覺封住非視覺的空間和感官，因此是將視覺從一般感官互動當中抽象出來的產物。我們說話時會將所有感官同時表達（講）出來，然而讀寫卻是從話語抽象而來。

現代人要掌握讀寫這項特殊技能比較容易，許多速讀教學機構都訓練學員將眼球運動和心中默念分離開來。本書稍後將指出，古代和中世紀人閱讀時都是大聲朗誦；隨著印刷術問世，眼睛活動加速，朗誦卻停止了。儘管如此，默誦還是被視爲理所當然，和橫向閱讀紙上文字密不可分。我們目前知道，直向閱讀能讓閱讀和默誦分家，當然更讓字母技術分化感官的能力達到空洞荒謬的極致。不過，我們依然有必要了解各種書寫的起源。

一九五一年，倫敦大學切利教授在英國皇家學院宣讀論文，題目是〈資訊理論史〉。他在文中指出：「古代發明大大受限於當時沒有能力從獸力操作中抽象出機械結構，輪子算是在這方面的傑出嘗試。十六世紀之所以出現發明大躍進，主要便由於獸力的逐步機械化。」印刷術就是古代手筆抄寫的機械化，後來更完全取而代之。當代也有同樣的過程出現，而這正是吉迪恩在《機械化當家》中所探討的主題。

十九世紀的人藉由機械主義重振了有機模式。不過，吉迪恩只關心其背後基礎的細微根源：

一八七〇年代，麥布里吉針對人類及動物的動作做了一系列著名研究。他架了三十台相機，每台間隔三十公分，用電磁波控制快門，移動物體一通過底片前面，快門就會自動按下……每台相機捕捉到的照片就代表物體在該時刻的狀態。（一〇七頁）

換言之，物體會從同步連續的「有機」狀態抽離出來，轉變成靜止的圖像狀態。旋轉一系列靜態圖像照片，只要速度夠快，就會產生整體連續的幻覺，亦即空間的互動。於是，輪子搖身一變成爲幫助西方文化擺脫機械的工具。然而，電動輪子出現後，卻再度讓輪子和有機動物型態相互融合。其實，輪子在現今的電子飛彈時代已經近乎淘汰，不過，過度發達才是淘汰的記號，這點本書稍後還會反覆提及。由於輪子在二十世紀再度回復成有機型態，我們才能這麼容易理解，原始人當初是如何「發明」輪子的。任何會動的生物只要動作重複，都像輪子一樣，按週期迴轉的原理運動。因此，讀寫社會的旋律充滿可以不斷反覆的週期，非讀寫社會的音樂卻連「旋律」這種週期重複的抽象模式都沒有。一言以蔽之，發明就是將某種空間形式轉換成另外一種。

吉迪恩花了不少時間，研究法國生理學家莫雷的著作。莫雷（一八三〇至一九〇四）設計出肌動記器，記錄肌肉的動作：「莫雷刻意回頭查考笛卡兒的觀點，然而他在製作圖像時，表達的卻不是肢體肌肉，而是整個動作。」（一九頁）

二十世紀字母文化和電子文化交會，促使鉛字在引導西方人重返「非洲式內心」上，扮演關鍵角色

字母的發明就和輪子問世一樣，是將複雜、彼此關聯的有機空間互動，轉換或簡化成單一空間。表音文字出現，立刻讓同時動用所有感官（也就是使用口語）的機會大幅減少，變成只使用視覺符碼。而現今所謂「傳播媒體」這樣的空間形式，讓人可以在簡單化和複雜化之間相互轉換。不過，這些媒體空間都各有其特性，對於其他感官和空間的衝擊也各不相同。

因此，要了解字母發明對人類的意義，在目前是比過去更容易些。懷德海在《科學與現代世界》中（一四一頁）便指出，十九世紀最重大的發現就是發現了「發現」的方法：

> 十九世紀最偉大的發明，就是「發明的方法」。一個嶄新的方法出現了，想了解這個時代就必須將注意力集中在方法本身，忽略改變的細節也無妨，如鐵路、電報、無線電、紡織機、合成染料等等，都可以暫且不論。因為發明方法才是真正的新東西，破除了過往文明的基礎……新方法其中一部分，就是發現連結科學概念和最終產品的方式，亦即按部就班，將困難個個擊破。

這個發明方法的要義，愛倫坡在〈寫作之道〉裡有所闡釋，就是直接從問題的答案或預期的結果開始，一步一步往回推，直到必然（導出我們所要的答案或結果）的起點爲止。這是偵探的手法，象徵詩學的手法，也是現代科學的手法。然而，要理解輪子或字母這類事物的起源和作用，就必須先了

解發明方法。但到了二十世紀，西方人卻再往前跨了一步。這一步不是從「產品」回推到起點，而是不管產品，只專注於其間的「過程」。掌握「過程」的梗概就好比進行心理分析，是迴避產品（神經官能症或精神疾病）的唯一途徑。

本書的主要研究對象，是字母文化史上的印刷時期。然而，目前的電子科技帶來新的生物有機模式，卻對印刷社會造成衝擊。換句話說，機械主義發展到現在，雖然趨於極致，卻如德日進所言，被電子生物模式所滲透。由於這個特質上的逆轉，使得我們這個時代和非讀寫文化彼此類似、「殊途同歸」。如今，要了解原始或非讀寫社會的經驗一點也不難。藉由電子產品，當前文化已經在我們心中重建了同樣的經驗（不過話說回來，後讀寫時代的依存模式和前書寫時代相比，兩者還是相距甚遠）。因此，雖然本書的焦點是古騰堡時代，但從字母出現初期談起，確實有其道理存在。

切利對早期的書寫有以下的說法：

> 細查口說和書寫語言的歷史，跟本書的研究主題無關。儘管如此，其中仍有值得探討之處，適合作為本書研究的起點。地中海文明早期的書寫是圖像化的「語標式」楔形文字，用簡單的圖像代表要表達的物體，同時藉由聯結表達概念、行動與名稱等等。更重要的是，表音文字出現之後，聲音獲得了符號。於是，按照書寫工具（如鑿子或蘆筆）的使用難易不同，圖像慢慢簡化成更形式的符號。最後，表音書寫化約成二、三十個字母，再分為子音和母音。
>
> 埃及的象形文字是語言符號「過剩」的極端例子。解讀羅塞塔碑非常困難，原因之一就是多音節文字系統不用固定符號代表單一音節，而是同時使用好幾個符號代表某個音節，以便文

字能徹底讓人了解（因此，象形文字逐字譯成英文，往往結結巴巴）。相較之下，閃族語系似乎注意到了符號過剩的現象，所以古希伯來文沒有子音，現代希伯來文也沒有，只有童書例外。此外，有許多古代文字也都缺少子音，至於俄羅斯斯拉夫語則是更簡化：宗教文本裡的常用字都縮略成字母，跟我們現在使用速記符號如 lb（磅）和大量使用縮寫（如 USA、UNESCO和 OK 等等）的情況類似。

表音字母的重要性和它對個人與社會的影響，不在於避免了符號過剩。「過剩」這個概念和「內容」有關，本身就是字母出現後才有的產物。換句話說，表音文字是言說的視覺符號，言說是表音文字的「內容」，但不是其他文字書寫的內容。象形和表意文字之類的書寫，是以「全形格式塔」或快照的方式，表達不同的個人或社會情境。要掌握非表音文字的概念其實非常簡單，現代數學等式（如 $E=MC^2$）和希臘羅馬時期的「修辭法」都是很好的工具。數學等式和比喻都沒有內容，只有結構，有如個別的旋律，召喚各自的世界。修辭法是心靈的姿態，例如誇張、諷刺、反語、直喻和同音異義等等。表象文字則是所有姿態合舞的芭蕾，愉悅了現代人的心靈傾向，滿足我們對經驗聯覺和聽觸覺的喜好，其程度遠遠超過單調抽象的表音書寫形式。現代的西方孩童如果能接受大量中國書法和埃及象形文字的訓練，應該非常有利於他們掌握西方字母。

因此，切利忽略了西方表音字母的獨特之處，亦即表音字母不僅將聲音和視覺分離或抽象開來，更將意義從字母發音中抽離，只以無意義的聲音表達無意義的字母。只要意義還在聲音或視覺裡，視覺和其他感官的剝離就不算完成。因此，除了表音文字，其他形式的書寫文字都尚未剝離完成。

目前對拼字和閱讀改革的重視，讓人擺脫了視覺壓力，迎向聽覺壓力

近來，我們對表音字母疏離感官的現象愈來愈不安，這一點很有趣。最近有人想發明新的字母，以便在書寫過程中保留更多聲音元素，八十四頁的表格是其中一個例子。表格最特別之處在於它和古代手抄本一樣，非常觸感，而且高度脈絡化。爲了恢復感官互動的統一性，我們摸索出類似古代手抄本的書寫模式，也就是閱讀時必須大聲朗誦，才能讀懂。與此同時，我們社會也出現了訓練速讀的機構，教導學員在如觀賞電影般由左至右用眼睛瀏覽書頁時，如何避免默念或喉嚨蠕動，以便在心裡引出聲音影像，也就是所謂的閱讀。

表音文字研究的關鍵之作是德林兒的《表音字母》。這本書是這麼開頭的（三七頁）：

字母是最後、最高度發展、最方便也最容易調整的書寫系統。文明人現在都使用字母書寫，孩童輕鬆就能學會。使用字母顯然好處多多，每個字母只代表一個聲音，而非概念或音節。沒有漢學家認得所有中國字（約八萬字），即便是中國學者，實際使用的漢字也只在九千字之譜，而且要諳熟這九千字仍然很不容易。相較之下，只用二十二到二十六個字母是多麼簡單哪！不同語言使用相同文字也很容易，例如英文、法文、義大利文、德文、西班牙文、土耳其文、波蘭文、荷蘭文、捷克文、芬蘭文、克羅埃西亞文、威爾斯文和匈牙利文等等，都使用相同字母。而這些字母又是從古代希伯來文、腓尼基文、亞蘭文、希臘文、伊特魯里亞文和羅馬文衍生而來。

多虧字母的簡便，書寫變得非常普遍，不再像埃及、美索布達米亞或中國，書寫或多或少由教士或其他特權階級霸占。教育的重點也變成讀和寫，而且人人都可以接受教育。三千五百年來，字母相較於其他事物，幾乎沒有變化，即便印刷和打字機發明之後也是如此。另外，速記的普遍也證明字母充分滿足了現代世界的需求。正因為它簡單、恰當、調整力強，才會勝過其他書寫方式，屹立不搖。

字母書寫及其起源，本身就是一部歷史，也提供了新的研究領域，美國學界開始有人稱之為「字母學」。其他書寫系統的歷史都比不上字母文字那麼廣博、複雜而有趣。

德林兒說「文明人現在都使用字母書寫」其實有點同義反覆，因爲人類正是藉由字母才得以去除部落性格，個體化成爲「文明人」。文化在藝術上或許能遠遠超越文明，但只要缺乏表音字母，就永遠無法擺脫部落性格，日本和中國文化都是明證。但必須強調一點，本書關切的是促成人類去部落化的感官分離過程，至於個人抽象化和社會去部落化「是好是壞」，不是任何個人所能決定的。話雖如此，對感官分離過程有所認知，或許能擺脫目前圍繞在此議題之上的道德迷霧。

誠如因尼斯首先指出的，表音字母是激進強攻的文化吸收者兼轉型者

德林兒還有另一項發現值得一提，即所有人都接受「每個字母只代表一個聲音，而非概念或音節」

這個方式。換言之，任何社會只要有字母系統，就能將其他文化用這套字母加以轉譯。然而，轉譯是單向的。非書寫文化無法占有書寫文化，因爲書寫文化的字母無法被非書寫文化吸收同化，只能遭到清除或縮減。但在進入電子時代之後，我們或許開始發現字母技術的種種局限。如今看來，希臘人和羅馬人都有使用字母的經驗，因此同樣有向外征服和遠距組織的傾向，這點應該不足爲奇。因尼斯在《帝國與傳播》中率先探討此一主題，並深入說明了卡莫王神話所蘊含的簡單眞理。卡莫王將表音文字引入希臘，據說他將龍牙撒進土裡，生出全副武裝的戰士（龍牙或許暗指過去的象形文字）。因尼斯也解釋了印刷字爲什麼催生了民族主義，而非部落主義；還有導源自印刷字的價格及市場體系，爲何無法脫離印刷字而存在。簡言之，因尼斯率先挖掘隱藏在媒體科技種種「形式」背後的變遷「過程」，而本書可以說是他著作的註解。

德林兒對表音字母只強調一點，就是無論字母系統是如何又在何時完成：

> 不得不提，這項發明的偉大之處不在人類創造了「符號」，而在於人類採納了一套純粹表音的文字系統，而且每個聲音只用一個符號來代表。這項成就現在看似簡單，當初的發明者卻絕對稱得上是對人類貢獻最大的人。全世界就只有他們有能力創造出真正的表音書寫系統，其他文明如埃及、美索布達米亞、克里特、小亞細亞、中國、印度或中美，在書寫史上都處於相當進步的階段，卻從未過渡到新的層次。另外，雖然有少數人（如古塞普歐提人和日本人等等）發明了音節表，但唯有定居敘羅巴勒斯坦的閃族人裡出了天才，創造出表音字母，隨後演變成古今所有表音文字系統。

helpiŋ the bliend man

loŋ agœ thær livd a bliend man. hee livd whær treez and flouerz grɷ; but the bliend man cɷd not see the treez or flouerz.

the pɷr man had tɷ feel the wæ to gœ with hiz stick. tap-tap-tap went hiz stick on the rœd. hee waukt slœly.

新式四十三字字母：這是從〈濟世主耶穌〉裡節錄出來的一頁。使用根據羅馬字母加以擴充的實驗字體，印刷地是英國。字母主要由表音符號構成，包括標準字母（去掉q和x）和十九個新增字母。沒有大寫。在這套實驗字母系統中，o還是發long音，但ago則拼成agoe，字尾是o和e。一個新字母是倒過來的z，發trees的尾音。標準字母s則用在see一類的字。其他新字母包括i和e用連字號串起來，發blind的音，o和u連起來，發flower的音。另外，兩個o連起來也是新字母。今年九月起，將有一千名英國學童開始學習這套以表音字母爲主的實驗文字系統。

表一，一九六一年七月二十日「紐約時報」。

所有主要文明都曾經調整其手寫系統。隨著時間過去，原本相近的書寫系統彼此之間的關聯可能難以辨別。因此，印度最原始的婆羅米文和韓文、蒙古文其實源出同脈。希臘文、拉丁文、古北歐盧尼文、希伯來文、阿拉伯文和俄文等，一般人雖然看不出其間相似之處，卻都有親緣關係。（二一六至二一七頁）

原本毫無意義的符號和原本毫無意義的聲音結合起來，聯手建構出西方世界的輪廓與意義。本書接下來將簡略回顧字母對古代和中世紀手抄文化的影響，之後再深入檢視印刷出版爲字母文化帶來何種轉變。

荷馬筆下的英雄在擁有個人心靈的同時，也成爲分裂的人

宮布里奇在《藝術與幻象》裡（一一六頁）寫道：

總結本書最後一章，簡單一句就是「創造先於符應」。當藝術家試圖創造出符合外在世界的視覺印象，他必須先創造自存的事物……柏拉圖激烈抨擊這是欺騙，他這麼強烈的反應，反倒提醒我們一點，就是柏拉圖寫作當時，模仿（戲擬）才剛發明不久。當代許多批評家和柏拉圖一樣，對模仿嗤之以鼻。然而，就算這些批評家也都承認，紀元前六世紀到五世紀末（也就是柏

拉圖青年時期）希臘雕刻大復興之後，藝術史上就很少出現如此讓人興奮的成就了。

吉爾森在《繪畫與眞實》中，大大闡揚了創造和符應兩者的分別。繪畫直到吉托之前都還是物，但從吉托開始到塞尙，卻變成物的表象。請參考該書第八章〈模仿與創造〉。

詩和散文當然也出現類似的發展，朝表象和直線敘事法傾斜。不過要了解其間過程，必須注意一點：對柏拉圖（而非亞里斯多德）來說，「模仿」是從日常聽、觸覺感官的互動網路中，抽離出視覺成分。這樣的過程由表音文字讀寫經驗所造成，讓社會從宇宙的「神聖」時空中抽離出來，進入去部落化的「世俗」世界，塑造出講求實效的文明人。艾里亞德在《神聖與世俗：論宗教的本質》中探討的就是這個主題。

達茲在《希臘人與非理性》中提到，荷馬史詩裡的英雄情緒不穩、性格躁狂：「讓我們不禁自問：像愛奧尼亞人這麼文明、頭腦清楚而理性的民族，他們有能力去除對死者的恐懼，爲何卻去不掉民族史詩裡和婆羅洲或原始部落有關的過往……」（一三頁）不過，下一頁的敘述對我們更有幫助：

「英雄的行為……連他自己都覺得陌生，無法理解。行為不再是他自我的一部分」。誠哉斯言！我認為這句話和我們先前討論過的幾個現象有關，這一點是毋庸置疑的。尼爾森說得對，這樣的經驗（加上其他因素，例如米諾文明保護女神的傳統），部分構成了「肢體」介入的機制。荷馬常常引用此一機制，但在我們看來，卻顯得多餘。之所以多餘，因為神話故事對我們而言，多半不只是單純重複自然的心理因果關係。不過，難道我們不應該說神話故事「重複了」心理機制嗎（換句話說，難道我們不應該用具象的方式來表達嗎）？這麼做一點也不多餘，因為唯有如此，聽者才能在心中建立鮮明的想像。荷馬時期的詩人沒有精煉的語言可供利用，但唯有藉助精煉的語言，才能適當「傳達」純粹心理的奇蹟。因此，詩人面對「靈魂中流入一道氣息」這種古老陳腐無趣的說法，搬出具體有形的神祇，由神祇道出自己的喜惡，後來更讓這些神祇取而代之，不是很自然的嗎？這麼做，比起單純的內心告誡要鮮明太多了。《伊里亞德》有一幕著名的場景，就是最好的例子：雅典娜揪著阿奇里斯的頭髮，警告他不要攻擊艾加美儂。然而，在場就只有阿奇里斯看得到雅典娜：「其他人都看不見她」。這個段落其實清楚暗示，雅典娜是內心律令的外在投射和具象表達——而阿奇里斯很可能語焉不詳，只用一句話帶過：「神明的降臨開導了我」。因此我認為，一般說來，內心律令（即內心突然生出的一股莫名力量，或突然判斷力喪失）才是神話故事的發源種子。

英雄一旦擁有個體自我，就變成分裂的人。這樣的「分裂」特質會在圖像化的模型和複雜情境的「運作」中清楚凸顯出來，而重聽覺的部落人從來不曾用心將這些模型或情境用視覺影像表達出來。換言之，去部落化、個體化和圖像化其實都是同一回事。魔力狀態的消逝程度和內心事件的視覺化外顯程度成正比。不過，外顯同時也會減少並扭曲複雜的關係，這一點在所有感官充分互動時，感覺更加明顯。

因此，可想而知，模仿在柏拉圖看來只是各式各樣的表象，尤其是視覺表象。然而，亞里斯多德在《詩學》第四部中卻將模仿視爲知覺認識世界的核心，不會將知覺限於單一感官。不過對柏拉圖而言，讀寫能力出現和隨之而來的視覺（與其他感官）疏離都會減少人對本體的知覺，減損「存有」。柏格森曾經問道，要是有東西能將世界上「所有」事件都加快一倍，我們要怎麼知道呢？他說，答案很簡單，我們會發現經驗的豐富程度大大降低。這似乎也是柏拉圖面對讀寫能力和視覺模仿時的態度。

宮布里奇在《藝術與幻象》第十章開頭，進一步描述視覺模仿：

> 上一章的討論，將我們帶回一個古老的真理，亦即表象的發現主要歸功於圖像效果的發明，而非對自然的仔細觀察。我的確認為，對人類愚弄視覺的能力感到驚訝的古代作家，對視覺模仿這項成就的理解更勝於後世的許多批評者……然而，我們倘若拋開巴克萊主教的視覺理論（人「看見」平面，卻將之「建構成」立體的空間），就能讓藝術史脫離對空間的執著，轉而關注其他成就，例如光影和質感的暗示，以及相術表達的嫻熟。

當代心理學家談到感官生活，都偏好巴克萊主教在《視覺新論》（一七〇九年）裡提出的說法。然而，巴克萊的重點在駁斥笛卡兒和牛頓，反對兩人將視覺完全抽象出來，去除視覺和其他感官的互動。另一方面，獨鍾聽觸覺，壓制視覺，又會造成部落化偏差，以及追求爵士樂型態和原始藝術模仿的偏頗。這些現象都和無線電廣播同時出現，但並非「因爲」無線電廣播而生。[11]

面對圖像模式的興起，宮布里奇非但擁有最直接的資訊，也掌握最正確的難題。他在《藝術與幻象》一書的結尾（一一七至一一八頁）寫道：

最後是希臘繪畫史，我們可以從彩繪陶瓷裡掌握到。它訴說了四世紀發現光影技法，五世紀發現遠近縮小法，克服了空間表達的問題……勒威在世紀之交首次提出理論，說明希臘藝術表達自然的手法，也就是視覺模式優先，同時慢慢調整自然的表象……然而，這套理論根本沒有解釋什麼。人類發展過程中，為什麼到這麼晚期才出現此一歷程？關於這點，我們的觀點已經大大改變了。對希臘人而言，遠古時代是人類歷史的曙光，即便古典學者也很難甩脫這個看法。由是觀之，藝術脫離原始模式的同時，還出現人文學者眼中的其他文明活動（如哲學、科學和戲劇詩學的發展），也就不足為奇了。

字母技術內化之前，視覺表象對部落族人沒有吸引力。希臘人的世界可以證明這點

「自然外觀」的表象對非讀寫民族而言很不正常，也很難辨認，這點對當代心靈產生不小的衝擊。因爲我們認爲這樣的現實扭曲和抽象視覺認知有關，並且侵入了數學、自然科學、邏輯和詩學之類的語言藝術。目睹非歐幾何、符號邏輯和象徵詩學誕生的十九世紀，也有同樣的發現。換句話說，單一平面線性、視覺、序列式的視覺符碼化是非常人工而有限的。在現今西方經驗的各層面，這樣的視覺符碼化都面臨遭到摒除的危機。我們早就習於讚賞希臘人在雕刻、繪畫、科學、哲學、文學和政治各方面，發明了視覺秩序。如今我們學會獨立運用單一感官之後，學者卻對希臘人的膽小嗤之以

鼻：「就筆者所拼湊出來的故事，無論故事內容爲何，都會帶出一個事實，亦即希臘藝術和幾何學都基於同樣的觸覺肌動直覺，其發展有多處均沿著類似的脈絡，其限制也都隱含在這樣的直覺當中。」[12]

現代人清楚意識到經驗裡的視覺成分，因此在我們眼中，希臘人顯得膽怯而不明確。然而，在字母技術的草創階段，沒有什麼事物強烈到足以將視覺完全從觸覺當中抽離出來，就連羅馬時期的手抄本也無能爲力。必須等到大量製造的經驗出現，等到單一種類的事物可以重複製造，感官才開始分離，視覺也才和其他感官區隔開來。

史賓格勒在《西方的沒落》中（八九頁）提到視覺事物的抹除。西方對新物理學的認識，讓西方人以部落民族般的歡欣，重新迎接不可見的事物：

> 當空間元素（或所謂空間點）失去最後一絲視覺特質，空間元素在人類眼中便不再是座標線的切點，而只是一組三個獨立的數字。如此一來，用任意數字n取代數字3，也就無啥不可。於是，維度的觀念產生巨變，維度不再是在可見系統中，按相對位置詩學地處理點的性質，而由一組數字所代表「完全抽象」性質……

「完全抽象」意味著聽觸覺（非視覺）的共振互動，而電和無線電廣播便是靠這樣的共振互動，在西方經驗世界重建康拉德所謂的「非洲心靈」。

藉由機械技術（如表音文字）拓展單一感官，似乎是種扭曲，改變了整個感官萬花筒的組成式樣，造成不同成分重新組合，形成新的比例，同時產生新的可能形式的鑲嵌組合。任何外在科技都會帶來這種感官組成比例的轉換，這一點在今日看來應該非常明顯，但之前爲何從來不曾爲人注意？或許因爲過去的轉換乃是緩慢漸進，我們現在經歷到一系列的新科技出現，也有能力觀察其他文化，因此除非太過粗心大意，否則不可能忽略新的資訊媒體在諸感官的關係和相對位置上所扮演的角色。不爲別的，單是爲了掌握我們自己的態度，從剛有讀寫能力的希臘世界和非讀寫世界各取幾個文學和藝術的例子來比較和對照，或許很有幫助。

不過，羅馬人對於視覺性質的認識確實超越了希臘人。這一點非常重要：

路克修斯既沒有提及表象的問題，也沒有興趣研究。然而，他對純粹視覺現象的描述卻遠遠超越了歐幾里德審慎觀察的結果。路克修斯完整描述的，不是不斷擴張的視覺圓錐，而是看起來相互矛盾消滅、和前者相對的圓錐。路克修斯所表達的諸多概念，和二十五年後維特魯威在《建築十書》裡所描述的透視系統，就光學的角度看是完全等同的。[13]

同理，比起希臘人，羅馬人更偏好主動作爲，喜歡實用知識，並傾向以線性結構組織生命。在藝術方面，羅馬人的超越展現在設定前後交疊的平面，並藉由平面的傾斜或對角移動來產生動態效果。不過，懷特在《圖像空間的誕生與重生》（一三七頁）提到一點，特別能闡明希臘敘事方式最驚人的特質：所有形式都在同一平面上，所有動作都朝著同一方向。懷特這本書都在探討視覺如何勝過其他感官，因此對古代和後世的空間設計做了仔細的研究。他表示「古代花瓶細緻曲面上首次出現簡單的空間圖形，似乎找不出任何細緻的理論與之對應。這些圖形本身並不追求透視系統的本質，而且就算

眞有透視系統存在，也無法在現存作品中尋獲。」（二七〇頁）

希臘人對藝術和年代紀的「看法」和我們現代人大相逕庭，卻和中世紀非常類似

懷特認爲，雖然透視法的部分原理在古代就已經出現，古代人卻興趣缺缺。到了文藝復興時期，透視法獲得認可，而當時的人也知道透視需要「固定」觀點。透視法強調個人角度，在印刷文化看來習以爲常，手抄文化卻毫不在意，因爲個人主義和民族主義的驅力在抄寫模式下是潛伏不顯的。手抄本是高度觸覺的產物，當時的讀者不同於十六、七世紀的讀者，他們無法從中將視覺和聽觸覺分離開來。馮克隆尼根研究希臘的時間觀，寫成《掌握過去》一書，他提到許多論點，對於理解視覺偏移對時間觀的影響很有幫助。希臘人對貫時性和事件單一走向的全新感受，顯然是從「同步時間」這個傳統神祕的宇宙概念展延出來的，而不是讀寫社會普遍擁有的同步時間概念。馮克隆尼根表示（一七頁）：「希臘人常常提起過去，因而讓所討論的事物具有貫時性。然而，當我們深究其中的眞義就會發現，希臘人的年代感跟時間無關，而是一般性的概念。」

換言之，就時間觀念來說，希臘人就好像不用參考點和消失點在做遠近效果一樣。這的確是希臘人進行視覺抽象的方法。同樣的道理，馮克隆尼根主張，希羅多德讓自己「從神話和神話想像中」解放出來，並且用「過去解釋現在或後來的發展」（二六頁）。口語社會對年代順序（貫時事件）的視覺

化毫無概念，在資訊流動的電子時代，年代順序則是毫不相干。文學裡「敘事線」的呈現手法就和雕刻、繪畫一樣，而這正清楚顯示了視覺和其他感官分離的程度。根據奧爾巴赫的研究[14]，希臘人的進展顯現在藝術中，也展現在文學裡。因此，荷馬筆下的阿奇里斯和奧德塞都只在水平的垂直面上活動，全靠「外在的描述、統一的闡釋、不中斷的連結和自由的表達來展現，所有的事件都是前景，展現出確鑿的意義，幾乎沒有任何歷史發展的元素，也沒有心理層面的描述……」

無論從繪畫、詩、歷史或邏輯看，視覺因素都是外顯化、一致化和序列化的催生者。相較之下，非讀寫模式是內隱、同時而斷續的，原始時代如此，電子化的今日亦然。這就是喬伊斯所謂的「空中之一」(eins within a space)。

馮克隆尼根認為「年代順序」這個新穎的視覺序列概念，和「希臘人的科學感甦醒」有關。的確，古希臘人嘗試精確觀察事實，不過更希望得知事件的解釋，便從先在的原因裡找尋。而「因果」這個視覺化概念在牛頓物理學裡發揮到極致。惠帖克爵士在《空間與精神》裡（八六頁）寫道：

> 牛頓的宇宙觀和亞里斯多德的宇宙觀一樣，都試著藉由追溯事件之間的關聯，來理解世界。這樣的方法有賴於按照因果關係排列經驗，為所有現象找出其決定因素或先在條件。承認因果關係無所不包，凡事發生皆有原因，是「因果法則」的「預設」。

因果概念的極度視覺化雖然和電子同步世界有出入，卻被強行灌輸其中。惠帖克爵士提出一個對比（八七頁），作為補充：

因此，力的概念很可能被巨集粒子的「互動」和「能量」概念所取代。數學物理學家不再考量個別物體的受力，而是仿效動力學家拉格蘭治所發展的新理論，提出能預測整個物體系統未來的數學等式，其中完全沒有使用「力」或「因果」的概念……

前蘇格拉底時期和前讀寫時代的哲學家，猶如現今後讀寫時代的科學家，只需要聆聽問題的內在共鳴，就能從水、火或某種「世界功能」中導出問題的根源和宇宙萬物。換句話說，當代思想家很容易不加思索就偏向強調聽覺的「場域」理論，如同希臘人跳進抽象視覺和單一線性的平面世界之中。馮克隆尼根表示（三六至三七頁）希臘人急切地尋求過去：

奧德塞跟探險家不同，他對未知不感興趣，不喜歡愈走愈遠，對即將來臨的事物無動於衷，也不受神祕無窮的未來所刺激。恰恰相反，奧德塞只想回家，過去讓他著迷，他只想讓一切回到從前。他旅行是因為不得不然，迫於海神普希東的憤怒。普希東是陌生和未知土地之神，陌生的土地吸引了無數探險者，卻嚇壞了奧德塞。對他來說，無止盡的流浪是困境，是不幸；回家才是幸福、平安。神祕未知的未來在他心中造成巨大的苦痛，他必須把持自己，對抗未知。他唯有在過去裡，回到已知世界中，才會覺得平安。

由於新的視覺年代觀形成，古人發現「過去」這個概念從遠處看來是平安之地，這點確實非常新鮮。也多虧表音文字，古人才能實現這點。然而，這種看法我們如今很難想像，更無法企及。古希臘人迷戀過去，馮克隆尼根究其原因發現，過去帶給希臘人科學和心理上的慰藉與安全感，而這也說明了會讀會寫的人文時代，自然會對已毀壞的事物情有獨鍾。因爲「過去」正是在廢墟中，對著沉思默想的學者言辭滔滔。時間還有一項特質，讓希臘人將現在和過去連結起來：「這裡所談到的時間顯然是均勻、連續不斷的事件流，萬事萬物都各安其位。」（九五頁）

希臘人在字母內化之後，於藝術和科學領域都有了創新之舉

從聽觸覺叢結裡崛起的新視覺世界有三大要素：均勻、一致、重複。希臘人以這三大要素爲橋梁，將過去和現在連結起來，然而沒有連結現在和未來。馮克隆尼根表示（九五頁）：「希臘人曉得未來有多不確定，東方世界卻不清楚。不受擾亂的過去和繁榮的現在都無法保證幸福的未來。因此，人類生活的價值……只有徹底成爲過去，也就是唯有死亡當時，才會存在。雅典的大地女神特露絲就是明證。」

小艾文思的分析強烈支持馮克隆尼根的說法：「對希臘人來說，未來和過去並沒有什麼不同。未來只不過是讓人期盼、渴望卻又害怕的過去罷了。儘管如此，西元五世紀，希臘人感性裡的視覺元素主要仍根植於聽觸覺叢結，使得他們的感性跟伊莉莎白時期一樣，處於相對平衡的狀態。[15]小艾文思在《藝術與幾何》中（五七至五八頁）指出，視覺對等的限制也影響了希臘的幾何學：

古希臘晚期，帕普斯完成八卷《數學彙編》，當時的幾何學家知道兩種焦距比、三種漸近焦距比，以及如何將圓形轉換成橢圓。他們不僅曉得（我稍後還會提及）非簡諧比例不變性之類的特例，也很清楚歐幾里德的「系論」；系論和德薩古理論只有一步之遙。不過，希臘人卻把這些發現視為獨立命題，彼此毫無關聯。要是希臘人能想像「平行線在無限遠處相交」，起碼就可以掌握和幾何連續性、透視和透視幾何學基本概念邏輯相當的概念。換句話說，希臘人在六、七世紀不斷走到現代幾何學的門前，卻受限於他們的觸覺肌動性格和韻律概念，從來未能將門打開，進入現代思惟的浩瀚天地。

一致、連續和均勻，這三者在希臘邏輯學和幾何學裡都是新穎的題材。魯卡錫維茲在《亞里斯多德三段論》中強調：「亞里斯多德認爲，三段論所使用的語詞必須受主格和受格可能位置的限制。他將單稱詞排除在三段論外，或許是因爲這一點。」（七頁）然而，「缺乏單稱詞和命題是亞里斯多德邏輯的致命傷。他爲什麼這麼做？」（六頁）他所持的理由就和希臘人尋求新視覺秩序和線性和諧的原因相同。不過，魯卡錫維茲進一步指出（一五頁）「邏輯」和抽象視覺能力，兩者就本質而言是密不可分的：「現代形式邏輯力求精確。要做到這點，唯有運用精確的語言，而精確的語言建立在穩定、可見的符號上。語言精確對任何科學而言，都是不可或缺的。」然而，語言精確必須排除所有非視覺要素，只留下視覺成分，就連文字也不例外。

我們關切的重點只有一個，就是表音字母對最早的使用者影響多大。事物的組成部分是線性而同質的，這是項新「發現」，是表音書寫系統帶給希臘人感官生活的改變。希臘人獲得新的視覺知覺模式之後，在各項藝術中表現出來；羅馬人則將線性和均勻的概念擴展到軍事和民眾生活裡，推展到拱形世界和封閉的視覺空間中。他們雖然也經歷了去部落化和視覺化的過程，卻沒有積極發揮希臘人的「發現」。羅馬人將線性概念拓展到帝國內部，並且對市民生活、律法和書籍實施大規模的同質化。古羅馬人活在現代美國應該會很習慣，古希臘人則比較喜歡「落後」的口傳文化，如愛爾蘭和過去的美國南方。

希臘人的讀寫經驗無論就類別和程度來看，都不足以將生來承繼的聽觸覺世界轉譯成「封閉」的「圖像」空間。要等印刷術出現，封閉圖像空間才容易爲人取得。在現代極度視覺化的透視世界中，感官生活比希臘和中世紀的平面化世界更抽象、更分離，因此我們很自然以爲這就是兩者之間的差別。講求移情的新藝術手法和文化分析，讓我們能輕易接觸人類感性的種種樣態，不再受限於過去社會的觀點，而是將觀點重新塑造。

視覺化出現在古代社會的各個層面，而且影響非常一致。從希臘到羅馬，西方世界對視覺印象愈來愈強調，重視程度有增無減。何藍德在《天空走調》書裡（七頁）提到：

> 書寫文字出現普及之後，除了前讀寫時代的口語詩，詩和聲音的關係變得更為複雜。詩在口語世界被視為極度複雜的「說話／發聲」，但形諸文字卻非常簡單，只要逐字謄錄即可。於是，詩歌開始按聲調類別的模式來定義。然而，從拉丁文詩歌開始使用希臘格律起，文學分析家就發現，口語詩符號化（亦即形諸文字）之後，明顯添加了許多個人和人為元素，反之亦然。光說詩和音樂都由聲音組成，卻不指出此話有幾分真確，這樣的做法既不恰當又容易造成誤導。這

種化約論有許多困難，非但造成美學範疇的混淆，更讓傳統歐洲詩學從古希臘時期開始，就出現許多不必要的爭論。西方文學史上有許多混淆，「原點」就在於將其實是音樂體系的希臘格律學，和圖像化、詩歌化的拉丁量化詩律分析畫上等號。大體而言，引用外來文學的發明就如同復興或改造傳統，都在書寫層面侵犯了詩歌的語言結構。想對詩歌結構進行完整徹底的形式分析，或分析詩歌結構與書寫文字的關係，都必須先將書寫文字本身視為一個系統，口語也不例外。

愛因斯坦在《音樂簡史》裡（二〇頁）對中世紀音樂結構的視覺化傾向，提出更具洞見的看法：

音樂完全由聲音組成，因此樂譜不需要標示節奏，只用視覺符號表達旋律起伏，所以直接易懂。相較之下，希臘音韻系統就欠缺這樣易懂的特性。目前的樂譜系統就在如此堅實的基礎上發展起來……

愛因斯坦甚至將他的見解延伸到古騰堡時代（四五頁）：

一五〇〇年前後，印刷樂譜出現，音樂視覺化的影響力得以擴及全球，為音樂史帶來劇烈變革，程度之大不下書籍印刷對歐洲文化的影響。古騰堡初次嘗試印刷之後二十五年，德國和義大利的印刷業者印行了彌撒書。這關鍵的一步（用鉛字印製計量化音樂），是由威尼斯的歐塔維亞諾踏出的，而威尼斯也一直保持其複音音樂印行出版中心的地位。

「雕版」和彩飾之間的關聯，確保了希臘和中世紀在藝術方面彼此承續

塞特曼在《希臘藝術初探》裡（四三頁）寫道：

希臘人沒有紙：莎草紙很貴，只供文書之用，不適合作畫，蠟板又不經久。藝術家的畫紙，其實是花瓶表面……公元前六五〇年之後，陶藝品已經成為雅典的出口大宗，外銷到愛琴納、義大利和東方，這點是非常驚人的。

希臘人的造紙和書籍交易雖然蓬勃發展，對讀寫的運用卻比羅馬人少得多。塞特曼在上面所引的段落裡指出原因。莎草紙在羅馬帝國晚期供應日減，一般都認爲這是羅馬帝國及其道路系統「衰亡」的原由，因爲對羅馬人來說，道路就是運紙之路。[16]

塞特曼《希臘藝術初探》一書的要旨就是，希臘藝術的主要展現者不是雕塑家，而是*celator*，也就是雕版匠（一二頁）：

四百多年來專家不斷教導我們，希臘人最傑出的創作是大理石。因此，就算最近幾年介紹希臘

藝術的書上，還是可以讀到「從許多方面來看，雕刻都是希臘藝術裡最特出的項目……並且在他們手中臻至高峰」之類的說法。這是一般人對希臘藝術的見解。其中最傑出的首推石雕，通常包括大件的青銅雕刻。其次是繪畫，以花瓶繪畫為主。之後才是所謂的「次級藝術」。出於方便和同情，次級藝術囊括了裁切、寶石雕刻、珠寶和雕版（或金屬浮雕）。問題是，這樣的歸類法是不是真的符合希臘人自己對藝術和藝術家的見解？顯然差得很遠。

即便在久遠的青銅器時代，希臘群島的居民就極度推崇技巧嫻熟的鐵匠。鐵匠的技藝既神祕又讓人愉悅，希臘人認為鐵匠天賦來自超自然的存在，因此關於鐵匠就有許多傳說。例如，達克提爾是冶銅師傅，庫瑞特和柯里邦提是軍械師傅，卡貝洛是高明的鐵匠，帖奇尼斯是天賦異秉的金銀銅匠，他為神製造兵器，並且率先製作雕像。最後是能力高超的塞克洛普，他為天神宙斯鑄造雷電。這幾位都是不知名的巨人、小神或小妖怪，但卻成為工匠店家的守護聖人，受到敬拜。而他們的名字在希臘文裡分別是「手指」、「槌子」、「鉗子」和「鐵砧」的意思。因此，隨著荷馬史詩逐漸成形，這些人物也不斷放大，直到在奧林匹亞山擁有一席之地。

切割、浮雕和蝕刻「金、銀、青銅、象牙或寶石」的藝術，拉丁文稱之爲*caelatura*。我們現在竟然毫不費力，就能從塞特曼的角度去欣賞許多古代作品，這一點其實意義非凡：

萬神殿和不少雅典精緻墓石的大理石雕刻，真是令人驚艷。然而，這些不是第五世紀最精緻的

藝術。希臘人自己最欣賞的藝術家不是石匠、模型家、鑄工或細緻青銅鏨軋師傅，而是雕版匠。（七二頁）

在雕版匠和蝕刻匠的作品裡，視覺成分少，觸覺成分多，因此更符合目前電子時代的新傾向。不過就本書而言，塞特曼的論點非常要緊，因爲他上溯希臘、羅馬時期以迄中世紀的彩飾藝術，來理解雕版藝術（一一五頁）：

這時期的繪畫也非常傑出，尤其是以金葉為背景在玻璃上繪製的細微雕飾。現存諸多母子肖像雕飾中，有一件（102a）有名叫波內里斯的希臘人簽名，另外一件類似作品（102g）沒有署名，但風格接近。這類雕飾是精緻的貴族藝術，後來促成羊皮紙彩飾藝術的興起。雕飾藝術同時期的哲學家是普洛提納，他對精緻藝術的感受力比柏拉圖和亞里斯多德要敏銳許多。

視覺不斷向古希臘人施壓，迫使他們脫離原始藝術。如今來到電子時代，電子「全部同時」統一場域內化之後，原始藝術也獲得重生

簡而言之，雕版藝術的風行暗示觸覺感性的崛起，也是理解觸覺感性的關鍵。無論希臘、羅馬或中世紀的平面彩飾，都可以發現這項藝術和早期讀寫能力相互交織。

塞特曼那一代的人面對希臘藝術，都不用透視觀點切入，而是將之視爲場域元素彼此混雜的組態。平面場域裡，不同形象共存互動，創造出多層次、多感官的知覺。這樣的策略蘊含了包容開放的聽覺空間特質，馮貝克西在《聽覺實驗》裡清楚指明這一點。不過，這種策略過去使用廣泛，連路易斯也用過。他在《時間和西方人》裡針對聽覺空間在二十世紀捲土重來，提出批判分析。而塞特曼也使用過聽覺場域策略，就連對透視法起源的研究也不例外（三二頁）：

……我們不能說，荷馬比悲劇詩人艾奇里斯更幼稚，他們只是不同類的詩人。我們也不能說，柏拉圖的寫作風格比史家修昔底德更成熟，他們只是不同類的作家，題材也不相同。使徒保羅的書信不比西塞羅的書信低下，兩者只是不同。就古代文學而言，這種「成長」和「退化」的說法是不成立的，為什麼用在精緻藝術就能成理？

或許有人會說：「這種『成長』和『腐化』的誤解又無傷大雅，何必擔心呢？」然而事實並非如此。因為這樣的誤解背後有一個武斷的說法，亦即希臘藝術家個個都想方設法，盡可能寫實，盡可能創造逼真的模仿，但卻力有未逮。然而，相較之下，文學領域卻沒有這種普遍的見解，認為戲劇效果也要極力忠於現實，因此，艾奇里斯必須效法劇作家梅南德，莎士比亞必須效法蕭伯納。我們甚至不難想像（因為很有可能）艾奇里斯反對新喜劇，而莎翁否定蕭伯納。

塞特曼認爲，希臘人關切的所有事物永遠都是同步行動，等待新主題出現，或是複雜組態出現新的壓力。他眼看共鳴詩意模式被化約成簡單直線的散文視覺模式，並主張萬神殿的雕塑是「希臘最完美的散文式藝術作品」。他認爲，萬神殿雕塑的表象形式是散文式的，因爲充滿了「描繪寫實主義」的風格（六六頁）：

不過，希臘的散文文學和散文式藝術其實幾乎是同時出現的，西元五世紀之前就已經各自有傑作傳世：修昔底德的史書和萬神殿的雕塑。

是什麼原因讓希臘人採取描繪寫實主義，導致詩化形式主義幾近消失呢？談什麼發展或成長是無濟於事的，因為萬神殿的作品並非源自奧林匹亞，修昔底德的史學著作也不是艾奇里斯戲劇的後裔。答案應該是，當時的希臘人在嘗試過寫實藝術之後，發現寫實藝術比形式藝術更合胃口，因為他們對逼真有種偏好。

遊牧社會感受不到封閉空間

爲了理解中世紀手抄文化，我不打算把塞特曼對希臘雕版的獨特觀察當成該時期的切片，而是讓現在看來混雜的情況再混雜一點。我們走進歷時五百年的古騰堡星系之前，最好記得一點，就是視覺雖然有助於組織經驗和知覺，非讀寫人對這點卻毫不在乎，「後塞尙時期」藝術家亦然。偉大的藝術史家如吉迪恩，將「後塞尙時期」的新藝術手法範圍擴大，涵蓋「大眾藝術」和「無名史」。吉迪恩認爲，「藝術」就和亞里斯多德眼中的「模仿」一樣，是涵蓋甚廣的概念。他先前分析過二十世紀機械化影響下的抽象藝術模式，他即將完成的巨著《藝術源始》是後續的補充。不過有一點要注意，就是洞穴人的藝術和世界，以及電子時代的高度有機依存，兩者之間的關係密切。當然，我們可以說小孩和洞穴藝術對於聽觸覺的摸索是一種抒情傾向，而這種傾向暗示兩者對於電子或同步文化的無意識模式，都有著天眞不加批判的迷戀。但對浪漫主義後期許多人來說，這一點卻讓他們突然「懂了」原始藝術，因而深感震撼。就如同涂爾幹所堅稱的，光靠視覺分離化，人能夠切割的工作和經驗還是有限，因爲眞正的「抽象」藝術是寫實主義和自然主義，而兩者都建基於將視覺從其他感官互動當中抽離出來。所謂的抽象藝術，其實是聽覺和觸覺按不同程度彼此互動的結果。我個人認爲，在感官互動中要分離「觸覺」並不容易。正因爲如此，當視覺從眾感官中抽離抽象出來，觸覺強度就會減弱。

吉迪恩在即將出版的新書裡有一節談到藝術的起源，這一節先行刊錄在《溝通探討》一書當中（七一至八九頁）。他說明洞穴畫家的空間知覺：

> 洞穴內部看不出絲毫人類居住的痕跡，因為洞穴是神聖的處所，藉由具有魔力的圖畫之助，神聖儀式得以在此舉行。
>
> 洞穴沒有我們所謂的「空間」，因為主宰其中的只有永恆的黑暗。就「空間」而言，洞穴是空的，任何曾經試著獨自走出洞穴的人都能明白這一層道理。火炬的微光會被四周絕對的黑暗所吞噬，無止無盡的岩道和碎石坡向八方延伸，凡此種種都讓心裡的疑惑不斷在空氣中迴盪：迷宮的出口究竟在哪？

光和洞穴藝術

要破壞原始藝術的真實價值，最殘酷的手段莫過於在永恆黑暗裡投下一道電光。過去有人使用閃光或燃燒動物脂肪的小石燈，結果只是瞥見創作的部分顏色和線條，得到片段的印象。在輕柔閃爍的燈光下，洞穴藝術創作彷彿擁有魔力，正在移動。但若是換成強光，蝕刻的線條（甚至上了色的表面）都會失去了原本的力道，有時甚至完全消失。因為唯有在微光下，繪畫細緻的紋理才能不受粗糙背景所影響，毫無阻礙完全顯現出來。

說到這裡，或許各位已經明白史前人並不認為洞穴是建築。洞穴只不過是提供場所，供他們從事具有魔力的藝術創作。因此，他們選擇洞穴時總是極度謹慎。

地上的洞不是封閉空間，因爲地洞就像三角形或北美印第安人的圓錐帳篷，只是力線的展現。廣場（方形）也不展現力線，卻將觸覺空間轉譯成視覺語彙。書寫存在之前並沒有這種轉譯，讀過涂爾幹《社會分工論》的人都知道理由何在。因爲唯有人類開始定居，才可能出現人力分工。在此之前，感官生活並沒有分離的現象，故也無法導致視覺能力增強。人類學家表示，任何雕刻或雕塑其實都暗示視覺成分已經受到加強，因此，遊牧民族缺乏分工和感官生活，也甚少分離，顯然發展不出方形空間。然而，當他們開始創作雕塑，就已經準備好迎接更視覺化的事物了，例如雕刻、書寫和方形空間。從古至今，雕塑始終處在聽覺與視覺空間的交界，因爲雕塑不是封閉的空間，而是和聲音一樣，會調整空間。建築也具有這種神奇的維度，處在兩種空間的交界。勒科布西主張，建築的神祕特質在夜晚最容易感受得到，因爲當時建築只有部分處於視覺模式當中。

卡本特在《愛斯基摩》裡探討了愛斯基摩人的空間概念，透露出他對空間形式與方位極「不理性」又非視覺的態度：

就我所知，沒有艾維力克人會用視覺語彙描述空間。他們不認為空間是靜止因而可以度量，所以沒有量度空間的正式單位，也不會將時間切割等分。艾維力克雕刻家對視覺光學原理毫不在意，他們讓所有部分各安其位，各有其世界，完全不考慮各部分和背景或任何外在事物的關係……在口述傳統中，神話講述者的態度是多對多，而非個人對個人。言語和詩歌都是給所有人聽的……在愛斯基摩，人人都是詩人、雕刻家和神話講述者，向所有族人揭示無名的傳統……當地的藝術創作可以用任何角度觀賞或聆聽。

多方向的空間觀是聽覺的、聲學的。因此，愛斯基摩人看到外地訪客努力將繪畫創作「放正」來看，都覺得很新鮮。他們把雜誌撕成一頁一頁，貼在冰屋牆上防止滲水，白人訪客到冰屋裡，常常會不由自主扭著脖子，想看清楚紙上的字或圖。同理，愛斯基摩人很可能在板子上作畫雕刻，滿了就翻面再畫再刻。他們的語言裡沒有「藝術」這個詞：「艾維力克的成年人個個都是象牙雕刻好手。對他們來說，雕刻象牙是普通必要的基本功，就像我們要會書寫一樣。」

吉迪恩在《溝通探索》裡（八四頁）也探討了相同的空間議題：「冰河時期的獵人經常在岩石結構裡看見動物的身影，所有原始藝術都源於此。法國人將這種『看見』稱爲*épouser les contour*。幾條線加上簡單的雕刻和一點顏色，就足以讓動物現形。」現代人再度強烈愛上輪廓，這點跟電磁科技讓我們發現「萬物彼此依存、互爲功能，而所有形式都是有機的」脫不了關係。換言之，在藝術和建築領域裡，原始有機價值的復興是當代科技帶給我們的主要壓力。然而，部分人類學家到現在仍然模糊地假定，就算不諳讀寫的人也擁有歐幾里德式的空間知覺[17]，更有不少人類學家使用歐式幾何的結構模式，來描述他們在原始民族所蒐集的資料。因此，像卡羅瑟斯這樣的人在人類學界算是少數，也就不足爲奇了。卡羅瑟斯原本是心理學家，後來跨行進入人類學領域，因此對自己的發現有些措手不及。而他所發現的事物，在當時也確實少有人知。艾里亞德要是發現書寫文字的效應，知道書寫文字如何促使經驗中的聽覺維度被視覺維度取代，他還會對人類生活的「再度神聖化」充滿熱情嗎？

尙古主義目前已經成爲當代藝術和思想的陳腔濫調

受到馬利內提和莫賀里內吉影響的人所在多有，但他們很可能被誤導了，因爲他們不僅誤解了世俗生活模式的起源與原因，也誤解了神聖生活模式的起源與原因。就算承認科技的機械運作會讓人類生活「神聖化」或「去神聖化」，二十世紀的「非理性主義者」可能依然會強調經驗結構中的聽覺和「神聖」模式。而這就是德日進所強調的，由電子或電磁所帶動的新模式。這樣的趨勢儘管退回到從前的非讀寫知覺模式，但對許多人而言，依然是來自外部空間的強制命令。雖然艾里亞德和其他「非理性」神祕主義者所呈現給我們的世界，無論「世俗」或「神聖」，都看不出和宗教有什麼關聯，或有什麼重要的宗教意義，但我們仍然不能小看生活的讀寫形式或非讀寫形式的文化力量，忽視這兩種形式左右人類社群知覺和傾向的能力。例如，東正教和羅馬教廷的不幸衝突其實就是口傳文化和視覺文化對立的明顯例子，跟信仰完全無關。

不過，我要問，現在是不是應該將這些「幼稚事物」置於適度的限制底下，使得它們對全體人類造成的永久洗腦效應能控制在可預測的範圍內？有人說過，找不出原因的戰爭，是註定會發生的戰爭。既然在所有的人類文化衝突矛盾裡，沒有比視覺文化和聽覺文化互相對立更嚴重的，因此西方人現在走進電子時代，被迫再度聽覺化，經歷的痛苦絕對不小於當年被迫視覺化的創痛。姑且不論聽覺和視覺文化都像自以為是的薩德主義者，彼此挑明了互相殘殺，光從視覺文化轉成聽覺文化，或從聽覺文化轉成視覺文化所帶來的內在痛苦，就已經夠瞧了。

艾里亞德在《神聖與世俗》的引言中，給了二十世紀的「神聖」聽覺空間一個遲來的認可。他讚揚（八至九頁）奧圖一九一七年出版的《論神聖》：「奧圖跳過宗教的理性和思辨，全力探討宗教的非理性。因爲他讀了路德的著作，才明白『上帝存在』對信徒而言是什麼意思。信徒眼中的神，不是哲學家（如人文主義者伊拉斯謨斯）的神。神不是概念，不是抽象的思想，也不只是道德寓言。神是駭人的『力量』，充分展現在祂的憤怒當中。」接著，艾里亞德說明他的計畫：「接下來我將呈現並且界定神聖與世俗兩者的對立。」他察覺到「現代西洋人面對許多神聖儀式和事物，常常覺得不甚自在。」但「對不少其他民族來說，神聖事物卻可能出現在樹木或石頭裡」。因此，他希望證明，爲什麼「遠古社會傾向儘量生活在神聖世界當中，並且盡可能緊靠神聖事物。」艾里亞德說：

本書接下來的重點在於闡明：宗教人如何設法讓自己儘量留在神聖空間裡，並且比較宗教世界

> 居民和活在（或希望活在）去神聖化世界的非宗教人，兩者生活經驗有什麼差異。不過，有一點必須先說清楚。就人類精神領域而言，徹底去神聖化的世俗世界是非常晚近的產物。我們無須闡述現代人藉由何種歷史歷程，或哪些精神態度和行為改變，讓世界不再神聖，讓人成為世俗的存有者。現代社會的非宗教人生活裡充滿了去神聖化事物，因此愈來愈難重新發現遠古時期宗教人的（宗教）存在維度。對我們來說，知道這一點就夠了。（一三頁）

艾里亞德看偏了，才會認爲現代人「覺得重新發現遠古時代宗教人的存在維度，愈來愈難。」電磁現象發現一百多年來，現代人不但重新投入古人的所有存在維度，甚至猶有過之。一百多年來的藝術和學術發展，具體顯示遠古原始主義的復興。艾里亞德本人的著作就是極端大眾化的例子。然而，這不表示他是錯的。他說：「就人類精神領域而言，徹底去神聖化的世俗世界是非常晚近的產物」，他的說法完全沒錯。這項發現其實是表音文字出現、並且爲人接受的結果；古騰堡之後更是如此。不過，要是有人每隔一陣子就顫抖聲音，說出類似「人類精神領域」的話，我會非常質疑這樣的洞察或發現。

《古騰堡星系》希望說明，表音文字人爲什麼傾向去除自己存在模式中的神聖成分

本書接下來的章節將肩負起艾里亞德拒絕執行的任務，亦即他所說的：「現代人藉由何種歷史歷程……讓所處的世界不再神聖，讓人變成世俗的存在。」我撰寫《古騰堡星系》就是爲了揭櫫這個歷史歷程。掌握了歷史歷程，我們才能做出有意識負責任的選擇，決定是否要再度接受（讓艾里亞德深深著迷的）部落模式：

「神聖」和「世俗」兩種經驗模式之間的鴻溝，在描述下列事務時會清楚顯現出來：神聖空間、人類在居住空間中建構的神聖事物、關於時間的各種宗教經驗、宗教人和自然的關係、和工具世界的關係、人類生活的神聖化，以及讓人類基本機能（工作、性和飲食等等）充滿力量的神聖性。在現代非宗教人眼中，城市、屋舍、工具和工作這些事物具有什麼意義？只要思索這一點，就會清清楚楚發現現代人和遠古人（甚至基督宗教時期的歐洲農夫）之間的差異。對現代心靈而言，食色之類的生理行為只是有機體的現象……但在原始人眼裡卻從來不是純粹的生理行為，而是（或可以成為）聖禮，能夠讓人藉此和神聖世界溝通。

讀者很快就會明白，「神聖」和「世俗」根本是兩種不同的存在模式，是個人生命史的不同「存在」處境。這兩種存在模式不僅是宗教史和社會學關切的重點，也不只是歷史學、社會

學和民族學研究的議題。上面的分析指出，存在的「神聖」與「世俗」模式端視人在宇宙占據的位置而定，因此不但哲學家關切，凡是試圖找出人類存在的所有可能維度的人也都非常關切。（一四至一五頁）

艾里亞德喜歡口傳文化的人，勝於去神聖化的讀寫人。即便是「基督宗教時期的歐洲農夫」，也仍然保有過去神聖人的聽覺共振與氛圍。兩百多年前，浪漫主義者便已經如此堅稱了。在艾里亞德看來，只要是非讀寫文化，都必然擁有神聖的元素（一七頁）：

例如，崇拜地母、人類、地力或女人神聖性的象徵主義或宗派，顯然必須仰賴農業的發明，否則不可能發展或構造出複雜的宗教體系。同理，前農業社會全力投入畋獵，因此對地母神聖性的感受顯然和農業時代不同，也不如農業時代強烈。所以，經濟、文化和社會組織的差異（簡言之，就是歷史差異）會造成宗教經驗不同。儘管如此，遊牧獵人和定居農人在行為上有一點很類似。對我們來說，相似之處比相異還重要。那就是：**兩者都活在神聖化的宇宙裡**，分享著同樣的宇宙神聖性；這樣的神聖性彰顯在動植物世界中。只要將他們的存在處境和**活在去神聖化宇宙裡**的現代人互相比較，就能立刻看出雙方的差別所在。

之前談過，專業化的定居民族不同於遊牧民族，因為他們正要「發現人類經驗的視覺模式」。然而，要是*homo sedens*（定居人）也避免了更強有力的視覺化制約（如讀寫能力），僅僅討論遊牧民族和定居民族的神聖生活差異，是引不起艾里亞德興趣的。當然，他稱口傳文化民族爲「宗教人」，就跟我們說金髮的人很殘暴一樣，毫無根據而且隨意。就算了解他的人（艾里亞德始終主張「宗教」就是非理性）對此也是同感困惑。受到讀寫能力毒害的人很多，艾里亞德也不例外，因此他也隱然認爲「理性」是徹底線性、序列化和視覺化的。換言之，他對當時仍屬新穎的視覺模式主流所抱持的反抗態度，毋寧是類似十八世紀如布雷克等人的。詩人布雷克要是活在今日，肯定會是反布雷克論者，因爲當時他所反對的抽象視覺現在卻成爲主流的老生常談，擁有一大群鼓譟支持的人，追求集體的感性愉悅。

「對宗教人而言，空間不是均勻同質的，他經驗到斷裂並且闖入其中。」（二〇頁）時間也是如此。然而，當代物理學家跟非讀寫人一樣，也不認爲時間空間是同質均勻的。儘管如此，幾何空間早在古代就已經發明出來了，和分化、單一、多元而神聖的空間大不相同。幾何空間「可以在任何方向上切割，而且是無限的，但是沒有質的差異，因此空間內在結構本身沒有方向可言。」（二二頁）針對塑造人類感性的視覺與聽覺模式互動，接下來這一段落說得非常貼切：

> 有一點要立刻補充，就是：從來沒有純粹的世俗存在狀態。選擇世俗生活的人，無論他將周遭世界的神聖性去掉幾分，永遠不可能成功地將宗教行為徹底去除。就連最去神聖化的個體，似乎也在周遭世界裡保留了幾許宗教面向。（二三頁）

二十世紀的方法是運用多重而非單一模式進行實驗探索——懸擱判斷的技巧

小艾文思在《印刷與視覺通訊》中（六三頁）強調書寫世界會自然傾向純唯名論的立場，這是非讀寫人所無法想像的：

……柏拉圖的「理型」和亞里斯多德的形式、本質與定義，都是將物體轉換成能完全重複、因此似乎永恆的口語形式。本質其實不是物體的一部分，而是定義的一部分。此外，我認為諸如實體和屬性之類的著名概念，也是從完全可重複的口語描述和定義引申而來的——由於書寫文字必須成一直線，使得人在分析性質的時候，必須採取類似句法時態分析的方法。然而，所有性質其實是同時存在的，彼此緊密交纏關聯，任何性質都必然和某一個性質組（也就是我們所稱的物體）連結。一旦分開，不只是抽離出來的性質，物質組裡所有性質都會因而改變。畢竟，性質永遠是一組性質裡的一個；改變一個，其他都得改變。但對善於文詞的人來說，或從藝術博物館的視覺化知覺觀點分析，無論結果如何，物體永遠是單一整體，一旦切割成各自獨立的性質，就只剩下一組抽象物，存在於概念之中，沒有實體。有趣的是，語詞和語詞句構必然以直線排列的特性，反而阻礙我們描述物體，迫使我們用非常貧瘠不當的方法，條列出理論（抽象）概念，有如一般的食譜。

表音文字文化很容易養成習慣，將一件事物放在另一件事物之下或之內，因爲潛意識會不斷施壓，告訴讀者：書寫符碼乘載了口語的「內容」。然而，非讀寫人根本沒有潛意識。現代人覺得神話難以理解，只不過因爲古人不會排除經驗的任何面向，讀寫文化卻會。意義的所有層面都是同步存在的，因此當我們用佛洛伊德的方式詢問原始民族，問他們思想和夢境的象徵意義，答案永遠是所有意義都已經在話語裡了。榮格和佛洛伊德的著作目的就是費力將非讀寫知覺用讀寫辭彙加以翻譯表達。然而，就像所有翻譯一樣，他們的解讀必然有所刪節與扭曲。而翻譯最大的好處就是，讓人必須投入創造力，詩人龐德就是最好的例子。文化若是從某個極端模式（如聽覺）轉換成另一個（如視覺），例如古希臘或文藝復興時期，就必然充滿了騷動的創造力。我們目前這個時代由於「轉換」正在發生，因此創造力的騷動更加明顯、巨大。

電子時代所帶來同步性壓力，目前正迫使我們轉回口語和聽覺的模式，也讓人更清楚意識到過去數百年來，我們對視覺隱喻和模型毫無批判、全盤接受。牛津大學的萊爾目前鑽研的語言分析就對哲學的視覺模型不斷提出批判：

> 我們應該一開始就揚棄主宰眾多知覺理論的傳統模型。這麼做的人常常會被問到一個根本不算問題的問題：人要如何超越自身的感官，掌握到外在的實相？這個問題把人當成囚徒，打從出生就獨自被關在沒有門窗的牢房裡。來自外在世界的就只有牆上的光影和拍打牆壁的聲音。然而，人卻能從光影和聲響裡看出（或似乎掌握到）他無法看見的足球比賽、花園，甚至日蝕。他是怎麼從這些排列好的符號裡找出密碼，甚至發現其實有密碼存在的？他又是如何詮釋自己

破解的訊息，知道這是足球和天文學的辭彙，而不只是光影和聲響？

根據傳統模型所描繪出來的心靈圖像，相信各位都不陌生，就是把心靈看成機器裡的魂魄。這個模型有許多瑕疵，這一點不用再提。不過，其中有些瑕疵必須特別留意。主張傳統模型的人必然假定或明確認為（機器裡的）囚徒雖然能聽見聲響看見光影，卻很不幸無法親眼目睹足球賽。因此，我們可以觀察到自己的視覺和其他感官印象，卻很可惜永遠看不到知更鳥。[18]

從某個主要知覺形式轉換成另一個，例如從希臘文轉成拉丁文，或英法文轉換，都會對文化模型和偏向特別敏感。因此，東方沒有「實體」或「實體形式」之類的概念，也就不足爲奇。因爲他們並未受到視覺壓力，非得將經驗分成這類事物不可。我們也曉得，小艾文思在印刷世界所受的訓練如何讓他脫穎而出，率先解譯出印刷術的意義。他在《印刷與視覺通訊》裡（五四頁）提出一個通則：

推理時愈將資訊管道限制在單一感官，就愈可能正確，雖然推理所及的範圍因此變得非常有限。現代科學最有趣的一點，就是發明透過單一知覺感官管道以獲得基本資料的方法，並且不斷加以改良。例如（就我所知）物理學家如果能用儀器或顯示器「看到」大部分數據資料，他們最開心。因此，日常生活中有許多不能用視覺感受的事物，如溫度、重量、長度等等，一旦進入科學領域，都會使用按動力學原理製成的指示儀，將這些事物轉換成可見的數據。

這是否意味只要找到方法，將世界所有層面轉譯成單一感官語言，就能將世界扭曲，但卻非常科學，因爲得到的結果既一致又融貫？在布雷克眼中，十八世紀發生的正是這種現象，而他希望能從「單一視覺和牛頓的沉睡中」解放出來，因爲催眠靠的就是讓單一感官占據主導地位，而文化可以被任何感官打入沉睡狀態。不過，只要有其他感官擾動，被單一感官占據而沉睡的人就會甦醒過來。

印刷術只占讀寫史的一小部分

到目前爲止，本書都把重點擺在書寫文字上，因爲將「神聖」非讀寫人的聽觸覺空間轉換或轉譯成「世俗」文明讀寫人的視覺空間的，就是書寫文字。這樣的轉換或變形一旦發生，社會很快就會進入書本世界，手抄書或印刷書皆然。因此，我們接下來的重點就是手抄書和印刷書，與兩者對學習和社會的影響。西元前五世紀到西元後十五世紀，書籍都是抄寫而成的。綜觀西方書籍史，只有三分之一的時間是印刷書，因此附和布瑞特在《古代與當代心理學》裡（三六至三七頁）的說法，並無不妥：

知識是從書裡學來的，這看法感覺非常現代，最早可能來自中世紀教士和俗人門外漢的區別。十六世紀重視語文的人文主義興起，更加強了這樣的見解。其實，最早也最簡單的「知識」概念，來自「慧黠」或機智。奧德塞就是早期思想者的典型，他點子很多，可以打敗獨眼巨人，用心靈大勝物質。因此，知識是克服人世種種困難、獲致成功的能力。

布瑞特說明了一點：書籍必然讓社會陷入二元對立，讓個人內在分裂。關於這一點，喬伊斯的作品雖然觀點複雜，卻深具洞察力。《尤里西斯》裡的布魯姆，職業是自由廣告業務員，他也是點子計謀很多的人。喬伊斯看出當代和荷馬世界兩者的相似處，一個處於口語世界和圖像世界的邊緣，一個則卡在古老神聖世界和新的世俗讀寫感性之間。布魯姆是剛剛去部落化的猶太人，置身於稍微去部落化的愛爾蘭世界，也就是現代都柏林。因此，處在邊緣的現代廣告世界和正在經歷文化過渡的布魯姆，兩者就顯得意氣相投。《尤里西斯》第十七章，也就是〈伊塞卡〉那段寫道：「他總是習慣沉思些什麼？是吸引路人好奇觀望的獨特廣告詞嗎？還是新奇的海報呢？海報上完全沒有浮誇的言辭，只有最簡單最有效的辭彙，一眼就能看到讀完，完全符合現代生活的速率。」

艾色頓在《守靈書》裡（六七至六八頁）指出：

> 別的不說，喬伊斯的《芬尼根守靈》還是部書寫史。開頭提到寫字在A bone, a pebble, a ramskin... leave them to cook in the muttering pot: and Guetenmorg with his cromagnon charter, tintingfats and great prime must once for omniboss stepp rubrickredd out of the wordpress（20.5）（編按：為了保持喬伊斯文字的特色，故不譯出。其大意為寫字在骨頭、石頭和公羊皮上，放進發出低鳴的鍋裡煮，而古騰莫格拿著克羅馬儂特許證和特殊材料，最後得出印上紅色標題的成品）。文中 muttering pot（低鳴的鍋）暗指煉金術。然而，書寫還有其他重要的意義，因為這個詞下回再度出現的時候，是在討論如何改善溝通系統的段落裡，亦即：All the airish signics of her dipandump helpabit from an

Father Hogam till the Mutther Masons,...（223.3）。這裡的dipandump helpabit結合了聾啞人士在空中揮舞筆畫的語言符號（即airish signs），加上普通英文字母的聲調起伏和愛爾蘭歐甘文字明顯的抑揚頓挫。因此，Mason（mason一詞，原指「石匠」）肯定是指發明鋼筆尖的人。不過，對mutther這個詞，我的猜想是指共濟會員的密語。這跟前後文脈絡不合，但共濟會員顯然也用手語。

「古騰莫格拿著克羅馬儂特許證」是用神話當作包裝，目的在闡明一點：書寫出現，意味著神聖的洞穴人脫離了同步共振的聽覺世界，進入陽光普照的世俗世界裡。提到「石匠」，是想將砌磚人的世界比擬成一種言說。喬伊斯在《芬尼根守靈》第二頁創作出一幅拼貼畫，有如阿奇里斯的盾牌，包含人類言說和溝通的所有主題與模式：Bygmeister Finnegan, of the Stuttering Hand, freemen's maurer lived in the broadest way immarginable in his ruchlit toofarback for messuages before joshuan judges had given us numbers...（大意：大建築師芬尼根，是個酒鬼、自由人的砌牆工，無拘無束住在點油燈的房舍）喬伊斯在《芬尼根守靈》裡創作他自己的艾塔米拉洞穴畫，採用人類文化與技術在不同階段的姿態來闡述整個人類的心靈史。誠如書中標題所暗示，他發現人類進步即使現出曙光，卻很可能重新墮入神聖聽覺人的黑暗世界。芬尼根的部落化循環很可能在電子時代重現，不過要是眞的重現，且讓我們爲它守靈或讓它喚醒我們。喬伊斯認爲我們繼續活在催眠狀態或夢中，繼續鎖在文化循環裡，實在沒有好處。他找出可以同時在所有文化模式下保持意識清明的生活手段。而他用來獲得自我知覺、矯正文化偏斜的手段，就是所謂的「膠狀鏡」（collideorscope）。在文化衝突的社會萬花筒裡，技術擴展了人類感官，也改變了各感官之間的比例，技術裡的所有成分混揉成類似膠質的狀態，而膠狀鏡指的就是這個膠狀混合的內部互動。deor 是口語世界的神聖野蠻人，scope 則代表文明、世俗和視覺化。

直到目前，文化都是社會的機械宿命，會將技術自動內化到社會裡

從古至今，大多數人都把文化當成命運接受，有如天氣或母語。然而，只要清楚知道文化的各種模式，就能夠從文化的束腹裡解脫。因此，喬伊斯的書名本身就是明白的宣告。孟塔古在他的力作《人：最初的百萬年》裡（一九三至一九四頁）探討非讀寫文化的各種面向，也提到相關的議題：

非讀寫人在他的世界上罩了一張思想的網。神話和宗教可能關係密切，不過神話出於日常生活，宗教出於人對超自然現象的關切。非讀寫人的世界觀也是如此，其中包含世俗、宗教、神話、魔幻和經驗元素，全都揉雜為一。

非讀寫人絕大多數都非常實在。他們希望掌控世界，許多作為都是用來確保現實會按他們命令或請求行事。他們通常會等確定獲得神靈支持之後，才開始做必要的準備，以求得探險成功。按既定方式操弄現實，強迫現實按命令或請求行事，對非讀寫民族而言，也是現實的一部分。

有一點要曉得：非讀寫民族認為他們和世界關係緊密，信念強烈遠遠超過讀寫民族。人的讀寫能力愈強，和周遭世界的關係就愈疏離。

> 對非讀寫人來說，發生的事「就是」現實。要是促進動植物繁衍的儀式，真的讓它們數目增加，那儀式不僅和動植物有關，更是動植物的一部分。因為沒有儀式，動植物就不會增加；非讀寫人是這麼推論的。這不表示非讀寫民族思考不按邏輯，他們的思考其實邏輯嚴謹，而且運用得當。受過教育的白人要是被丟在澳洲中部的沙漠裡，可能活不了多久，澳洲原住民卻過得好好的。各地原住民都懂得因地制宜，因為環境無疑擁有比他們還高的智慧。非讀寫民族的問題不是沒有邏輯，而是太常死守邏輯，卻往往缺乏足夠的前提支持。
>
> 非讀寫人通常認為，兩件事只要有關聯，就一定有因果關係，但就算文明人，也多半會犯這個錯，甚至連訓練有素的科學家偶爾也不例外！非讀寫民族太拘泥於「關聯即因果」的法則，不過法則通常管用，而根據實用原理，管用就是真的。
>
> 認為非讀寫人徹底輕信、迷信、受恐懼所驅使，沒有能力或機會從事獨立創新思考，這樣的看法跟事實完全不符。非讀寫人不僅常識豐富，也因為非常了解生活裡的殘酷現實，往往擁有強烈的務實態度……

孟塔古提到非讀寫民族非常務實，用來詮釋機智的奧德塞或喬伊斯筆下的布魯姆，是再恰當不過的。困在擁有讀寫文化的席拉和擁有後讀寫技術的查瑞底比之間，用廣告文宣做成逃生艇，不就是最實際的行動嗎？布魯姆所做所爲就像愛倫坡筆下的水手，置身於大漩渦裡卻能仔細研究漩渦的動向，終於順利逃生。而我們現代人的任務或許就是在電子時代裡好好研究過去文化出現過的新漩渦，不是嗎？

統一可重複的技術最早出現在古羅馬和中世紀

對研究書本如何形塑人類知識與社會的人來說，小艾文思的《印刷與視覺通訊》是主要的參考資料。小艾文思的立場稍微偏離強調書本讀寫面向的主流看法，反而讓他比其他擅長讀寫的人更具優勢。文學或哲學研究者通常關注書本的「內容」多於形式，他們面對表音文字更容易犯這個錯，因爲表音文字使用的視覺符碼永遠有「內容」可言，亦即讀者閱讀時透過文字再現的話語。中國的謄錄員或讀者會犯的錯誤不同，他們的毛病是忽略書寫的形式，因爲中國文字不像西方文字，並沒有將言語和視覺符號區分開來。然而，所有表音書寫文化都會區分形式和內容，不僅是非讀寫人，就連學者也難逃其影響。因此，貝爾實驗室花費數百萬美元研究，卻從來沒注意到眞正特別的是電話本身，因而忽略了電話對言語和人際關係的影響。小艾文思身爲鉛字專家，他先注意到書籍裡鉛字的差異，從而察覺印刷書和手抄書之間的巨大不同。他在書中開頭（二至三頁）便提醒我們注意表音書寫文字是可重複的，藉此強調在古騰堡之前，木刻畫其實也具有可重複的特質：

> 任何歐洲文明史都會強調，十五世紀鉛字印刷發明對文明的影響，卻常常忽略更早之前，印刷圖片和圖表的技術已經出現。書是文本的載體，由可以精確重複的字詞符號按照完全可重複的順序組成。人類使用這樣的文本載體，起碼有五千年了。因此也有說法認為，印刷而成的書本和過去沒什麼不同，只是比較便宜。甚至有人主張，鉛字印刷的效益，只是減少審閱書本的人數而已。一五〇一年之前，印刷書的尺寸少有比手抄書（如二世紀小普里尼所提到的那一千本

手抄書）大的。然而，圖畫印刷和鉛字印刷截然不同，並且創造出全新的事物（圖畫印刷讓人類首次能夠反覆製作圖像式聲明，並且能長期保存，直到印面變質為止）。圖像聲明可以無限重製，對知識、思想和科技的影響無可估量。可以精確重製的圖像式聲明是書寫文字之後最重要的發明，這麼說毫不為過。

印刷精確可重複的特性非常明顯，結果反而被讀寫人忽略了，以爲只是技術上的特質，並不重要，因而將注意力放在「內容」上，彷彿正在聆聽作者說話。小艾文思身爲通曉「形式結構本身就是複雜的聲明」的藝術家，對於拓印、印刷和謄錄抄寫之類事物的關切程度超乎旁人。他發現（三頁）技術形式非但能塑造藝術，也能影響科學：

對我們的曾曾祖父，還有他們的父執輩和文藝復興時期的人而言，印刷只不過是製造可精確重複的圖像聲明的方法，如此而已……現在需要穿線、半色調、相片、藍圖、上色、政治漫畫和圖像廣告才能完成的工作，一百年前只需要傳統印刷術就足夠了。若單就功能來看，不考慮過程的限制與美學價值，顯而易見的是，沒有印刷就不會有現代科學、科技、考古學和民族學；因為這些事物都直接或間接依賴可精確重複的視覺或圖像聲明所揭露的資訊。

換句話說，印刷絕不僅是次要藝術，而是現代生活和思想最重要也最有力的工具。當然，唯有避開當代「印刷蒐集概念和定義」這種勢利的說法，將印刷視為可以精確重複的聲明和溝通，不去考慮偶爾的意外或目前所認定的美學價值，才能讓印刷完全發揮功能和影響。我們必須從一般概念和特殊功能的角度去看印刷；尤有甚者，我們必須思考印刷技術對印刷的功能（即揭露資訊和接受資訊）有什麼限制。

羅馬人在希臘人的視覺分析裡強加了技術可重複的特性。他們更強調連續均勻的直線，而不在意多元結構的口語價值。小艾文思認爲（四至五頁）這份強加的壓力不但有效地傳入黑暗時期，更由黑暗時期往下延續：

歷史學家向來滿腹詩書，口才辯給，從古到今都是如此。他們向過去學習，想找什麼幾乎都找得到。他們對希臘人說出來的事物充滿驚奇，卻沒注意到希臘人沒做什麼，不知道什麼。他們對黑暗時期沒有說的事物深感恐懼，卻不在意當時的人做了什麼，知道什麼。但現在有不少研究者，雖然只懂經濟學和技術之類的低階知識，卻正快速改寫我們對古希臘和黑暗時期的觀點。對於好東西、文學、藝術、哲學和理論科學，所謂的黑暗時期所允許的空間和閒暇的確趨近於零，但仍然有許多人由衷關切當時的社會、農業和機械技術問題。此外，在學術崩壞的數百年間，機械技能並沒有退化，反而有一連串新發明和發現，帶給黑暗時期及後世一項新技術，並且因而創造出新的邏輯。這項新技術、新邏輯在許多方面都遠遠超過古希臘羅馬創造傳承的一切。

小艾文思所要表達的重點是：「中世紀和黑暗時期出於貧窮與需要，生產出第一批成果豐碩的北方佬創意。」他把黑暗時期和中世紀說成是「技術與科技的時代」或許有些牽強，但唯有如此，我們才能了解當時的士林哲學，同時明白中世紀發明印刷術有多偉大。印刷術是「飛躍」，讓我們一舉飛進現代世界的全新天地。[19]

「現代」是個貶詞，基督教人文主義者用它來批評中世紀的士林學派，反對他們發明新邏輯和新物理

後來有許多討論中世紀科學的書籍都證實了小艾文思的說法。接下來，我會從克雷吉的《中世紀力學科學》裡挑幾個例子，說明在希臘世界出現並不斷發展的視覺化壓力，是由表音文字造成的。因此「從我前兩章所提供的材料，應該可以清楚看到，中世紀靜力學和其他力學領域一樣，所使用的力學概念和分析方法都來自古希臘的數學家，如亞里斯多德學派的《力學》和阿基米德、希羅等人。」（xxiii頁）

同理，「動力學的成就和士林哲學所探討的亞氏力學與運動概念，其實密不可分……更重要的是，他們發展出瞬時速度的概念，並因而開始分析加速度運動。」（xxv頁）

印刷術問世之前一百多年，牛津大學莫頓學院有幾位科學家發展出一套理論，來解釋「均勻加速度和穩定加速物體在加速過程中的運動」。可動可重複鉛字的發明讓我們更深入中世紀的可度量世界。而克雷吉所做的就是將古希臘的視覺分析和中世紀科學聯繫起來，讓我們明白士林學派的心靈思

想將古希臘人的概念往前推了多遠。

莫頓動力學後來傳入法國和義大利。這套動力學將運動轉譯成視覺詞彙：

這套理論系統的原理非常簡單。幾何概念（尤其是面積）可以用來表示「質」的量。物體「質」的外延可以用水平線表示，不同部位的「質」強度可以用外延線或物體線的垂線表示。研究運動時，外延線代表時間，強度線代表速度。（三三頁）

克雷吉引述奧瑞斯米在〈論質的組態〉裡的看法。奧瑞斯米表示：「除了數字，任何可以量度的事物都能設想成連續的量。」這個說法讓我們想起古希臘世界。丹奇希在《數字：科學語言》中（一四一至一四二頁）指出：

在數學發展史上，運用理性運算法則解決幾何問題引發了第一次危機。兩個相對簡單的問題，正方形對角線長和圓周長，證明有新的數學實體存在，而這些新實體在當時的有理數域裡是遍尋不著的……

更深入分析會發現，代數運算法則也不適用。因此，拓展數域顯然勢在必行……既然舊有的概念在幾何領域行不通，就必須直接在幾何領域裡尋找新概念的模型，而連續無限的直線似乎提供了相當理想的模型。

數字屬於觸覺的維度，誠如小艾文思在《藝術與幾何》裡（七頁）所言：「面對連續的模式，手只能辨認簡單而穩定的型態，要是能重複更好。手只能個別掌握事物，一次一個。眼睛能同時看到或熟悉一群物體，手卻沒有辦法。肉眼能辨識三樣以上的事物是不是共線，光靠手卻無法做到。」

不過，數學史上第一次危機之所以重要，在於它讓我們明白一點：爲了將視覺轉譯成觸覺，顯然必須訴諸虛構。不過，眞正了不起的虛構出現在後來的微積分裡。

本書稍後會指出，數字和視覺（亦即觸覺和視網膜經驗）在十六世紀其實分得很開，各走各路，自立山頭，一是藝術，一是科學。讓人意外的是，兩者最初的分裂源自古希臘世界，但直到古騰堡「起飛」之前，始終沒有太大的進展。數百年的抄寫文化期間，視覺雖然徹底摧毀了聽覺國度，卻似乎不曾和觸覺相隔太遠。關於這點，稍後談到中世紀閱讀習慣時，會有更詳細的討論。想了解表音字母的好處，就得掌握觸覺和視覺之間的關係。這層關係直到後塞尙時期才徹底界定清楚。正是如此，宮布里奇才會將觸覺當成《藝術與幻象》的主題，沃夫林的《藝術史原理》亦然。之所以強調觸覺，是因爲到了攝影時代，視覺和其他感官疏離的程度已經推展到極致，開始出現反彈了。宮布里奇記錄了十九世紀討論與分析「感覺與料」的背景因素、荷姆霍茲的「無意識推論」與基本感官經驗的心理運作。在「無意識推論」狀態下，可以感受到「觸覺」或所有的感官彼此互動，並且立刻瓦解「模仿自然有賴視覺」的概念。宮布里奇寫道（一六頁）：

> 在這個故事裡，有兩位德國思想家非常重要。一位是批評家費德勒，他反對印象派，堅持主張「即便是最簡單、看起來像是心靈運作的原料的視覺印象，都已經是個心理事實，因此我們所謂

的外在世界，其實是複雜心理過程的結果。」

然而，真正著手分析此一過程的人不是費德勒，而是他的朋友，也就是新古典雕刻家馮西爾德班。他在一八九三年出版了小書《形象藝術的形式問題》，獲得同時代人的熱烈呼應。馮西爾德班和費德勒一樣，都藉由知覺心理學來挑戰當時的科學自然主義理念：分析心理圖像，找出圖像的主要成分，就會發現心理圖像都由感覺與料組成，而感覺與料又來自視覺或觸覺、運動的印象。例如，球體在我們眼裡只是個圓盤，是觸覺讓我們感覺到空間和形式。藝術家想要去除這份知覺，無異螳臂擋車，因為沒有這份知覺，就根本不可能察覺外在世界。藝術家的職責不是去除這份知覺，而是恰恰相反，要在作品中廓清圖像，除了展現視覺印象，還要表達觸覺記憶，以彌補遺漏的動作，好讓觀賞藝術品的我們在心裡重建三維立體的形式。

可想而知，各家爭論上述看法的時期，也是藝術史從古物學、傳記學和美學領域掙脱出來的時期。長久以來被視為理所當然的議題，現在看來大有問題，需要重新評估。一八九六年，布蘭森寫了一篇精采論文探討佛羅倫斯畫家。他沿用馮西爾德班的分析來表達他的美學信念。布蘭森頗有天賦，擅長撰寫含意深遠的詞句，他只用一句話就總結了馮西爾德班那本稍嫌浮誇的書：「藝術家唯有替視覺印象添加觸覺價值，才算大功告成。」對布蘭森而言，吉托和普勞歐羅之所以引人注意，正是因為他們做到了這一點……

在古代和中世紀，閱讀必然是大聲朗誦

「我們可以說，古希臘從亞里斯多德開始，口頭教導變成了閱讀。」肯亞在《古希臘羅馬的書籍與讀者》裡（二五頁）這麼寫道。但對其後數世紀的人而言，閱讀始終是大聲朗誦。其實，今日唯有速讀機構將「暫准判令」（decree nisi，近代罕見的法律用語，主要用於離婚訴訟）承傳下來，訓練人在閱讀時將眼睛和嘴巴分開，因爲我們從左向右逐字閱讀，會不自覺在喉頭發音，這是導致閱讀「緩慢」的主因。然而，要讓閱讀不出聲，必須慢慢練習，就算把字列印出來，也沒辦法讓所有的讀者不出聲。不過，稍諳讀寫的人如果唇部蠕動，我們通常會認爲他在喃喃自語，因此美國的基礎閱讀教育才會強調並且只倚賴視覺法。然而，霍普金斯卻另立山頭，強調語言裡的觸覺成分，宣揚嚴謹的口語詩歌。與此同時，塞尙也正試圖在視覺印象上加添觸覺價值。霍普金斯提到詩作〈女巫書頁拼寫〉時曾經寫道：

> 讀這首長詩，和讀我其他詩作一樣，最重要的是牢記它是活生生的藝術，因此目的是為了表演。不是用眼睛讀，而是輕鬆、大聲，像念詩一樣地（而非言辭滔滔）朗讀，有長長的停頓，並且在韻腳和標明的音節上停留等等。這首詩應該用唱的：因為我是非常仔細按自由節奏（*tempo rubato*）寫的。[20]

接著，他又寫道：「先吸氣，再用耳朵讀，我希望讀者永遠這麼做，這樣詩的味道就對了。」至

於喬伊斯則是不斷解釋，在《芬尼根守靈》裡「讀者看到的字句跟他聽到的不同。」和霍普金斯一樣，喬伊斯的語言只有大聲朗讀才會活轉過來，創造出聯覺或感官互動。

不過，能夠促進觸覺和聯覺的除了大聲誦讀，還有古代和中世紀的抄寫本。之前舉過一個最近的例子，就是為現代英文讀者設計的口語字母。這套字母系統有古代抄寫本那種高觸感、高度仰賴脈絡的模式。*Textura*是歌德字體出現當時得到的名字，意思是「織錦」。不過，羅馬人發明了另一套字體，較少仰賴脈絡，而且更視覺化，那就是「羅馬體」，也就是各位在一般英文書籍看到的字體。然而，早期的印刷業者卻盡量避免使用羅馬體，除非是為了創造擬古的效果，因為文藝復興時期的人文學者對羅馬字體情有獨鍾。

怪的是，現代讀者很不容易發現史坦的散文沒有標點，也沒有其他視覺輔助，其實是他精心設計的策略，目的就是要讓被動的讀者主動用聲音參與其中。康明斯、龐德和艾略特都是如此。閱讀**自由詩**的時候，耳朵和眼睛一樣重要。喬伊斯想在《芬尼根守靈》裡創造「雷聲」或「街上的咆哮」以表達包含一連串動作的主要片刻，他使用字句的方法就和古代抄寫本一般無二：The fall (bababadalgharaghtakamminarronnkonnbronntonnerronntuonnthunntrovarrhounawnskawntoohoohoordenenthurnuk!) of a once wallstrait oldparr is retaled early in bed and later on life down through all christian minstrelsy...（一頁）

現代讀者少了視覺輔助，就會和古代或中世紀讀者一樣開始大聲誦讀。中世紀後期，字詞之間開始加入間隙，讀者還是大聲誦讀，文藝復興時期印刷問世之後仍然如此。不過，字詞間隙和印刷的發展還是迫使讀者加快讀速，朝視覺化偏移。現今學者閱讀古代抄寫本，還是多半默不出聲，至於古代和中世紀的閱讀習慣，也有待研究。肯亞在《古希臘羅馬的書籍與讀者》裡的說法（六五頁）很值得參考：「古代讀者閱讀書籍時缺乏幫助，缺乏參考資源，這點非常驚人。當時沒有人知道，字與字之間要有間隙，頂多偶爾用引號或點號區隔，以避免可能的歧義。當時的書常常沒有標點，即使有也不夠完整，而且缺乏規則。」「完整和規則」是視覺的要求，但是直到十六、十七世紀，標點還是爲了耳朵存在，而非眼睛。[21]

抄寫文化帶有口語對話的性質，因爲出版形式是種表演，讓作者和聽衆在物質上彼此關聯

諸多證據顯示，「閱讀」在古代和中世紀都是大聲誦讀，甚至像唸咒，卻從來沒有人完整蒐集資料證明此事。我可以挑幾個不同的階段舉例爲證。亞里斯多德在《詩學》第二十六章裡指出：「沒有動作或行爲，悲劇仍然能有效果，原理就和史詩相同。因爲劇作的特質光靠朗讀就能展現出來。」閱讀就是誦讀的間接證據也可以在古羅馬時期找到：公眾誦讀在當時是主要的著作出版形式，一直延續到印刷問世。肯亞在《古希臘羅馬的書籍與讀者》裡（八三至八四頁）談到羅馬人的做法：

泰西特曾經形容，作者如何被迫租下房子和許多椅子，再靠懇求招徠聽衆。朱文納則抱怨有富人出借不用的房子，命令他釋放的奴隸和窮客人當觀衆，卻不肯出椅子錢。這些現象都和當代

音樂界非常類似。現在的歌手必須自己租表演廳，盡可能設法招徠聽眾，好讓別人聽到他的聲音。想幫忙的贊助者或許會出借畫室，發揮自己的影響力找朋友出席。這種現象對文學無益，會讓作者追求唸起來鏗鏘有力的詞藻，對於書本流通有沒有幫助也值得存疑。

哈達斯在《經典閱讀補充》裡探討口語出版，他的研究（五〇頁）要比肯亞全面許多：

> 「文學是在大庭廣眾下聆聽的，而非私底下默默瀏覽」這個概念，讓文學的性質更難掌握。我們讀書不會忽略作者的貢獻，聽音樂卻比較少想到作曲者的功勞。古希臘的標準出版方式最早是公開朗讀，而且是作者親自說書，之後才轉由專業說書人和演員代勞。即便書籍和閱讀已經普及，公開朗讀還是常見的出版方式。我們後面還會談到公開朗讀如何影響詩人生計。不過，在此值得注意的是口語表達對文學性質的影響。

只有少數樂器演奏的樂曲，其節奏和音調都和大廳演奏的音樂不同，書本也是如此。印刷術問世擴大了作者的「表演空間」，最後更造成文學風格的徹底改變。哈達斯的說法最值得在此引述：

> 或許可以這麼說，所有的古典文學都能看成是向聽眾說話或和聽眾對話。古代戲劇和現代戲劇大不相同，因為前者在豔陽下、四萬名觀眾面前演出，和後者在只有四百人的暗室裡演出肯定不同。同理，在節慶典禮上發表聲明，也絕對和學生在教室裡私下閱讀不同。詩歌尤其明顯。

任何詩歌，無論種類，都是為了朗讀而創作，連「去吧，陌生人」之類的諷刺短詩或警句，也是唸給路人聽的。卡力馬楚和其仿效者的諷刺詩甚至偶爾也會提到石頭跟路人簡短對話。想當然耳，荷馬史詩在創作之初，就是為了公開朗讀。即便後來獨自閱讀已經行之多年，仍然有人以誦讀史詩為業。皮西斯塔特除了裁訂荷馬史詩文本（雖然不曉得其中有多少出自他的功勞），也曾經在帕特儂的慶典上安排朗誦自己的詩作。雷修斯告訴我們（一．二．五七）「索倫曾説，公開誦讀荷馬的作品必須按照固定的順序，因此第二位誦讀者務必從第一位結束的地方唸起。」

散文和詩歌相同，也是由口語呈現；而口語對散文影響之深也不下其對詩歌的影響，這點從討論希羅多德等人的著作裡都看得出來。戈吉亞的前衛作品，最大特色就是對聲調精雕細琢。如果不拿來誦讀，他的作品就毫無意義了。正因為戈吉亞表達聲調的藝術技巧，才讓伊索克拉主張散文是詩歌的正統繼承者，並且勢將取而代之。後世批評家如戴奧尼修斯，也用同樣的口語標準看待歷史學家，他不認為史學和詩歌散文本質有什麼不同，也拿兩者相互比較，但我們現在卻覺得兩者絕對不同（五〇至五一頁）。

接著，哈達斯引述（五一至五二頁）奧古斯丁在《懺悔錄》裡的著名段落：

在古代，即便是個人獨自閱讀，都會將字詞大聲朗讀出來，詩歌如此，散文亦然。默默閱讀在當時是反常的行為，就連奧古斯丁都覺得（《懺悔錄》五之三）安布洛斯默讀的習慣非常奇怪：「安布洛斯閱讀的時候，眼睛在紙頁上游移，同時在心裡形成意義，但他的舌頭和喉嚨卻動也不動。」前來參觀安布洛斯閱讀的訪客絡繹不絕，而奧古斯丁也試著加以解釋：

「或許他擔心，要是作者寫了什麼隱晦不明的東西，聽的人可能很專心卻聽不懂，而要他解釋或討論其中較為困難的問題，占去他的時間，讓他沒辦法盡可能多讀一些。雖然他這麼做或許只是為了保護嗓子（說話會讓嗓子變弱），但無論原因如何，可以肯定的是，像他這樣的人這麼做絕對是好的。」

抄寫本形塑了中世紀文學傳統的大小層面

哈達斯這本傑出著作的其他篇章也探討了同樣的主題，而切特研究中世紀時期的著作《從抄本到印刷》更克紹箕裘。我之所以撰寫本書，泰半歸功於這本著作。

印刷術的發明和發展是文明史上的轉捩點，這一點應該沒有人會反對。然而，很少有人意識到，印刷品的出現改變了我們對書寫藝術及書寫風格的觀點，引入了原創和文學資產的概念（這些概念在抄寫時代所知甚少），更影響我們運用語言溝通思想的心理過程。抄寫時代和印刷時代之間的鴻溝，不能完全或永遠怪罪開始閱讀並批判中世紀文學的人。閱讀中世紀文本，只要是鉛字印刷，前面有引言，後面附上註釋和辭彙表，我們就會無意識地加入閱讀印刷文字多年來所養成的偏見和先入觀念。我們閱讀中世紀文本時，很可能忘記自己眼前看到的文字作

> 品，拼字系統不只一套，也不重視文法正確。當時的語言還在變動，也不必然代表國別，而風格更僅僅是遵守固定而複雜的修辭法則。複製他人的書籍，加以流通，在抄寫時代很可能得人稱讚，但在印刷時代卻會吃上官司，造成傷害。想靠取悅大眾獲利的作者，多半創作散文。十三世紀中葉以前，除了詩和韻文，其他文類都乏人問津。因此，想對印刷術發明之前的文學作品做出持平之論，就得先費點工夫了解我們成長過程中所養成的偏見，以避免下意識要求中世紀文學必須符合現代的品味標準，或只是將它當成骨董看待。用雷南的話來說，就是「批評的要旨，在於能夠理解與我們當下生活的情境，相去甚鉅的『各個不同』情境」。（一頁）

切特讓我明白文學規範如何受口語、抄寫和印刷形式影響，正因爲如此，我才覺得有必要撰寫《古騰堡星系》。按切特的說法，中世紀的語言和文學其實有點像現代電影和電視節目，因爲當時的語言和文學：

> 幾乎沒有我們現在所謂的文學批評。作者想知道作品的好壞，就唸給聽眾聽，由他們決定。要是獲得聽眾認可，立刻會有人加以仿效……聽眾喜歡故事裡有很多動作，而照當時的規矩，作者不大需要擅長角色塑造，這種工作都交給說書人，靠語調和姿勢變化來表現人物性格。（三頁）

十二世紀的聽眾是逐段聽說書人講完整個故事，但「我們現在卻能坐下來隨意閱讀，想重看就翻回去重看。簡而言之，從抄寫到印刷的進展史，就是溝通和概念接收方法從聽覺變成視覺的轉換史。」（四頁）切特接著引述（七頁）詹姆士《我們的口語》裡（二九頁）的一段，說明文字如何改變我們的感官生活：

「聲音與影像、言說和印刷、眼睛與耳朵，彼此完全不同。將兩種形式所建立的語言連結起來，認識並融合為一，是人腦到目前做過最複雜的任務。然而，我們很早便將兩者融合的結果卻是再也無法清楚思考，無法獨立、確切反省事物的各個面向。想到聲音，沒辦法不想到字母，因為我們相信字母是有聲音的。我們認為印滿鉛字的紙張描繪出我們所要說的話，而『拼字』這種神奇能力是神聖的……印刷術的發明讓印刷文字傳播各地，讓印刷擁有某種權威，至今依然。」

切特強調默讀也有動覺的效果，並指出「有些醫生禁止重度喉疾病人閱讀，因爲雖然病人可能不自覺，但默讀也會牽動發聲器官。」他也反省（六頁）閱讀過程中視覺和聽覺的互動：

我們說話或寫字，概念會引發具有聲音的動覺影像，並立刻轉換成視覺的語詞形象。現代人說話寫字時心裡浮現的字詞，不是印刷字體，就是手寫字體，很難是兩者之外的東西。這已經成為讀寫時的反射動作，近乎「本能」，做起來非常迅速自然，其中從聽覺轉換成視覺的過程，讀者或書寫者幾乎都不自覺，因此分析起來也格外困難。這可能是因為聽覺和動覺影像是不可分的，而「影像」是為了分析之便所做的抽象，是純粹的，其實並不存在。但無論個人如何解釋自己的心理機轉（大多數人對此都不在行），對語言的看法還是必然受到閱讀印刷品的經驗所影響。

從習慣的聽覺模式轉換成視覺模式，或者反過來，都會讓感官比例改變，也使得現代讀者和中世紀讀者之間出現鴻溝。切特寫道（十頁）：

> 現代讀者最讓中世紀讀者難以理解的，是現代讀者竟然能夠瀏覽報紙標題，目光掃過專欄，看有沒有什麼有趣的報導，或飛快瀏覽論文，看有沒有什麼地方值得細看。而中世紀讀者讓現代讀者最感陌生的，莫過於中世紀讀者無邊浩瀚的記憶力，完全不受印刷鉛字束縛，輕易就能用小孩子的方法學會陌生語言，記住冗長的史詩和精緻複雜的抒情詩，並毫無困難地背誦出來。因此，有兩點從一開始就必須講明：中世紀讀者的閱讀方式和我們大相逕庭，幾無例外。他們有點像現代喃喃學語的小孩，每個字對他們而言都是獨立的個體，有時更會帶來困難。當他們找到答案時，就會喃喃自語，這對編輯他們著作的人來說是很有趣的。此外，當時說者寡而聽者眾，因此早期文學大都是從公開誦讀裡創造出來的，修辭意味多於文學意味，文學的撰寫也以修辭學為準則。

本書稍後會強調一點：雷克勒克觀察教會時期和中世紀出聲閱讀的做法，而他的發現也適時獲得注意。他在《愛好學習與渴望上主》裡（一八至一九頁），將這個長久遭人忽略的議題重置於應有的關鍵位置：

> 假設學習閱讀確實有其必要（主要是因為唯有學會閱讀才能領會神諭、神聖的篇章，那麼其中內容為何？而閱讀又是如何進行？要解答這些疑惑，首先必須牢記聖本篤所說的朗誦和沉思的意義。聖本篤的定義一直沿用到中世紀，因此正好能解釋中世紀修道文學的一項特色：博聞強記。這點稍後還會多加闡述。至於文學，有項基本事實必須在此說明。中世紀和古代相同，通常不像現代用眼睛閱讀，而是用嘴唇和耳朵，看到什麼就發出聲音，再聽是什麼聲音，靠聆聽所謂的「紙上聲音」來閱讀。這種方式是貨真價實的聽覺閱讀，**朗誦**同時就是**聆聽**。當時的人只理解他們所聽到的東西，也就是我們所說的聽懂拉丁文，亦即「領悟」。的確，默讀或輕聲閱讀在當時不是沒有人做，聖本篤的著作裡便不乏其例：**默讀或內心默讀**。奧古斯丁也提過：**無聲閱讀**，與之相對的是**高聲朗誦**。不過，當時使用「讀」和「誦」這兩個字，通常不會多做解釋，兩者所代表的動作就像唱歌或書寫，需要全身全心投入。古代醫生會建議病患靠閱讀復健，就跟建議散步、跑步或打球沒什麼不同。撰寫或複製文本通常都靠大聲口述，有時自言自語，有時說給祕書聽。中世紀抄寫本全都是聽寫而成的，正好可以解釋抄寫本為什麼常出現某類錯誤。現在我們使用的口述錄音機也會讓人犯同樣的錯。

雷克勒克接著（九〇頁）探討大聲誦讀這項不可免的動作，如何被吸納融入沉思、禱告、研究和記憶之類的概念當中：

結果不是用視覺記憶書寫字詞，而是用肢體動覺記住唸出的字詞，用聽覺記住聽到的字詞。深思就是專注於這兩項活動，進入完全的記憶，因此深思和誦讀是密不可分的。深思可以說就是將神聖的文本烙印在身體和靈魂上。

反覆咀嚼神聖字詞，有時會用「攝取精神食糧」來形容。這個比喻來自飲食和消化，而且是反芻式的消化。因此，閱讀和沉思有時會用咀嚼、反芻這個非常生動的辭彙替代。例如，聖彼得稱讚規律禱告的人說：那人的嘴不停呢喃神聖的話語，沒有歇息。據說哥爾支的約翰唸誦詩篇的時候雙唇囁嚅，像蜜蜂一樣嗡嗡出聲。沉思就是讓自己貼近唸誦的辭句，衡量其輕重，再用聲音將字詞的意義完全發揮出來。換言之，沉思就是用咀嚼的方式將文本內容的意義完全彰顯出來，並傳達出去。亦即（如聖奧古斯丁、聖果戈里和費坎的約翰等人所說的那句無法翻譯的話）用**心中的口**或**心中的嘴**品嚐每個字句。這樣的舉止必然是一種禱告，**領會神諭**就是禱告式的閱讀，因此西妥會僧侶亞諾才會建議：

閱讀時要找尋氣味，而非科學。聖經是雅各的井，祈禱就是汲取潑灑的水。因此不是非得在禮拜堂才能禱告，從閱讀中自然就能找到路途，通往禱告和沉思。

抄寫文化裡的聽覺元素不僅深深影響了作文和書寫的方式，更讓讀寫和聽覺從此密不可分，就算印刷術發明多年之後，依然如此。

過去學童在校學習到的各類知識，都顯示出抄寫人和印刷人之間的鴻溝

抄寫人和印刷人的差異之大，不下於讀寫文化和非讀寫文化之間的歧異。古騰堡技術的組成原理都不是原創，但這些原理在十五世紀結合之後，卻讓社會和個人生活從此「起飛」。羅斯托在《經濟成長諸階段》裡進一步引申「起飛」這個概念。他表示：「這個階段是社會發展史上的關鍵，從此之後，成長就成爲社會的常態。」

人類學家弗雷澤在《金枝》卷一（xii頁）指出，書寫文字和視覺化都導致口語世界出現類似的發展加速現象：

「對原始宗教研究而言，古代典籍所提供的資料和現存傳統所給出的證據相比，幾乎毫無價值。由於文學加快了思想的傳播，過去口耳相傳的緩慢方法便只能瞠乎其後。兩三個世代的文學所帶來的改變，就已經超過兩三千年傳統生活所及……於是，現今歐洲藉由口耳相傳沿襲下來的迷信思想和行為，通常比亞利安人上古典籍裡所提及的宗教儀式還要原始太多……」

「起飛」是如何發生的？這是歐皮夫婦在《學童的語言與學問》裡（一至二頁）所探討的主題：

兒歌是母親或成年人將小孩抱在膝上，唱給他聽，學校裡的歌曲卻是小孩跟小孩學，通常在家庭之外，不受家庭的影響。就本質而言，保存和流傳兒歌的不是小孩，而是成人，因此算是

「成人的」旋律，由成人所認可。然而，學校小孩唱的歌不是給大人聽的，其中樂趣部分來自於小孩（通常正確地）發現，大人對這些歌毫無所知，因為長大了的成人不再能掌握學校孩童所知的事物。大人發現這些小孩玩意兒，通常嘲笑以對，當然不會鼓勵，反倒會主動壓制這種更生動的表現方法。民謠歌者和人類學家無須走遠，便能發現生機蓬勃卻不自覺的文化（「文化」在這裡有特別的意涵），是複雜世界從來不曾注意也少有影響的。這感覺就像日漸沒落的原住民部落文化，茫然無望地在保留區裡苟延殘喘。的確，這個文化或許比我在這裡記述的更值得投入大量心力加以研究。誠如紐頓所說：「孩童般的彼此親暱，是野蠻部落最偉大之處，也是其唯一歷久不衰的特質。」

時空區隔遙遠的社群，其傳統既連續又有韌性，是書寫形式所沒有的。

小學生雖然看起來粗魯野蠻，卻是傳統最忠實的朋友。他們和野蠻人一樣尊重習俗，甚至必恭必敬。他們自成一群，所有知識和語言都代代相傳，幾乎沒有改變。小男孩講的笑話和（英國安妮女王時期）作家史威夫特從朋友那裡聽來的一模一樣，著迷的遊戲也和紈袴公子布魯梅爾當時小孩互相捉弄的把戲沒什麼差別，說的更是亨利八世童年說的謎題。小女孩還是在玩《佩皮斯日記》裡的佩皮斯玩的魔術（懸浮魔法）（「這是我聽過最奇怪的事了」）：她們收藏公車票和牛奶瓶蓋，心裡想著一個渴望愛情的女孩，被兇暴的父親拘禁著等待救援。她們學會去除疣斑（而且屢試不爽），方法就和培根年輕時學到的一樣。她們嘲弄讓人流淚的傷心事，就跟散文家蘭姆記述的分毫不差。她們發現新東西會大喊「分一半給我！」，史都華時期的女孩子也常這麼做。她們會對小團體裡討回禮物的人嚴詞責難，用的仍然是莎士比亞當時的語彙。她們會想方設法用指甲、果仁和蘋果皮算命（這些占卜方法，詩人蓋伊在兩百五十年前就已經提過了）。她們用手繞腕，想知道某人愛不愛她，詩人索西求學的時候也常用同樣的方法，測驗某個男孩是不是私生子。她們私底下交頭接耳，說倒唸主禱文會讓大魔鬼出現，而這正是伊莉莎白時期風行不輟的傳聞。

中世紀僧侶的閱讀小室其實就是歌唱間

切特在《從抄本到印刷》裡（一九頁）處理中世紀僧侶閱讀小室（亦即歌唱間）的問題，他是這麼做的第一人：

按規矩，僧侶大部分時間都和其他僧侶在一起，為何卻想在小間裡刻意保持隱私呢？其實道理就和大英博物館閱覽室沒有分成隔音小間一樣，默讀的習慣讓設立隔音小間沒有意義；但要是閱覽室裡擠滿中世紀的僧侶，呢喃唸誦的聲音會讓人受不了。

這一點值得編輯中世紀文本的人細細爬梳。現代的抄寫員看完中世紀抄本，準備動手謄寫的時候，會在心裡保留剛剛閱讀的文字殘像。然而，中世紀抄本承載的是聽覺的記憶，並且許

> 多時候每回只記一個字。[22]

讓人意外的是，現代的電話亭竟然能反映中世紀抄本世界的某一面，兩者都附有上了鎖鏈的參考資料。然而，俄羅斯直到晚近還是口語社會，因此沒有電話簿，所有資料全靠記憶（這比中世紀的上鏈參考書還要中世紀）。不過，要前印刷時代的學生背書沒什麼問題，對非書寫民族而言，更是稀鬆平常。原住民常常對那些會讀會寫的老師感到疑惑，會問：「你爲什麼要把話寫下來？怎麼不用記的？」

切特率先解釋（一一六頁）印刷爲什麼會嚴重阻礙記憶，而手抄本卻不會：

> 印刷會阻礙記憶，因為我們知道只要有書可以參考，就無須「增加記憶的負擔」。但在多數人都不識字，書本又很罕見的時代，人的記憶力之強往往是現代歐洲人所無法想像的。印第安學生能夠將整本教科書熟記在心，並且在考堂上逐字背誦。光靠口耳相傳，神聖文本就得以完好無缺地傳承下去。「據說，就算瑞格維達的所有謄寫本和印刷影本全都消失了，也可以立刻精確地完整復原。」瑞格維達的篇幅相當於《伊里亞德》和《奧德賽》兩冊總和。俄羅斯和南斯拉夫的吟遊詩人可以長篇引述口語詩，展現出驚人的記憶和即興能力。

不過，記憶力欠佳還有更基本的原因，就是印刷出現讓視覺和聽觸覺分離得更徹底。現代讀者「瀏覽」書頁，必須將視覺完全轉譯成聽覺。用眼睛回想看過的資料，往往讓人困惑，因爲我們會同時使用視覺和聽覺。「記性好」的人指的是「影像記憶力」出色的人，他們不會將視覺轉譯成聽覺，再將聽覺轉成視覺，也不會覺得「聲音就在舌尖上」。然而，這正是我們的經驗，當我們搞不清楚自己是「聽到」還是「看到」過去的經驗，就會有這種感覺。

在討論中世紀口語觸覺世界的藝術和博學之前，我想引述兩個段落，證明我們一般的見解，亦即閱讀是口語的，甚至是戲劇化的。其中一段來自中世紀初期，另一段來自中世紀晚期。

首先是《聖本篤清規》第四十八章：「過了第六小時，讓他們離桌回床上好好休息，保持完全靜默。想自行閱讀的人就讓他讀，但要注意勿打擾到旁人。」

第二段取自聖摩爾寫給朵普的信，他在信中指責朵普先前的信：「不過，我眞是非常訝異，竟然有人在腦裡有這麼奉承的念頭，敢在你面前讚揚這事。誠如我開頭說過，我希望你能望出窗外，看見他們朗讀這事的表情、語調和情感。」[23]

在教會學校，文法最重要的功能就是建立口語上的信實

口語文化有不少穩定的特質，是視覺組織化的世界所沒有的。了解這一點，就很容易融入中世紀的情境，也很容易掌握二十世紀在態度上的幾個基本轉變。

現在，我想簡單談一本很特別的書。書的作者是哈吉納[24]，內容是中世紀大學的書寫教學。當初我翻開這本書，原本以爲會讀到古代和中世紀個別出聲閱讀的資料證據，沒想到卻發現對中世紀的學

生而言，「書寫」非但根深柢固是口語的，而且也和現在所謂的演講術（即當時公開朗讀已書寫好的文稿）密不可分；演講課始終名列當時修辭學的五大標準科目之一。敘事或公開朗讀已書寫好的文稿爲什麼在古代和中世紀這麼重要，這個問題因爲哈吉納的著作而有了新的意義：「書寫藝術之所以備受推崇，因爲當時認爲書寫能證明一個人受過堅實的口語訓練。」

書寫在當時是口語訓練，這點也可以解釋中世紀大學的入學年齡爲何偏低。若想確實研究書寫的發展歷程，就必須注意一點：當時的大學生從十二或十四歲就開始上課。「十二、三世紀必須學習拉丁文法，加上羊皮紙太少之類的現實困難，讓書寫的形式遲遲未能確定下來。」

切記：大學是當時唯一有組織的教育體系。因此，文藝復興時期之後「我們發現常常有人提及，巴黎部分學院採取小班制，並且從字母教起。」此外，也有資料顯示部分大學生年齡甚至不到十歲。不過，談到中世紀的大學，當然也得謹記「大學擁有各種課程，從最基本的到最高深的都有。」現代專業分工的概念，當時完全不存在。所有課程都兼容並包，而非相互排斥。當然，當時的藝術書寫也具有包容性格。在古代和中世紀，書寫就意味著文法學和訓詁學。

哈吉納表示（三九頁），十二世紀初「有一套重要的教學系統，專爲高等學生設計，已經施行了數百年，連同禮拜禮儀的知識和相關實用技能一起教授。在詩班或教會學校裡，學生學習閱讀拉丁文，因此也必須學習文法，以便能夠正確引述或複誦拉丁文本，而文法最重要的功能就是確保口語表達的信實。」

強調口語表達的信實度，對中世紀的人而言，就和我們現代用視覺概念去定義學識，認爲學識必須引述正確，並且校閱無誤一樣。不過，哈吉納在〈大學書寫教學法〉裡清楚闡明了中世紀強調口語信實的原因。

十三世紀中葉，巴黎的藝術學院在教學方法上面臨抉擇。照理說，可取得的書籍增加應該會讓許多教師放棄口述教學，改採更快速的方法。然而，口述教學儘管速度慢，卻依然非常盛行。哈吉納表示（六四至六五頁）：「藝術學院仔細考量，決定採取第一個方法：教授的說話速度應該快得讓筆跟不上，但可以聽得懂……學生反對這項規定或命令僕人隨從大吼大叫、吹口哨或跺腳，或自己吵鬧阻礙教授說話，就會遭受禁課一年的處分。」

中世紀的學生人人身兼古文書學家、編輯和所讀著作作者的出版者

發生衝突的兩造，是舊有的口述形式和新近的對話（及口頭爭論）形式。這個衝突讓我們有機會了解中世紀的教學過程。哈吉納在第六十五和六十六頁告訴我們：

> 史料提及，藝術學院之外的課程是不用口述的，顯示藝術學院在教學上已經不再採用原有的方法。更讓人意外的是，藝術學院用完全相反的方式要求學生……但學生還是喜歡口述的教學法。因為口述在當時不但讓講課速度放慢，有機會給學生補充資料，更是一種讀書方法……就連學位候選人口試，必須證明自己讀過書面資料時，也得用口述的方法。

哈吉納接著又提出另外一個要點：

口述之所以成為通用的方法，一個主要的理由顯然是印刷時代之前，學校和學者沒有適當的文本來源。手抄本所費不貲，想取得手抄本，最簡單的方法就是老師口授，由學生抄寫。也許有學生會兜售自己騰錄的文本，因此口述確實可能和商業有關，或許是學生將抄錄的文本出售，也可能是老師因為文本流傳擁有大批聽眾，因而獲得實質報償。抄本對學生而言是必要的，不但是大學上課所需，也對他未來的生涯有所助益……更有甚者，大學要求學生在課堂上攜帶自己抄錄的文本，否則，起碼每三名學生就要共有一本……最後，學位畢業考的時候，候選人必須呈上自己抄錄的所有書籍。在未來的教學生涯中，決定候選人職位的就是他手邊的專業資源，也就是他是否擁有足夠的書籍。25

印刷技術出現，文字和音樂因而分家，影響程度卻不及視覺閱讀和聽覺閱讀的分離。另外，印刷術問世之前，讀者和顧客都實際參與書籍的製作過程。哈吉納對此也有所描述（六八頁）：

中世紀學院採用聽寫法（亦即口述），目的無疑是製作精確的書面文本，即時可用，方便任何人閱讀。要是事後出售，也起碼能讓買者讀懂。口述者每個字詞通常不會只說一次兩次，而是反覆說上幾回。即便後來禁止口授上課，老師討論某些議題時，仍會使用口述……

還有一種口述法，和藝術課程所用的精確完整口述法（亦即課程演講）相當不同。這種特別的口述法「源自課程演講，上課時講話速度較快，是專爲助教所設計的。所謂「助教」，是指能按自己抄錄的筆記授課的學生。」

儘管如此，採用緩慢精確的聽寫法，目的不光是製作可用的私人版本：

……老師採用這樣的上課方式，已經考慮過學生可能準備不及……上課的學生不僅要抄錄文本，抄得正確可讀，而且顯然還得邊抄邊學……

課程演講這個詞出現在章程裡，不只規定教學要大聲朗誦，適當交流言辭，更是個技術名詞。教授演講是拉丁文法學的一項基本任務，因此當時文法書都有詳細的闡述。這個方法為人普遍接受，也確立有年，目的在反覆教導口語拉丁文的正確發音，仔細分辨字母間的差異，區分並且調整字詞和語句。文法教學手冊非常謹慎，清楚表示所有的訓練都是為了教導書寫而設計的。當時的人認為，發音正確是必要的。非但如此，發音正確也是書寫教學的先決條件。不朗誦內文而只默默書寫，在那時完全不可能。當時的人還不認為，身旁世界四處散布著書寫和印刷文本。為求書寫正確，他們必須先學會清楚正確地發音。（六九頁）

哈吉納還指出（七五至七六頁），讀寫發聲的需要還有一個連帶的好處：

口述的書寫方式乍看之下只是複製抄寫，其實沒那麼簡單。說來奇怪，但的確是由於這種方法，讓研究得以振興，也讓新文學得以從這些學科的核心裡誕生。因為每一位教授上課都努力賦予教導內容新的形式，以符合自己的假設和固有概念。而他所口述給學生的，絕大部分正是個人的創見。這就是為什麼在我們看來，大學運動從開始就非常現代的原因。

蘇格拉底、耶穌和畢達哥拉斯都沒有出版自己的教誨，阿奎納對此做了解釋

哈吉納接著（七六頁）指出個人製作書籍的一項特點，這項特點讓我們得以了解抄寫文化的特色。它不但要求注意文本的細節、深入思考和大量的記憶，而且：

> 傳統手稿大部分來自古代末期，最後統統蒐集在教授手邊。儘管如此，他們卻從沒想過無限複製這些手稿。為了每天教書、研究，並按個別授課情形來調整文本內容，教授會濃縮教材，加以簡化來加速學習，並且使用製作精簡的文本。

哈吉納表示，總而言之，教授書寫……

> 這樣的教學法有幾個目的：訓練抄寫、練習作文，同時讓心靈認知新觀念、新的推理法則，以

及新觀念、新法則的表達方式。這些訓練至關重大，需要循序漸進，在訓練掌握文本的過程中加入練習的樂趣，並讓學生動手書寫。中世紀大學愈來愈重視書寫練習，主要的道理或許就在這裡。因此，從十四世紀起，書寫練習成為巴黎大學生活的關鍵，也就不足為奇了。

哈吉納對中世紀書寫的研究，給了我們許多啓發，讓我們更能了解阿奎納爲什麼認爲蘇格拉底和耶穌雖然身爲導師，卻沒有將教誨化成文字。他在《神學大全》冊三第四十二問裡問道：「耶穌應該只以語言，或也用文字來教誨世人？」他反對學生是有待書寫的空白筆記本這個概念，他認爲：

> 我個人的答覆是，耶穌並未將教誨化成文字，這麼做是恰當的。首先是因為耶穌個人的尊嚴：老師愈傑出，教學的方法也應該愈出色。既然耶穌是最傑出的老師，他所用的教學方法必然能讓教誨深深印在聽者心中。因此，馬太福音第七章第二十九節才會說道：「他教誨他們，正像有權柄的人。」也因此，即便是異教徒如蘇格拉底和畢達哥拉斯，身為人世間最傑出的導師，都不願意寫下任何文字。

正由於中世紀的書寫非常接近口語式的教誨，將文字書寫看成只是噱頭，而非教誨，這樣的說法才能成立。

哈吉納傑出的介紹讓我們有了一致的理解，知道書寫在中世紀是修辭學的一支，和文法及文獻訓練並列，無論求學研究的初期或晚期，都需要書寫訓練。例如，西塞羅在《論演說家》卷一（xvi頁）

裡表示，詩人是演說家的敵人，也是幾乎勢均力敵的對手。而詩學（也就是文法學）則是修辭學的女僕，上自修辭學家昆提里安和奧古斯丁，下至中世紀和文藝復興時期，都抱持這樣的看法。[26]

西塞羅認爲，優秀的演說家和口才辯給是智慧的表現，是行動的知識。這樣的看法因爲奧古斯丁，方成爲中世紀教育的基本內容。奧古斯丁本身就是權威的修辭學教授，但他將西塞羅的教程引介給中世紀時，卻未將修辭學當成教會學校的說話課。馬魯對此有精闢的研究，他表示：「奧古斯丁的基督教文化，得之文法學家的技術，多於修辭學家的技巧。」[27]換言之，古代的文法學和訓詁學課程是百科全書式的，是語言走向的，而奧古斯丁將之拿來作爲基督教的旨諭。奧古斯丁接收文法學的世界，並非爲了講道方便，而是企圖了解並闡明聖諭。哈吉納先前已經指出，書寫和教授文法的目的可能只在於傳授演講的藝術和演說技巧。[28]馬魯則指出，古代的文法學是如何成爲中世紀聖經研究的基礎。十六、七世紀，古代和中世紀的註釋方法空前興盛，成爲培根科學方法的基礎，卻完全受到新數學和新量化方法的阻礙。

稍微了解中世紀各種註釋方法的改變，有助於讀者掌握後來印刷對科學藝術的影響。史默利的《中世紀聖經研究》一書成就讓人敬佩，正好能幫助我們了解中世紀註釋法的轉變。印刷問世後不久，視覺經驗和組織化的新維度便隨之誕生，亦即所謂的「起飛」階段。不過，到底有多少和古騰堡技術不甚相關的領域，預言了視覺的強化，倒是很有趣的事。我們先前提及，古代文法學和中世紀書寫及文本研究，兩者在口語方面的關聯。我們也因而了解抄寫文化對於強化視覺能力、讓視覺與其他感官分離的幫助，是微乎其微。

史默利表示（xiv頁）：「中世紀的老師認爲，聖經是最完美的教材。小僧侶從詩篇學字母，藉聖經學習各項人文學科。因此，聖經研究一開始就和學院體制的歷史脫不了關係。」

十二世紀，新派教師或「新式」教學崛起，和「古代」的傳統基督教學者完全不同

剛剛提過，馬魯表示多虧奧古斯丁，聖經研究裡才有古代的通才教育，亦即文法學和修辭學這類百科全書式的科目。而通才教育是在西塞羅手中確定其意義的。因此，從奧古斯丁到伊拉斯謨斯，教會學校當時所以能承續古典人文主義，全是聖經註釋學的功勞。然而，十二世紀大學崛起，立刻和古典傳統徹底決裂。新興大學的課程以士林哲學爲主，在羅馬最爲盛行。誠如波納在《羅馬辯術》裡（四三頁）所說的：

> 生在共和國時期的羅馬，演說是公職生涯成功的關鍵，所有主題都須經過激辯，辯論往往生動而尖銳，然而到了帝國時期，演說的政治價值幾乎喪失殆盡。這不表示法庭已經喪失絕大部分的權力，有些民事及刑事案件，還是不乏辯護律師為之辯護。差別在於，共和國時期的優秀辯士往往能在公職生涯獲得成功，在帝國時期卻無此保證。帝國時期極度仰賴皇帝與宮廷的襄助，因此面對公衆講話必須字斟句酌，小心翼翼，反倒使演說不受歡迎。難怪台比留統治期間，老塞內加才會遙想奧古斯都當年「擁有如此充分的言論自由」。然而，即便當時，《演說家

對話錄》作者泰西特和《論崇高》作者朗吉努斯也認為，優秀演說術所不可或缺的自由，正從羅馬公眾生活裡急速消逝。

因此，演說術退到比較安全的領域裡，亦即學院當中。在學院裡，人人都能像共和國時期一樣暢所欲言，而無須擔心後果。雖然不如從前可以靠演說取得政治優勢，卻能博得同胞喝采而稍獲彌補。於是，*scholastica*一詞開始風行：「學院辯論」取代真正的公眾演說，而倡導「學院辯論」這種宣示型演說的人，也獲得「教師」（*scholastici*）的名號。

因此，政治演說和士林哲學（學院）辯論的分裂，早在中世紀之前就已經出現。波納談到塞內加的《辯論議題集》時表示（二頁）：「從這本著作可以看出，塞內加發現三個主要的發展階段：（一）西塞羅之前的『議題』，（二）西塞羅及其同時期的人所從事的私下演說練習，亦即他們所謂的『案例』，（三）名副其實的演說，也就是所謂的『辯論』，及後來的學院辯論。」

古羅馬的學院式訓練有賴於對議題做「是與非」的檢驗。亞里斯多德在《論題學》中（一．九）將這些議題視爲對某些特殊哲學信條的肯定或反對，並且舉例，如「萬物皆在流動」或「存在爲一」等等。

此外，「議題」不只意味著論題可能出現矛盾，更被視爲從具體情境、從「特定的人事物」裡抽象而來。波納補充道（三頁）：

西塞羅的《修辭學》、昆提里安的《演說法大全》以及古希臘晚期和羅馬時期的修辭學，都可以找到「議題」主題的實際例子。這些議題包含世界及其意義、人生和行為的主要問題。古希臘人長年累月辯論不休，從小亞細亞諸城市到學院的樹林裡，從公園、門廊到義大利的村落和廊柱之間。

在這裡提及學院形式的特色，原因是從十二世紀到十六世紀，這種高度口語化的活動背離了後來教會和人文主義教學法的基礎，亦即文法學。文法學非常重視具體的歷史情境和特定的人事物。印刷書籍出現，文法學重登主流，取回士林哲學、新派教師和新式大學興起前所享有的主宰地位。古羅馬的士林哲學也是口語化的，波那指出，西塞羅在給艾提克的信裡就列出他曾經私下慷慨陳詞的議題：

> 他所談的幾乎都和暴政或暴君有關：「一個人該為暴君服務嗎？就算會危害國家，甚至只是讓意圖推翻暴君的人無法稱心，也在所不惜嗎？」……「就算國家真由暴君統治，子民也要用適當的言論而非武力來助國家一臂之力嗎？」西塞羅表示，這樣的議題共有八個，他用希臘文和拉丁文分別就正反雙方加以申辯，以便讓自己不要去想眼前的困難……[29]

士林哲學和塞內加學派一樣，都與格言式學習的口語傳統直接相關

議題辯論完全以口語呈現，了解這點後就很容易明白，學習議題辯論術的學生爲什麼必須記得大

量私人節錄的格言和警句。這也解釋了塞內加的辯論風格爲何在羅馬晚期大爲風行，以及中世紀和文藝復興時期，爲什麼始終將這樣的風格和「科學方法」連在一起。對培根和亞柏拉德而言，敏銳的分析和說服公眾的演說之間的差別不在「方法」，而在「格言書寫」。

培根的《學習的進展》本身就是以公眾演說的體裁寫成的。他在書中表示，基於智性的理由，他喜歡學院派格言式的方法，勝過西塞羅那種以連續散文清楚列出所有資訊的方式：

> 另一種方法效果絕佳，就是用格言或條理的方式傳播知識。吾人或許發現，格言在日常生活太過普遍，隨便幾個假設或觀察，就能吐出一句格言，反倒使格言無法成為嚴謹真格的藝術，加以探討，舉例說明，並吸收消化成為可行的方法。
>
> 儘管如此，格言書寫有許多絕妙的好處，是條理書寫無法企及的。首先，格言書寫可以看出作者是膚淺或真材實料。因為格言警句只是乍看荒謬，其實必須出自科學的精義和神髓。因為格言不能用圖示，不能舉例，不能描述實做的過程，只剩下夠份量的觀察。因此，唯有理據充足的人才會、才敢撰寫格言警句。然而，條理書寫卻是……
>
> 當文思與辭藻的布局愈有力，
> 愈能讓平凡的話語臻至光耀。
>
> 人應該充分展現其藝術；如有破碎，就會微不足道。其次，條理比較適合贏取贊同或信仰，而非行動導向。因為條理闡述事理是圓形的、循環的，這一部分解釋另一部分，這樣就滿足了。然而，個別具體的事物卻四散各處，莫衷一是。最後，格言會打破既有的知識，讓人想

更深入去追尋，條理卻因為必須闡述全部事理，反而讓人安心，以為自己已經抵達終點。（一四二頁）

我們現在很難理解，師法塞內加的培根其實在許多方面都是士林哲人。他後來提出的科學「方法」便直接出自中世紀的文法學。

波納指出，羅馬士林哲學家和辯士會選擇煽動的議題（如羅馬和文藝復興時期所搬演的塞內加戲劇）。他在《羅馬辯術》裡（六五頁）接著補充道：

> 除了上述種種特質，羅馬士林哲學家和辯士的措詞其實和當代作家大同小異，用的是典型最早期的「銀拉丁文」（Silver Latin，白銀時代的羅馬文學使用的拉丁文）。
>
> 寫作演說辭常犯的主要錯誤是過量使用不連貫的短句、突兀的風格、缺乏平衡的長句，以及運用薄弱無效的韻律進行辯論。這些摘錄，希臘批評家稱之為碎裂、不連貫，並且將之視為完句結構的解藥。這個特質是最強有力的。擔心觀點重複而痛苦時，也常用這個方法。

然而，「不連貫的句子」和無止盡的頭韻（如奧古斯丁廣受歡迎的「有韻證道」）卻是口語散文和口語詩的必要常規（請參考伊莉莎白時期的《美文集》）。想衡量某個時期或國家對印刷文化的接受程度，方法很簡單，只要看印刷消去文學裡多少論點、雙關語、頭韻和格言就知道了。因此，拉丁國家至今仍然保有大量格言和警句。口語文化的象徵主義復興，非但最早由拉丁國家開始，更主要仰賴

「不連貫的句子」和格言警句。塞內加和昆提里安，跟現代的洛卡和畢卡索一樣都是西班牙人，因此聽覺對他們來說占有主要地位。波納（七一頁）覺得很奇怪，昆提里安「看起來常識豐富，又受過人文教育」，卻喜歡滔滔不絕用拉丁文撰寫駢文。

雖然只是約略提及古羅馬時期的塞內加風格和士林哲學，卻能幫助我們了解西方文學的口語傳統是如何藉由塞內加的言論風格傳遞下來，並且在十八世紀後期，因爲印刷書籍出現而逐漸式微。塞內加風格在中世紀士林哲學眼中是學識高的表現，但在伊莉莎白時期的通俗劇裡卻代表學識低落。其間的矛盾謎團，只有掌握上述的口語因素，才能解開。但對蒙田、柏頓、培根和布朗而言，根本沒有所謂的謎團待解。塞內加的反題和「緩行」（如威廉森在《塞內加的緩行》裡所描述的）提供了科學觀察的正規方法和心理過程的經驗。如果只有視覺參與其中，塞內加式口語行動的多層次姿態和共振就會變得不恰當了。

現在，我們的《古騰堡星系》拼圖還剩下兩塊。其中一塊和時間無關，另一塊則正好在十六世紀印刷造成文化變形的關鍵點上。首先是諺語、格言和警句等口語社會不可或缺的成分。惠卿加《中世紀的沒落》第十八章全都在談這個主題。惠卿加解釋道，古今口語社會……

所有事情和事件，無論是虛構的或歷史的，都會凝聚成寓言、案例或證明，以便應用在真實事件上，驗證普遍的道德真理。同理，所有說過的話也都會變成格言或文本。任何行動上的問題在聖經、傳奇、歷史和文學裡都有無窮無盡的例子或類型，集結成某種類似道德總綱的東西。所有行動的問題都隸屬其中（二二七頁）。

惠卿加非常清楚，當時即便是書寫材料，社會也都強烈建議採用「論證」這類的口語形式，將材料改成諺語、格言或例證之類的口語。原因就是：「中世紀進行嚴肅論證的時候，總愛引用過去的文本作爲基礎。」然而，當時把「文本」視爲**作者**直接對人說話，具有口語上的權威。我們稍後會看到，隨著印刷術出現，舊的口語式知識和新的視覺式知識混雜在一起，讓文本的權威感完全混淆。

強調口語，會讓人偏好採用精簡權威的警句和格言。關於這點還有另一件事要提，就是這樣的偏好在十六世紀迅速消退。翁格費了許多心血，研究雷穆斯的作品和敘事風格，以便了解此一轉變。我們稍後再詳談翁格這本重要的著作，目前只需要引述他在〈雷穆斯方法和商業心靈〉裡的一段話就好。[30]翁格強調，印刷興起導致人類的感性出現變動，顯示「印刷如何讓文字和聲音脫離原有的關聯，開始將文字視爲空間中的某件『東西』。」

口語格言的視覺化轉向，以及語句、格言和箴言的視覺化轉向，是中世紀學習的主要課題。這樣的轉向是個倒退。誠如翁格所言（一六〇頁）：「……雷穆斯將自己在學科中所提供的知識當成商品，而非智慧。」因此，印刷書籍後來自然變成參考工具，而非口說的智慧。

抄寫文化和歌德式建築的重點都在光的「穿透」而非「反映」

士林哲學偏離了教會的讀寫人文主義，但不久就因爲印刷過程加快而遭受古典文本的洪流衝擊，風行四百年的辨證法似乎戛然而止。不過，士林派科學與抽象法的精神與成就卻誠如克雷吉指出的，得以延續並投入現代科學的浪潮當中。

士林哲學所發明的方法，是將力與運動等非視覺的關係用圖像這類視覺工具來表達。這和人文學者所用的文本實證法很不相同。然而，人文學者和士林學家都有資格稱爲後世科學之母。這樣的困惑很自然，在培根的心靈裡便可以見到兩者明顯的衝突，而培根的困惑稍後將能爲我們澄清許多議題。當時的釋經學方法不只一種，並且迭有衝突。史默利在《中世紀聖經研究》裡指出，當時的人關切字母和精神，關切視覺與非視覺的事物。她引述奧瑞岡的話：

> 我出版了三本談〈創世記〉的書，摘錄聖父關於字母和靈魂的談話……「道」經由馬利亞降臨世間，成為肉身。眼見並非理解。肉體人人可見，卻只有蒙受揀選的少數得以獲知神性……字母以肉體顯現，其中的精神意涵卻是神性，只要閱讀〈利未記〉就會發現這點。能看穿字母的帷幕而洞見神性的眼睛有福了（一頁）。

字母與精神的二元爭論，導源自書寫。面對此一爭論，我們的主常常提及：「書裡有寫，但我告訴你們」。眾先知的教誨通常都和以色列抄本相衝突。這一點也成爲中世紀思想和感性的主題，例如「註釋」技巧，其目的便是爲了將光從文本裡釋放出來。這一種光啓法是爲了讓光「穿透」而非「反映」，這也正是歌德式建築的要旨。誠如馮辛姆森在《歌德式大教堂》裡（三至四頁）所說的：

> 在羅馬式教堂裡，光和牆不同，光是為了對照牆沉重、昏暗而厚實的質感。歌德式的教堂牆面

卻有許多孔洞，讓光得以穿越，瀰漫在空氣中，和牆融合在一起，讓牆產生形變……光通常會被物質遮蔽，在歌德式教堂裡卻變為主動的原則，物質唯有參與光照，由光照決定的時候，才擁有真實的美學價值……因此從這個關鍵角度看，或許可以將歌德式教堂形容成透明或半透明的建築。

歌德式石牆藉由彩色玻璃達到透明的效果。然而，這樣的效果其實和中世紀處理人類感官（尤其是聖經意義）的方法很有關聯。有趣的是，指出石頭的觸覺質感的，正是馮辛姆森。口語抄寫文化不擔心觸覺，觸覺是感官互動的關鍵點。在互動之中，感官「比例」或「方格」得以成形，讓光穿越。一般公認擁有所有意義的「字面」層面，就是這類互動。「我們會發現，現在所謂的註釋學主要在研究文本和聖經歷史，其實廣義而言，應該隸屬於『字面闡述』。」

史默利在《中世紀聖經研究》中，引述辛克斯《卡洛琳時期的藝術》裡的說法：「這似乎是要求我們別將眼睛定焦在物體表面，而是像透過格子往外看，定焦在無限遠處……物體……存在只是為了界定一部分的無限空間，將之抽離，變得可以處理和理解。」史默利接著說（二頁）：「早期北方藝術所謂的『穿透』法，正好能用來形容克勞迪斯所理解的註釋學……這個方法要我們別看文本，而是看透它。」

中世紀的人可能對我們這種「看透」的概念，感到非常困惑。他們可能認爲，是現實穿越事物看見人，人藉由冥想沉浸在神聖之光裡，而非看見神光。針對古代和中世紀抄寫文化的感性特質有許多不同假設，都和古騰堡之後的感性特質完全不同。之所以不同，主要因爲古代的感官和常識教條的緣故。[31]潘諾夫斯基在《歌德式建築和士林哲學》裡也強調中世紀的「光透」傾向，同時發現能「藉由」士林哲學來解決建築學的問題：

> 阿奎納曾說：「聖律運用人的理性，不為了證明信仰，而是彰顯聖律所隱含的其他意義。」意思是，人類理性永遠無法直接證明信仰篇章的真實性……但卻能說明並闡述這些篇章，也確實做到了……
>
> 因此，「彰顯」就是說明或闡釋，我稱之為早期或高階士林哲學的第一控制原則……要是信仰必須藉由自足完整、自我規限卻不屬於神啓範疇的思想系統才能「彰顯」出來，信仰也必須能「彰顯」該思想體系的完整自足與自我規限。唯有透過文字表現範式，向讀者心靈闡明推理的過程，才能做到這點，正如同推理應該能向人類理智闡明信仰的本質。（二九至三一頁）

潘諾夫斯基接著（四三頁）討論建築的「透明原則」。他表示：「說明的習慣在建築當中獲致最大的成功。」高階士林哲學由原則主導，高地歌德式建築則誠如蘇格所言，由所謂的「透明原則」主宰。潘諾夫斯基舉阿奎納爲例子，說明中世紀的感官原則（三八頁）：「比例適當的事物會使得感官愉悅，因爲其中有事物和感官類同。其道理在於感官如同其他認知能力，也是理性的一種。」感官之間自有其比例和理性，有了這個原則，潘諾夫斯基便能在中世紀的士林哲學和建築之間，在不同比例之間自由來回。而「光透」式的感官比例原則在研究聖經意義時也同樣無所不在。不過，後來的科技讓視覺和其他感官愈來愈分離，對「光照」的需求也超過「光透」，因而使得上述種種變得非常令人困惑。馮辛姆森在《歌德式大教堂》裡（三頁）清楚指出其中的兩難：「歌德式建築的內部並非特別明亮……彩色玻璃其實是非常不合適的光源，因此後世眼力較差的人用灰色飾畫和白玻璃取而代之，才會產生很容易讓我們誤解的印象。」

古騰堡之後，新的視覺強度要求事事「光照」，時空的概念也隨之改變，時間和空間成爲「塡滿」物體和活動的容器。但在抄寫時代，視覺和聽觸覺距離依然很近，空間還不是視覺的容器。猶如吉迪恩在《機械化當家》書裡（三〇一頁）說的，中世紀的室內家具：

有著屬於中世紀的舒適，但卻是另一個維度的舒適。因為，舒適在當時並非用物質來衡量。在中世紀，舒適所蘊含的滿足與愉悅來自空間的組態。舒適是一種氣氛，在人四周，在他身處的環境裡。舒適就好比神的國度，是手抓不到的。中世紀的舒適，是空間的舒適。

中世紀的房間在沒有家具的時候看來最接近完美，因為它從來不是空空洞洞的。無論教堂、修道院的食堂或自治市議院，其比例、材質和形式都是活的。這樣的空間尊嚴並未隨著中世紀告終而消逝，而是持續到十九世紀工業革命模糊了這樣的感覺為止。儘管如此，後世後代再也不曾像中世紀那麼斷然地拒斥肉體舒適。教會的隱修禁欲制無形地按自己的方式，塑造其所處的時代。

中世紀的光照、註釋和雕塑都是抄寫文化的核心，是記憶藝術的不同面向

我們花了許多篇幅研究古代和中世紀抄寫文化的口語特質，這麼做有個好處：讓我們不會試圖尋找其中的讀寫特質，因爲那是後來印刷文化的產物。

同理，我們也因而明白印刷技術如何壓制口語特質。面對現今的電子時代，我們更能了解印刷文化有許多特質大幅消失，而言辭結構裡的口語及聽覺成分再度抬頭，其中道理何在。就言辭結構而言，無論書面或口語，都有視覺化的傾向，讀寫能力強的人說話快速簡略，就是其中一個例子。不過，即便是書面的言辭結構也同樣擁有口語化的成分，就和士林哲學一樣。拉許達在《中世紀的歐洲大學》裡（第二冊三七頁）不自覺展現出重讀寫的傾向：「就天性來看，半文明的野蠻人比優雅的古典詩人歌者更受到邏輯的神祕所吸引。」然而，拉許達將口語民族視爲野蠻人，這點倒相當正確。因爲就字義來說，「文明」人就算粗鄙愚蠢，其文化仍具有強烈的視覺化傾向，而這樣的傾向只有一個來源，就是表音文字。本書的重點在於了解，表音文化由於手抄文稿及後來（剛開始被稱爲「機械書寫」的）印刷術出現因而視覺化到何種程度。士林哲學無論結構或程序都極爲口語化，聖經註釋學亦然，只是方式不同。中世紀的聖經研究持續數百年，不但採納古代的文法學，也爲學院哲學的辯證法提供不可或缺的素材。文法學和辯證學（即學院哲學）取向都很口語化，和印刷的視覺化傾向截然有別。

十九世紀有一個熱門議題：中世紀的教堂是「人民的書本」。塞里格曼在《魔術史》裡（四一五至四一六頁）的說法，跟中世紀的聖經評述相當類似：

在這一點上，塔羅牌和其他藝術的形象相似：繪畫、雕塑和教堂的彩繪玻璃都是借用人類形象來展現概念。然而，後者的世界是形而上的，前者是形而下的。塔羅牌描繪人的能力和德行，教堂則體現了人和神聖世界的關係。這兩種形象都銘刻在人類心靈之上，有助於記憶，其中包含大量複雜的概念，寫下來將會汗牛充棟。這兩種形象，熟悉讀寫的人「讀」得懂，不諳讀寫的人也「讀」得懂，因為它們是同時為這兩種人而存在的。中世紀非常重視讓人記住許多不同領域的概念並加以比較的技巧，非但讓魯利撰寫了《記憶術》，更促成首本《記憶術》木刻本在一四七〇年左右問世。魯利肩負起艱難的解釋工作，具體說明四福音書的主旨。他為每部福音書製作數個圖章（天使、野牛、獅子和老鷹）象徵四大福音使者，再加上物件暗示每章講述的故事。圖二三一是天使（馬太），裡頭包含八個圖章，讓人連想起馬太福音第一到八章。讀者按《記憶術》的圖章想像人物，就能記得福音書的所有內容。

對我們現代人而言，這麼做需要強大的記憶力，但在當時卻不罕見。因為讀寫人只占少數，而圖像便扮演書寫的角色。

塞里格曼在此掌握到口語文化的另一項基本特質，亦即記憶訓練。哈吉納先前提過，修辭學的第五科目演講是爲了培養書寫和製作書籍的技巧。記憶、背誦是修辭學的第四學科，在抄寫時代有其必要，目的是爲了培養註釋和旁註的技藝。的確，史默利就表示（五三頁），這些旁註雖然不知出自何人之手，對讀者而言卻「好比口頭授課時的註記」。

哈靈頓在其未出版的碩士論文裡指出[32]，基督教時代初期，「書和文字就是它們本身所代表的訊息。當時認爲書和文字是法力強大的工具，能對抗魔鬼和魔鬼的圈套。」哈靈頓用了不少章節討論「閱讀」的口語特質和記憶的必要。他引述帕休米斯的規矩：「不想閱讀的人，就用強迫的，修道院裡不能有人無法閱讀聖經，或記不得其中的篇章。」（三四頁）「兩名僧侶相偕旅行時，常常會互相讀書給對方聽，或憑記憶引述聖經。」（四八頁）

對口語民族而言，讀寫文本包含所有層面的可能意義

現在回頭來談史默利《中世紀聖經研究》裡的其他要點，這能幫助我們看出中世紀晚期聖經研究視覺化的穩定發展。

早期的士林哲學提供了脫離讀寫脈絡限制的動力：「多羅葛、拉弗朗和布倫加三人都使用辯證法，希望穿透文本，重建作者心中的邏輯過程。辯證法也能以文本爲基礎，建構新的神學架構。」（七二頁）

隆巴德名言錄、亞柏拉德的《是與非》和格拉提安編纂的《教會法匯要》都是當時偉大的文學成就，而這些著作的魅力在於幫助我們了解脫離讀寫脈絡的過程：「論題不單從原來的評論中摘錄出來，分開發行，更轉而變成全新的著作……因此，如何區分註釋和系統教程就成爲我們所面臨的難題。」（七五頁）

伊拉斯謨斯摘錄各類著作，編成《格言錄》和《寓言集》兩本書。這兩本書到十六世紀轉變成爲

布道詞、散文、劇本和十四行詩。要求視覺格式化、組織化的壓力，其實來自於待處理的素材堆積如山：

> 單面的發展是很自然的。採納亞里斯多德的邏輯和他對規範及民法的研究，困難多得無法計數。可能的新推理方法，以及對思辯和討論的急迫需要為社會帶來匆忙和興奮的氣氛，卻不為聖經研究學者所喜。教會學校的導師沒時間也未曾受過訓練，從事這種非常技術性的聖經研究。從夏特的哲學家和人文主義者，到巴黎和勞昂的神學家，莫不如此。就連最後一所偉大的教會學校，貝克學院，也不例外。拉弗朗是神學家兼邏輯學家，他的天才學生安瑟姆卻另闢他途，結果他的哲學著作反倒讓自己的神學著作相形失色，甚至失傳了。（七七頁）

同樣由於數量的壓力，讓印刷術最終占了上風。但可想而知，聖經的視覺註釋法和口語註釋法在中世紀發生衝突，其關鍵在於文藝復興時期出現的新視覺文化。休斯清楚指出：

> 首先，神祕意義只能從文字所言之中蒐集而來。我不曉得為什麼有人連文字最原始的意義都不懂，卻還有臉宣稱自己是寓言大師。他們說：「我們讀《聖經》，但不讀文字。我們對文字不感興趣，我們教的是寓言。」然而，不讀文字，又怎麼讀聖經？把文字抽掉，讀剩下的東西？他們又說：「我們會『讀』文字，但不會按字面讀。我們讀的是寓言，不按字面去理解文字，而是當成寓言來讀……就拿『獅子』來說吧，按歷史意義而言，獅子是野獸，但在寓言裡，獅子

卻代表耶穌。因此『獅子』這個詞的意思就是耶穌。」（九三頁）

對口語民族而言，字面意義就是全部，包含所有可能的、不同層面的意義。阿奎納也是如此認爲。然而，十六世紀的視覺民族卻被迫按分類排除的方式，將不同層面的意義與功能一一區分開來。聽覺場域是同時同步，視覺場域卻是分段連續的。當然，「詮釋層次」本身（無論字面意義、圖像意義、拓撲意義或神祕意義）就是個視覺化的概念，是很差勁的隱喻。不過，「休斯雖然比阿奎納早生一百多年，卻似乎已經掌握到多瑪斯主義的原理，亦即作者的意圖是解開預言和隱喻的線索。字面意義已經包含神聖的作者想說的一切。不過，他本人倒是偶爾會忽略這一點。（一〇一頁）」

多瑪斯主義認爲「不同感官（意義）同時互動」這概念和類比比例一樣，是非視覺化的：「前人的短暫嘗試，在多瑪斯手中臻於完美。他還提供感官（意義）關係理論，強調字面詮釋，也就是現在所謂的作者權威論（作者掌握文字的所有意義）。」（三六八頁）

資訊運動造成資訊量暴增，讓人傾向以視覺化的方式建構知識，甚至讓透視法比印刷還早出現

字面意義（亦即所謂的「文字」）原本是文本的「光透」，後來變成「光照」，同時社會也開始強調「觀點」，亦即讀者的「固定」立場：「從我所坐的位置看。」這種對視覺的強調，唯有靠印刷術

出現，將書頁的視覺強度一舉提升到完全統一而且重複的地步，才有可能。印刷的統一重複對抄寫文化而言非常陌生，對統一的圖像化空間和所謂的「透視」卻是必要的先決條件。前衛畫家如義大利的瑪薩席歐和北方的凡艾克斯，早在十五世紀初便開始嘗試圖像空間或透視空間的繪法。一四三五年，印刷術發明前十年，年輕的艾伯提寫了一篇論文，探討繪畫和透視法。而透視法後來也成爲當時最有影響力的發現或發明。

艾伯提在書裡討論物體在統一空間裡該如何描述，亦即現代所謂的透視法。他是目前已知最早這麼做的人。這標示著新態度的崛起，和古希臘人的態度大不相同。透視法誕生在圖形表象史上是件大事，在幾何學史上也是大事。因為透視法是人類首次講述（我們現在非常熟悉的）中心投射和分段的方法。透視法其後的發展，更一直是現在綜合幾何學的傑出成就。熱中幾何學的古希臘人不曉得透視法，發現透視法的人卻對幾何沒興趣，以致艾伯提覺得自己在講述幾何學之前，有必要先解釋「直徑」和「垂直」這些辭彙。33

想了解伴隨古騰堡技術出現的視覺「起飛」，必須先知道一點，就是「起飛」不可能發生在抄寫時代，因爲抄寫文化相當程度保留了人類感性的聽觸覺模式，無法以抽象視覺化的方式將其他感官轉譯到統一而連續的圖像式空間裡。因此，小艾文思在《藝術與幾何》裡（四一頁）才能名正言順地宣稱：

透視法和遠近比例縮小法截然不同。就技術而言，透視用中心投射法在平面上投射出三維空間。從非技術層面來說，透視是在平面上作畫的技巧，讓畫中物體的「相對」大小、形狀和位置，看起來就和從某個角度觀看真實空間中的真實物體一模一樣。我找不到任何證據，顯示古希臘人曾在哪個時期有過上述的「相對」概念。理論沒有，實務也沒有。

中世紀聖經研究造成表達方式的衝突，經濟史學家和社會史學家對這段歷史都不陌生。衝突的兩造，一邊認爲聖經文本裡的文字是複雜但統一的整體，一邊主張分門別類，逐一處理文本中不同層次的意涵。機械技術和印刷術的發明，讓視覺擁有強大的先天優勢，因而導致視覺和聽覺的衝突。兩者衝突之大，史上罕見。在視覺取得如此優勢之前，也就是抄寫文化時期，視覺、聽覺、觸覺和動覺之間的互動相對平衡，讓人在語言、藝術和建築各方面都偏好「光透」法。潘諾夫斯基在《歌德式建築和士林哲學》裡（五八至六〇頁）提出個人的觀點：

士林哲學習性堅強的人，觀看建築展現時的模式和欣賞文學時相同，都以彰顯的角度去看。這樣的人理所當然認為構成教堂的諸元素，其主要目的都在確保建築的穩定，就如同他想當然耳地覺得，一本《全集》的構成元素，其主要目的在確保論證有效。

然而，除非他能藉由這種拆解建築的手法重新經歷原始的認知過程，他是不會感到滿足的。在他眼中，梁柱、圓拱、撐牆、窗格、尖塔和捲葉浮雕之類的事物，都是建築的自我分析和自我解釋，就如同部分、區分、問題和文章這些常用的詞項，是理性的自我分析和自我解釋。人文主義者的心靈要求最高程度的「和諧」（書寫講究措詞完美，建築要求比例完美。不過，伐沙里的歌德式建築卻完全欠缺和諧），士林哲人的心靈卻要求最高程度的明確。士林哲學家堅持透過形式來闡明功能，而且只接受這種模式，即便徒勞也無妨。他們同樣堅持只用語言闡明思想，事倍功半也沒關係。

研究中世紀詩歌的學生很快就會發現其中的相似對比之處。但丁表示，他和其他人的**悅耳新風格**都是藉由內省，追隨熱情思想的軌跡和過程而寫成的。但丁在《神曲煉獄篇》第二十四歌裡寫道：

請將我僅僅看成
愛的代書；當愛呼息
便攝住我的筆，讓我聽命於他而書寫。

但丁的朋友弗瑞謝答道：

兄弟！先前曾把持公證人、桂彤和我的阻礙，
因為缺乏你剛提及的更為甜美的新風格，
終於展露其真面目了：我親眼目睹你的羽筆
伸展，聽從撰寫者的引導。

在藝術和口語層面對所有經驗模式忠實，是這個悅耳新風格的祕訣。不重視如何取得個人觀點，只關切如何遵循思考的過程，是導致士林哲學式沉思具有「普世主義」特質的主因。這樣一種關切，加上思想與存在的內在樣式，讓我們覺得「但丁是眾人，並且承受眾人之苦。」[34]

米蘭諾向英國民眾介紹但丁時寫道：

> 要了解但丁其人，重點在於他面對眼前物體所說的話，是他最初的反應，也是所有的反應，不多不少（對他而言，藝術是真理得到充分覺知所展現的形式）……但丁從不陷溺於遐想之中。他既不修飾也不誇張，他筆下所寫，就是他（用外在或內心之眼）思考和觀看所得……他的感官知覺非常確切，理智非常直截了當，從來不曾懷疑自己是所有知覺的中心。或許這正是但丁擁有廣為人知的良心的祕訣。[35]

但丁和阿奎納一樣，都認爲表面的字面意義就已經是確鑿的整體。米蘭諾補充道（xxxvii頁）：

> 我們所處的時代（用但丁本人的說法）心靈、物質和靈魂已經徹底分裂，以致我們感覺事情就要倒轉過來了……過去幾百年，心、物、靈三者慢慢分裂，而我們也逐漸退化成為彷彿身在藝廊的不同展覽廳，只能分開欣賞馬蒂斯的血肉、畢卡索的心靈和盧奧的靈魂。

但丁擁有的是輪廓有如雕刻的普世經驗，這類經驗跟後來古騰堡模式所處的單一圖像空間格格不入，因爲機械書寫和活字印刷對聯覺和「旋律的刻畫」毫不留情。

書寫知識結構和口語知識結構的衝突，同樣發生在中世紀的社會生活當中

皮瑞納在《中世紀歐洲社會經濟史》裡表示，中世紀有許多社會結構都和我們所關切的抄寫文化模式相類似。觀察印刷術發明之前的各種形式衝突，將有助於了解古騰堡所帶來的衝突與困難：

從現有的證據可以明顯看出，西歐在八世紀末又落回純農耕的狀態。土地是生活物資和財富的唯一來源。社會所有階級，上至帝王下至最卑賤的農奴，都仰賴土地生存。帝王的財富完全來自名下地產的所出所得，農奴則直接間接仰賴土地作物維生，無論作物出自他們耕作所得，或僅限於採集所獲。動產在當時的生活裡毫無地位。（七頁）

皮瑞納在此向我們說明，羅馬帝國瓦解之後，封建城邦結構興起，這樣的新結構如何變成許許多多「沒有地方的中央」。然而，羅馬帝國恰好相反，是中央集權式的官僚體系，中央和地方互動頻繁。封建城邦認爲字面文本無所不包，含納了所有可能的意義。然而，新的城鎮和自治市卻開始朝「一次一個層面」的方向前進，邁向專業分工的知識體系。同理，皮瑞納指出，民族主義直到十五世

紀才正式出現：

要到十五世紀，才出現貿易保護的初期徵兆。在此之前，沒有任何證據顯示當時曾經有人想過，保護國內產業不受外來競爭。在這一點上，當時各國的行為都清楚展現了中世紀文明特有的國際主義特質，直到十三世紀。當時沒有控制商業活動的概念，想找到任何相關的經濟政策，只是徒勞無功。（九一頁）

印刷術催生民族主義的原因，有待稍後分解。不過，讀寫能力和莎草紙卻讓早期帝國成爲可能。這正是因尼斯《帝國與傳播》的主題（七頁）：「強調時間的媒介物都比較耐久，例如羊皮紙、石頭或黏土……強調空間的媒介物則較輕，也不耐久，例如莎草紙和普通紙張。」紙張可以大量生產之後，尤其到了十二世紀，對邊遠地區實行中央集權官僚統治再度盛行。皮瑞納寫道（二一一頁）：

十四、十五世紀最特別的現象，就是大型商業公司快速成長，每家大型公司旗下都有聯盟、對等企業和代理商遍布歐陸各地。十三世紀興盛的義大利公司，在阿爾卑斯山北麓開始出現仿效者。這些公司教人管理資本，從事簿記和各式信貸行為。他們雖然繼續主宰金融交易，商業往來所遭遇的對手卻愈來愈多。

中世紀城鎮的特色在於有兩種人共同生活其中。一是自治鎮民和同業公會會員，城鎮存在主要是爲了他們。他們致力於設定物品的價格及市民行爲的規範標準：

> 在同業公會主宰並深深影響城鎮的經濟生活之際，城鎮保護主義也達到高峰。不同的同業團體彼此職業利益不同，卻聯合起來加強壟斷各自的產業，鎮壓任何個體經營的企圖，瓦解所有競爭的可能。結果就是消費者完全任由製造商宰割。為出口業者工作的工人，最大的目標就是加薪，而生產物品提供本地市場的工人，卻最希望提高貨品價格，起碼維持穩定。工人的眼光局限在城鎮範圍之內，他們深信只要完全杜絕外來競爭，就能確保自己生意興隆。這種排外主義愈來愈狂熱，讓「任何產業都該由某個特權團體獨占」的看法被中世紀的同業團體推到了極端。（二〇六至二〇七頁）

然而，城鎮裡除了這群排外的居民，還有過著「無中央的地方」生活的人。這群二等公民人數愈來愈多，他們普遍從事國際貿易，是後來主宰世界的中產階級的「前衛」祖先：

> 不過，城鎮工業並非處處相同。在許多城鎮裡，尤其是最發達的城鎮，除了倚賴本地市場維生的「工匠—企業家」之外，還有一群人完全不同。這些人是做出口生意的，生產的產品不只供應鎮上有限的主顧，滿足當地的有限需求，更供給零售商人讓他們從事國際貿易。這些出口業者替零售業者工作，從零售業者那裡取得原料，並且透過他們將製造好的產品運送出去。（一

八五頁）

矛盾的是，後來在文藝復興時期推動民族主義的核心人物，就是當年偏離中世紀城鎮和同業生活的這群人。喬叟筆下的巴斯夫人和其他類似的夥伴，都是當時社會的「異鄉人」。這群屬於國際主義的人到了文藝復興時期，全都變成中產階級。

Hôtes這個詞（字面意義是「客人」）從十二世紀初開始，出現的頻率愈來愈高，正好反映出當時鄉村社會的變化。Hôte一詞本身就有「新來的人」和「陌生人」的意思。簡單說，hôte就是殖民者，是尋找新土地開墾的移民。這些人顯然有兩種出身，不是流浪漢，就是大封地的居民。城鎮最早出現的商人和工匠，其實之前都是流浪漢。而大封地的居民在城鎮落腳的同時，也拋棄了原先的農奴身分。（六九頁）

中世紀在應用知識的狂熱中結束——所謂應用知識，就是運用中世紀獲得的新知重建古代

惠卿加在《中世紀的沒落》裡的傑出研究，焦點幾乎全擺在封建貴族身上。工匠出現使得貴族地位大受影響，後起的中產階級和印刷術更讓貴族近乎絕跡。惠卿加面對中世紀世界就和面對中世紀藝術的沃夫林一樣，心中充滿困惑。兩人不約而同想到用原始或孩童的藝術和生活方式來理解中世紀的

世界和藝術。這麼做確實有一定的效果，因爲孩童視覺生活裡的觸覺界線和非讀寫感性的觸覺界線相去不遠。惠卿加寫道（九頁）：

如果讓世界年輕五百歲，當時事物的輪廓似乎比現在鮮明許多。痛苦與喜悅、困阨與幸福之間的對比也似乎更為強烈。對當時的人來說，所有經驗都像童年的苦樂一般，絕對而直接。事件和行為仍然擁有莊嚴、意味深長的型態，具備儀式般的尊嚴。藉由神聖儀式參與神聖，不僅生命中的重大事件如此，如出生、嫁娶和死亡，稍微不重要的事件如旅行、出任務或造訪某地某人也有數不盡的儀式：祝禱、祭典或規矩。

災難和窮困在當時造成的痛苦也比今日更甚：因為災難和窮困從前更難預防，更難求得慰藉。病痛和健康的對比更強，冬季天寒地凍所帶來的威脅也更為真實。貴族和富人的欲望與渴求比現在更加強烈，和周遭的窮困生活相比更加鮮明。我們現在很難了解，毛裘大衣、壁爐中的熊熊烈火、柔軟的床墊和一杯美酒，在過去是多麼令人愉悅的事物。

不過，之前說過，當時生活中的一切事物都攤開在眾人面前，這是榮耀，也是殘酷的事實。痲瘋病患喉頭呼嚕作響，成群結隊在路上漫遊，乞丐聚在教堂內外，毫不掩飾他們的肢體殘障和生活的悲慘。階級、財產、地位和職業不同，穿著打扮便不相同。大地主出門在外，必定驕傲地炫耀勳章制服，好讓旁人害怕、忌妒和羨慕。公眾事件如處決、刑罰、鷹獵、嫁娶和喪禮，總是呼朋引伴，充滿喊叫、嚎哭、歌唱和音樂。

惠卿加認爲，古騰堡技術問世五百年來，社會走向單一、隱私和個人主義，在此之前的世界則可以用多樣性、熱切的團體生活和公眾儀式作爲特色。這正是他在四十頁所提到的：「於是，我們找到一個適當的觀點，可以用來研究中世紀沒落當時的世俗文化：貴族式的生活、到處充斥理想化的形式、受浪漫的騎士精神指引，是個隱藏在圓桌武士種種神奇配備背後的世界。」

中世紀衰微時期的社會在惠卿加筆下壯闊得有如好萊塢的場景，和義大利梅迪西工匠所喚醒的古代世界完美融合在一起。惠卿加可能刻意忽略不談中產階級財富、技能和組織的崛起。沒有中產階級，就沒有勃艮地爵國和梅迪西爵國的輝煌歲月。惠卿加提到這兩個偉大的爵國時表示（四一頁）：

> 庭院顯然是滋養唯美主義，使其得以興盛的所在。勃艮地公爵轄下的庭院，更是無人能出其右，華麗整齊的程度就連法國國王都瞠乎其後。眾所周知，公爵非常重視居家環境的雍容華麗，所有事物當中，就屬耀眼奪目的庭院最能讓其他貴族信服公爵確實在歐洲王室占有一席之地。夏斯特林說：「發動戰爭、取得戰功能夠帶來榮耀，除此之外，最引人注目的首推庭院，因此絕對有必要好好設計、整理。」勃艮地公爵曾經誇口，自己的庭院最整齊、最豐富多樣。大膽的查爾斯對華麗壯盛尤其熱中。

新起的中產階級財富和技能讓騎士夢想轉譯成視覺全景。的確，當時出現了許多初階的「技能」知識和實用的「應用」知識，在其後數百年間促生了複雜的市場機制、價格系統和商業帝國，這些都是口語文化（甚至抄寫文化）所無法想像的。

同樣這股動力（將古老工藝的觸覺技能轉化成文藝復興儀式的視覺華美）在北歐促成美學上的仿中世紀主義，在義大利啓發了古典藝術、文學與建築的再造，而讓勃艮地爵國和貝瑞爵國擁有「富足時光」的感性，則刺激了義大利商業鉅子重建古代羅馬。兩者都是應用考古學的發揮。對新的視覺強度與控制的應用知識啓發了古騰堡，並且激起爲期兩百年之久的仿中世紀主義，其規模和程度之大、之高，就連中世紀本身都無從想像。印刷出現之前，古代和中世紀書籍少之又少；即使有，也幾乎沒人看過。現代彩色印刻發明之後，繪畫也經歷了同樣的復興，這點馬勞在《沒有牆的博物館》裡已經解釋過了。

文藝復興時期的義大利有如好萊塢，匯集了「成群成套」的古代景物。文藝復興時期的視覺仿古癖則提供蹊徑，讓各階級人士都能擁有權力

路易斯在《獅子與狐狸》裡（八六頁）對義大利的仿古癖提出精闢的描述：

國家軍隊的領袖和指揮官通常從獨立軍官做起。在那個私生子和探險者的時代，出身和訓練都無比重要。斯佛薩是農場苦力，匹西尼尼是屠夫，卡馬諾拉則是牧人出身。可以想見「看到這些出身低賤、粗野不文的人在軍營裡，身邊盡是大使、詩人和學識豐富的人，跟他們提起李維和西塞羅，或朗誦自創的詩歌，或是將他們比做西皮歐、漢尼拔、凱撒和亞歷山大」肯定讓人

大感意外。然而，斯佛薩等人仿效的過去，只是出土的那一小部分，就像英國大擴張時期的政治家紛紛仿效古羅馬政治家一樣。他們當中比較聰明的人物如波及亞，心靈仿古與比擬的習慣更達到瘋狂的地步。斯湯達爾以拿破崙做原型，專注描寫瘋狂的小人物索瑞爾，波及亞的〈凱撒或空無〉也屬於這一類的文學作品，而他的格言也讓人想起戰前德國一本暢銷書的書名：《多言的權力或垮台》。

路易斯說的沒錯，仿古癖經常促成虛假或不成熟的靈感與啓發：

共和黨員都說自己是布魯特斯，文學家則人人自稱西塞羅，不一而足。他們都希望讓古代英雄復活，在他們生活中遭遇古代法規所記載的事件。文藝復興的義大利社會將所有古代事物放進生活當中（就像在學校用戲院取代歷史書）。正因為如此，義大利對歐洲的影響才會這麼鮮明。文藝復興時期的義大利就跟現在的洛杉磯一樣，仿造的歷史場景和差堪比擬的仿古建築隨處可見，戲劇化的犯罪現場也都一一重建。

關於學習和政治犯罪之間的關聯，維拉里的說明如下：

「當時在義大利，人人彷彿都是天生的外交官：商人、讀書識字的人和探險隊長全都曉得怎麼和國王或皇帝對話，在君主面前高談闊論，舉止合宜，完全符合禮節規範……派駐使節在當時是歷史和讀寫史上的大事……」

「當時的探險家面對威脅、祈禱或憐憫都無動於衷，卻會屈服在博學之士的詞藻下。梅迪西到了拿坡里，單憑論證的力量便説服德拉宮納停戰，並且和他結盟。艾芳索是維斯康提的階下囚，外界以為他已經死了，其實不然。他不但活得好好的，還被光榮釋放，因為他有能力説服憂鬱殘暴的維斯康提，讓他相信有亞拉岡人在拿坡里比追隨安裘還要管用……普拉托發生革命，帶頭的是納第……波戴斯達被納第逮到，絞索都架到脖子上了，他卻説動納第饒他一命……」（八六至八七頁）

惠卿加在《中世紀的沒落》裡描繪的正是這樣的世界。迷戀中世紀事物、華麗的視覺傾向、崇尚虛矯和奢侈等等，都因爲中產階級帶來的新財富和應用知識而成爲可能。在我們進入文藝復興時期之前，有一點必須曉得：這個新「應用知識時代」是個轉譯的時代，不但轉譯了語言，更將數百年來累積的聽觸覺經驗轉譯成視覺語彙。因此惠卿加和維拉里在應用歷史仿古癖裡看到的新奇鮮明之處，在當時的數學、經濟學和科學裡同樣清楚可見。

中世紀的帝王偶像

中世紀後期，歐洲人愈來愈熱中於視覺知識和功能分化。康托洛維茲在他主要著作裡提供了大量的文獻資料。這本《雙身國王：中世紀政治神學》詳細闡述了中世紀法官和法學家是如何受到這股熱情所驅使，程度不下於當時科學家區分靜力學和動力學的熱切（克隆比在《中世紀與早期現代科學》

裡對科學家的熱情有所描述）。

康托洛維茲在這本傑出著作的後半段總結了書中許多重點，顯示中世紀法學思想熱中區分國王的雙重身分，甚至提出交響詩「死舞」（*danses macabres*）這類讓人印象深刻的奇特概念。這類概念確實形塑出一個近似卡通動畫的世界，甚至主宰了莎翁的比喻與意象，並且（如葛雷在《輓歌》裡所指出的）在十八世紀依然風行。率先在葬禮上出示肖像以彰顯國王的雙重身分的，是十四世紀的英國人。康托洛維茲寫道（四二〇至四二一頁）：

> 無論我們如何按現有的知識，試圖解釋肖像出現的原因，早在一三二七年愛德華二世的葬禮上，便開始在棺木上擺放象徵死者國王身分的事物（通常用木頭或皮革作成，下墊棉料，上覆石膏），如加冕禮服飾或後來的議會服，以凸顯死者的「皇室血統」或「顯赫身世」。肖像是統治權的象徵：肖像（顯然源自亨利七世使用死亡面具的做法）頭戴皇冠，假造的雙手握著十字金球和權杖。從此，只要情況許可，皇室葬禮就會使用肖像：肖像封進鉛製棺木，棺木裡是國王的遺體，會腐朽的可見的自然軀體（不過現在看不見了），之後再將棺木裝進木柩裡。國王以往可見的政治身軀，在此透過肖像以誇張炫耀的象徵手法凸顯出來：用肖像這個「虛擬人格」，來代表另一個「虛擬人格」——人的尊嚴。

關於統治者私人王權和公眾王權的區分，義大利法學界思索探討了數百年之久，法國也是討論熱烈。康托洛維茲引述（四二三頁）十六世紀末期法國律師葛雷格的話（他似乎在評論《李爾王》）：

「君王『外在』彰顯的是神的至高權柄，方便統治眾人，然而君王『內在』依然只是個人。」偉大的英國法學家寇克指出，會死的國王是神造的，不朽的國王是人造的。

> 在十六世紀的君王葬禮上，肖像很快便和遺體本身同樣重要，甚至猶有過之。值得注意的是，早在一四九八年查爾斯八世的葬禮上，肖像展示便和後來的新政治理念相互結合；一五四七年法蘭西斯一世的葬禮上，兩者結合更加完善，充分凸顯了王權永遠不朽，並透過肖像顯示死去的國王威權仍在，直到下葬。受到這些概念影響（加上中世紀活人扮演、義大利「勝利三部聯篇清唱劇和古代典籍研究與應用的推波助瀾），葬禮和肖像結合有了全新的內容，更因此徹底影響了葬禮的氣氛：葬禮開始擁有光榮勝利的成分，這在過去是不曾出現的。（四二三頁）

康托洛維茲在此處和其他段落的敘述，有助於我們理解視覺化的表達方式如何不斷促使人對各項功能做分析分類。他在《雙身國王》裡有一大段論述（四三六至四三七頁）強化了惠卿加的論點，也讓莎士比亞《李爾王》的要旨更加清楚。而《李爾王》和文藝復興時期的古騰堡主旨關係密切：

> 葬禮、遺像和紀念碑很快便出現新的意義，雖然和英國國王的葬禮沒有直接關聯，卻讓「雙重身分」問題出現新的意涵：人類的處境。或許除了「歌德晚期」那數百年之外，西方心靈從來未曾如此清楚意識到肉體的虛渺無常和（肉體所代表的）王權的不朽容光之間的巨大差距。我們可以理解法學上的區隔雖然獨立發展，並且採取完全不同的思想進路，為何最後仍然和普遍

的情緒氣氛匯流為一。我們也可以了解法學界想出的概念為什麼會和當時某些情感聲息相通。在那個「死舞」的時代，所有的王權都和死亡共舞，這些情感必然特別容易浮現。法學界找到了王權不朽的根由，卻因而讓權貴肉身有死的事實更加明顯。陵墓紀念碑將腐朽的屍體和不朽的王權以不可思議的方式放在一起，葬禮上的悲傷隊伍和皇袍加身肖像的凱旋姿態更形成尖銳的對比。然而，要記得，這種種對比其實都出自相同的理由，起於相同的思路和情感，在相同的思想氛圍中發展，也讓法學界的「君王雙身說」發展成形。葬禮上，總是有一個神造的有死肉體和人造的不朽身軀，前者「必然受限於自然和意外的種種缺陷」，後者則「完全沒有幼小或年老的問題，也沒有任何缺陷或弱智的可能。」

簡而言之，當時的人沉溺在會死肉身和虛構不朽的強烈對比當中。文藝復興時期使用各種可能的壯舉好讓個人永垂不朽，這份渴望非但沒有讓肉身與不朽的對比減弱，反而更加強烈：重新征服人生的光榮背後有其相反的一面。然而，與此同時，不朽（神性的註冊商標，卻因為無盡的虛構而變得粗俗）卻逐漸失去其絕對的，甚至想像的價值：除非不朽能持續不斷透過新的道成肉身彰顯自己，否則終將失去其不朽。君王不會死，也不可以死，除非種種虛構的不朽失效了。君王要是死了，世人也能從「君王身為『一國之主』乃『永垂不朽』」的說法中得到慰藉。法學家費了許多工夫建立虛構不朽人格的神話，為生物的脆弱找理由。當他們像外科醫生般畫分不朽王權和肉身君王，談論所謂的雙重身分，他們必須承認自己所虛擬的不朽王權不得不藉助孱弱的人類肉體，否則便無法行動、做事、實踐意志或下決定。這副人類軀體雖然乘載著王權，卻終將歸於塵土。

儘管如此，既然生命唯有對照死亡才能彰顯，死亡也唯有透過生命才能展現。中世紀晚期的活力雖然震撼人心，似乎也不能免於求助更深邃的智慧。中世紀人的做法就是建構一套哲學，指出虛構的不朽必須透過實存的人，藉由短暫的道成肉身才能彰顯，而會死的人也必須經由虛構的不朽（因為人造物永遠不朽）才能彰顯。然而，這樣的不朽並非他世的永恆，也不是神格的不朽，而是世俗政治權力的永存。

古羅馬法學家另外構思了一套理論，說明統治者公眾人格的「客體化」。根據這套理論，羅馬帝王有時稱爲「獨體法人」。不過，古希臘人和古羅馬人其實都無法妥當解釋君王的「雙重身分」。康托洛維茲表示（五〇五至五〇六頁），直到聖保羅採取激進的觀點，將教會視爲「基督的身體」（*corpus Christi*）之後，「上古的『法人』概念才算擁有新的哲學神學意涵。君士坦丁大帝稱教會爲『聖體』，並沒有類似的含意，因此聖保羅的說法讓法律辭彙從此多了一個帶有神學和哲學意涵的概念。」

上述的發展和中世紀其他演變一樣，都有愈來愈視覺化的傾向。君王雙身說自然也不例外。一五四二年，亨利八世在議會演說時表示：「法官當知會眾人，王國之中，朕乃議會之最高位。朕爲首，汝等爲身體各部，接合爲一政體。」

「神祕部落群體」這個組織學概念，本身就帶有視覺成分。文藝復興時期強調視覺，「讓亨利八世得以將王國裡的英國國教，也就是眞正的神祕體（*corpus mysticum*）和英格蘭政體（*corpus politicum*）結合起來。而他身爲國王，就是政體之首。」換句話說，亨利八世將非視覺事物視覺化，正好符合當時的科學潮流（亦即用視覺形式來表達非視覺的權力）。將觸覺事物轉譯成視覺語詞，是印刷術的主要影響。

克隆比的《中世紀和早期現代科學》第二卷（一〇三至一〇四頁）有一段非常有趣，他表示：

當代不少學者都同意，十五世紀人文主義最早從義大利興起，隨後北傳，讓科學發展因而中斷。所謂的「文采復興」讓當時歐洲人的興趣從物質轉向詞藻風格，同時開始熱中古代文物。這些人文主義者勢力龐大，讓世人忽略了三百年來的科學進展。基於相同的荒謬自負，人文主義者濫用之前幾代人的成就，甚至加以曲解，不但使用自創（連西塞羅都不知道）的拉丁文造句法，更大力宣揚自己的史觀，因而或多或少左右了後來的歷史見解，直到晚近。如此自負讓人文主義者公然借用士林哲學的概念，但卻渾然不覺。十六、七世紀的偉大科學家，無論信仰天主教或新教，幾乎都受到上述的偏見影響。必須等到杜漢、松代克和梅勒一類的學者，費盡心力才能證明人文學者的史觀不能全盤接收。

克隆比承認，有些古代科學確實「藉由」印刷而廣為人知。但他是不是忽略了中世紀後期科學的視覺化傾向？因為在電磁波發現之前，將力與能轉譯成視覺圖表和實驗是現代科學的核心。如今，視覺化的傾向正在消退，正好可以讓我們察覺文藝復興時期所採取的種種特殊策略。

印刷術的發明證明並拓展了應用知識的視覺化傾向。印刷創造出最早的可重複齊一化「商品」、最早的生產線和最早的大量生產模式

印刷術的發明，是運用傳統技藝知識解決特定視覺問題的一個例子。艾許在《機械發明史》第十章裡，整章都在探討〈印刷術的發明〉。他認爲（二三八頁），印刷術比其他任何發明都還要「清楚區隔了中世紀和現代科技……達文西的所有創作中都能清楚看到這種朝想像領域偏移的轉向。」自此之後，「想像力」愈來愈常指稱視覺化的能力。

抄寫技藝機械化可能是最早的手工藝機械化實例。換句話說，人類首次將動作轉換成一系列靜止的影像或框架。印刷其實和攝影非常相似，讀者閱讀鉛字就像電影投影機，用目光掃視眼前的印刷字，以能夠理解作者心思的速度瀏覽。因此，印刷書讀者跟作者的關係和抄寫書讀者跟作者的關係，兩者截然不同。印刷讓朗誦愈來愈沒意義，同時加快讀者閱讀的速度，直到讀者感覺自己在作者「股掌之間」。本書稍後指出，印刷是最早出現的大量生產模式，因此也是最早的可重複齊一化「商品」。中活字印刷的生產線讓產品以類似科學實驗的可重複齊一模式生產、製造。抄寫書沒有這樣的特質。中國人在八世紀開始使用字模印刷，他們對印刷的可重複特質印象深刻，便將印刷當成轉經輪的替代品。

關於鉛字和印刷對人類知覺習慣的美學衝擊，小艾文思分析精闢入裡，簡直無人能及。他在《印刷與視覺通訊》裡（五五至五六頁）寫道：

> 每個書寫字或印刷字都是一系列的規約指示，要求肌肉按特定的線性順序動作，只要順利執行，就會發出一連串的聲音。發出的聲音有如文字的形式，都是根據任意規則或方向制定的，再依規約指向不同類別的、概略界定的肌肉動作。不過，動作和聲音的對應從來不曾明確界定過，因此任何一組印刷字其實都有無限多的讀法。個體差異姑且不論，東倫敦、下東區、北岸和喬治亞土話都是典型的腔調。結果就是別人説話的時候，我們聽見的每個音都僅只代表某組聲音裡的某個音，無論兩者有沒有差異，都被視為完全相同。

小艾文思在此不但指出線性序列的習慣是多麼根深柢固，更重要的是，他告訴我們印刷文化用視覺調和經驗，將聽覺和其他感官的複雜互動貶抑成背景。印刷術讓人將所有經驗都化約成視覺，化約成單一感官，進而認爲「對事物進行推理時，資料愈是來自單一感官，推理就愈可能正確。」（五四頁）印刷術促使人將經驗化約或扭曲成單一感官的資料，這樣的衝擊不但發生在人類感官上，更影響了藝術與科學。因此，習慣閱讀印刷書的讀者很自然會採取固定立場或「觀點」，成爲十五世紀前衛透視主義的延伸和普及：

> 透視法很快便成為製作資訊圖表時的基本技巧，而且不久之後，就連不是傳遞資訊的圖畫，也都必須使用透視法。之所以如此，主要是西歐人迷戀「逼真」，而「逼真」很可能是畫分當時及後來歐洲製圖的關鍵特色。另外，庫薩的尼可拉斯於一四四〇年發表的宣言，也造成一定的影

響。他在宣言中討論兩個極端之間的過渡與中介，並率先完整表達「知識相對論」和「連續論」。概念和定義的問題，從古希臘時期開始便困擾著許多思想家，尼可拉斯的說法對當時主流見解提出了根本的挑戰。

透視法出現之前，完全可重複的圖像聲明、在圖像聲明中表達空間關係的邏輯法則、相對性和連續性的概念，這幾樣事物在表面上都毫無關聯，因此幾乎沒有人認真考慮其間的關係。然而，正是這些元素之間的關聯徹底改寫了物理學所仰賴的敘述科學和數學。尤有甚者，這些元素是現代科學的關鍵，對藝術的影響也明顯可見。這些元素是嶄新的事物，在古代思想和實務裡找不到任何先例。（二三至二四頁）

印刷讓固定觀點成爲可能，讓影像不再是可塑的整體

小艾文思點出許多因素之間的互動，這樣做是正確的。然而，印刷術和印刷術對社會的影響，卻讓我們避開不看內在生活與外在生活中的互動和「形式」因。印刷術的存在有賴於功能的靜態分類，而印刷也會迫使心靈逐漸變成只能接受元件組成式的類別化圖像。凱普斯在《視覺語言》裡（二〇〇頁）解釋道：

選擇固定觀點，以文學模仿自然，扼殺了影像是「可塑整體」的特性……非表象藝術清楚顯示

> 了可塑影像的結構法則，讓影像重回舊有的角色，以感官特質和不同感官的可塑組合為基礎，形成動態經驗。然而，這麼做卻捨棄了視覺關係的意義符號。

換言之，組合成分之間的明顯視覺關聯，無論口語或非口語，都讓十五世紀末葉絕大多數的心靈深深著迷，甚至壓迫著他們。凱普斯認爲這樣的視覺關聯是「文學的」，這樣的關聯一出現，立刻讓感官特質之間的互動分崩瓦解。他補充道（二〇〇頁）：

> 影像被「純化」了。然而，這樣的純化卻忽略了一項事實，就是影像扭曲分解之後，不再是可塑的。這跟表意符號無關，而是受到新的靜態表意概念的影響。這個新概念是靜態、有限的，跟視覺經驗的動態可塑性其實完全相反。新概念催生了固定觀點的空間表象、線性透視和明暗立體感，也是意義結構的基礎。

這種個人的「固定觀點」具有無意識或潛意識的特質，主要來自將經驗裡的視覺成分抽離出來。

36 古騰堡時代帶來的勝利與毀滅都建基在這個「固定觀點」之上。一般人對藝術和經驗裡的平面二維拼貼模式普遍有所誤解，因此凱普斯在《視覺語言》中的說法便非常有幫助。馮貝克西研究聽覺，發現二維其實和惰性是相反的。因爲動態同步是二維的效果，惰性同質則是三維的效果。凱普斯對此做了說明（九六頁）：

中世紀早期的畫家時常在同一張畫裡重複繪製主要人物數次，以便表現所有可能影響主角的關係。當時的畫家發現，唯有同時繪出主角的不同動作才能做到這一點。這種意義上的連結才是表象的主要任務，而非幾何光學的機械法則。

因此，古騰堡時代有一個重大的矛盾，亦即：當時的實踐能動主義其實有強烈的電影性格，和靜態電影非常類似，都由一系列關係同質的靜態畫面或「固定觀點」組成。人類與物質的同質化後來成爲古騰堡時代的重大工程，也成爲財富和權力的來源。這在其他時代都未曾出現，也沒有其他技術擁有相同的效果。

「暗室」以其「自然魔法」將外在世界的奇景轉變成消費者商品，也預言了好萊塢的出現

文藝復興時期有一項娛樂非常新鮮，而且和經驗的視覺化直接相關，就是以運用「暗室」爲樂。巴諾在《大衆傳播》裡（一三至一四頁）對這項娛樂有精采扼要的說明：

> 古騰堡做出第一本活字印刷聖經，在德國掀起一陣驚奇。與此同時，義大利也有一項新發明大受歡迎。它有點像遊戲，一開始和觀念或資訊傳播沒什麼明顯關聯。

達文西在未出版的筆記裡就已經描繪了這項發明。晴天坐在暗室內，暗室沒有門窗，只有一側有個小孔，這時對面牆上就會出現暗室外面的景物，如：樹木、行人或馬車等等。

德拉波塔一五五八年出版《自然魔法》，書中詳細描述了暗室的原理。幾年後，有人發現用透鏡取代牆上的小孔，形成的影像會更加清楚。

一群人在暗室裡看著牆上的影像——一道光芒畫破黑暗——感覺就和在家看電影非常類似。兩者只有一項差別：暗室裡的影像是上下顛倒的。

現在，透鏡放在箱子側面，而非房間牆上。影像透過反射鏡投射在玻璃螢幕上，而且不會上下顛倒。

我們還是能把箱子當成小房間，稱為「暗室」或 *camera obscura*。這個暗箱可以對著風景、街道或花園宴會。一群人看著箱子裡不斷移動的影像感到驚奇不已的模樣，其實就很像一群人在看電視。

於是，當時的魔術師開始利用暗箱製造神祕效果來娛樂觀眾。後來，暗箱更成為歐洲富豪的熱門玩物。

到了十七世紀，許多國家的畫家都開始利用暗箱處理透視問題。有些藝術家更認為，用暗箱掌握二維影像比直接觀察三維實體還有用。

接下來的目標就很明顯了。影像可以保存，讓藝術家省去更多工夫嗎？這個問題似乎懸宕了兩百年之久，有待化學的發展和大眾的需要，讓答案成為可能。

聖摩爾提過一套方案，作爲跨越波濤洶湧的士林哲學的橋梁

處在抄寫文化和印刷世界之間，自然會對兩種文化的特質大作對比和比較。觀察抄寫時代其實會讓我們對古騰堡時代有許多洞察。聖摩爾的名著《烏托邦》裡有一個爲人熟知的段落（三九至四〇頁），可以作爲研究的起點：

他說：「這也是我一貫的主張，國是會議的場合容不下哲學。」我說：「的確，這種場合容不下士林哲學，夸夸其談卻不知因時地制宜。但有另一種哲學比較靈活變通，知道自己合適的場合，懂得順應時勢，並教人恰如其分地扮演自己份內的角色。」（參考宋美瑾譯本）

聖摩爾這本書於一五一六年寫成，他很清楚中世紀士林哲學式的對話，無論單向講演或雙向對話，都不適合處理中央集權大國所面臨的新問題。因爲士林哲學採取同步拼貼法則，要求同時清楚處理意義的諸層次和面向，不再適合新的線性世界。因此，必須用新的問題處理方法來取代舊式的對話。新方法強調每次處理一個問題，「凡事都要按照適當的順序和規矩。」這一點之前很少有人觸及，不過，翁格神父的近作《雷穆斯：對話法及其沒落》不僅專門處理這個議題，並且做了出色的說明。翁格研究後期士林哲學到視覺「方法」的演變過程，有助於我們理解古騰堡技術對事物組態的下一階段的影響。聖摩爾在《烏托邦》第二冊（八二頁）的說法顯示，他非常清楚當時後期士林哲學同質化的傾向。聖摩爾開心地註明，烏托邦人是守舊的：「他們在各方面幾乎都和過去的教士沒什麼兩

樣，發明了細緻法則的新邏輯學家則遠遠超越了教士。烏托邦人沒有發明任何小邏輯裡的聰明法則，如限制法則、擴張法則和假設法則等等。然而，現在歐洲各地的孩童都必須學習這些法則。」

費夫賀和馬爾坦合著的《印刷書的誕生》以及布勒的《十五世紀的書籍》都對抄寫文化過渡到印刷文化的過程做了詳盡研究。這兩本書再加上翁格的《雷穆斯》，有了這三本傑出作品，就能對催生古騰堡星系的事件有全新的認識。可以想見，印刷書籍有很長一段時間被當成是抄寫書的印刷版，比手抄本更方便攜帶和取得。到了二十世紀，類似的後知後覺可以從以下辭彙看得出來：無馬馬車、無線和動畫。相較之下，「電報」和「電話」這類機械形式的影響力似乎比印刷和電影還要直接。然而，要解釋古騰堡的發明對十六世紀的人有什麼影響，就和現代人解釋電視和電影影像爲何千變萬化一樣困難。我們現在多半認爲，電視的拼貼影像和相片的圖像空間有很多共通之處。其實不然，兩者完全不同。印刷書和抄寫書也是如此。然而，印刷書的製造者和讀者卻都直接將印刷書看成抄寫書的延續。同理，十九世紀的報紙也因爲電報出現而經歷徹底改變。機械印刷的書本紙張遇到新的有機形式，不單改變了版面編排，也改寫了政治和社會。

如今，隨著自動化時代來臨，電磁形式對生產組織做出了最後的拓展。現代人正試著因應新的有機生產方式，一如當年面對大量生產過程的出現。十六世紀當時，沒有人知道如何行銷和配送大量製造的印刷書，因此繼續沿用過去抄寫書的銷售管道。抄寫書籍就和其他手工藝品一樣，按現在處理所謂「老作品」的方式買賣。換句話說，抄寫書的市場主要是二手交易。

抄寫文化沒有作者，也沒有大衆。作者和大衆都是印刷術創造出來的

有關抄寫書籍的製造，哈吉納已經談了不少。不過，作者對書籍和讀者的認定與態度卻還沒有討論。而眞正轉變甚巨的，其實就是作者的認定與態度。因此，我們有必要加以闡述，即使簡要也無妨。在這方面，勾史密斯的《中世紀文本及其初版印刷》是不可或缺的佳作。他研究抄寫時代作者身分的慣例和程序，得到以下結論（一一六頁）：

我希望證明的是，中世紀出於種種理由和原因，並沒有我們現在所謂「作者身分」的概念。現代人賦予這個詞很大的聲望、景仰和榮耀，因此面對成功出版著作的作者，會覺得他比一般人更上層樓，更接近偉人。這樣的看法肯定是晚近的副產品。中世紀學者對自己所讀著作作者的確實身分漠不關心，這一點殆無疑問。同時，當時的作者對「引述」其他著作和指明出處不很重視，對於署名的看法也和現在不同。即使千眞萬確是他們自己的簽名，也不例外。

印刷術的發明去除了許多讓匿名繼續存在的技術因素。同時，文藝復興運動也創造出文學聲名和智慧財產之類的新概念。

印刷術是促成個人主義和自我表達的工具，也爲個人主義和自我表達提供時機，這點在今天看來不是那麼明顯。印刷術催生了所有權、隱私權，以及各式各樣的「封閉」型態，這一點可能還比較淸楚。不過，最明顯的一點是，印刷出版是獲致聲名和永久記憶的直接工具。因爲直到電影出現，世界

上還沒有任何東西能在傳播私人訊息方面挑戰印刷書籍的地位。抄寫文化從未曾塑造出偉大的概念，印刷術卻做到了。文藝復興時期的自大狂，從艾瑞提諾到譚伯連，絕大多數都是印刷術的子嗣。因爲印刷術提供作者擴展個人時空維度的物質條件。但誠如勾史密斯所言（八八頁），對抄寫文化的研究者而言，「有一點很清楚：一五〇〇年前後，當時的人對於知道自己所讀所引的書籍作者到底是誰，並不像我們現在那麼重視。我們發現，當時甚少有人談論類似的議題。」

怪的是，反倒是現在這種消費者導向的文化，特別重視作者和各種證明眞僞的標記。抄寫文化是產品導向的，幾乎可以說是「自己動手做」的文化，因此自然看重其間的關聯和是否可用，而非追究其來源。

應用印刷術複製文學文本，使得世人對書本的態度和欣賞不同文學活動的方式產生了巨大的改變。我們必須發揮相當的歷史想像力，才能清楚了解中世紀書籍製作、取得和流傳的現實條件和現今截然不同。在此要請各位保持耐心，留意我接下來的思索。雖然我的想法各位聽來可能非常明顯，不證自明，不過討論中世紀文學的問題時，我所提及的現實條件常常受到忽略，這也是不爭的事實。除此之外，出於心靈的惰性，我們往往用自己的價值觀和行為準則看待中世紀的書籍作者，卻沒想到我們的價值觀和行為準則的存在條件和當時完全不同。（八九頁）

當時的人不曉得後來印刷時代「個人作者」的意義，也沒有現在所謂的「讀者大眾」的概念。「讀者大眾」常常跟「識字人口」搞混。但就算所有人都能讀能寫，在抄寫文化的時代環境裡，作者還是沒有所謂的讀者大眾。當前的尖端科學家也沒有大眾，他只有朋友和同事可以談論工作。必須記住：抄寫書讀起來很慢，搬動不便而且流通不易。勾史密斯（九〇頁）要我們試著想像：

中世紀作者做研究或創作的時候，是什麼情況？他擬定寫書計畫之後，首先就是蒐集資料和筆記。他會在書裡尋找相關的主題，從自己修院的圖書館找起。找到可以用的材料，他會在羊皮紙上抄錄相關的章節，甚至全文謄錄。他會將羊皮紙收在房間裡，以備未來之需。要是閱讀的時候，發現書裡提到某本著作，修院圖書館沒有，他就會急著想要知道哪裡可以找到。然而，找書在當時並不容易。因此，他會寫信給其他以藏書豐富聞名的修院，問那裡的朋友有沒有這本書的抄本。等待回音常常需要很長的時間。就現存的資料來看，中世紀學者之間的書信往來，大部分都是詢問某本著作在哪裡找得到或寫給據稱擁有某本著作的地方，要求出借抄本以便謄錄……

因此，印刷術出現之前，作者其實大部分是拼貼出來的：

現在，作者過世之後，我們在他書架上看到的個人著作都是作者自認完成的作品，而他希望作品在他死後繼續以這樣的形式流傳下去。至於躺在抽屜裡的手寫「原稿」，命運就大不相同了。作者顯然不認為手稿是完成的作品，但在印刷術發明之前，作品和手稿之間的區別就沒有這麼明顯。從旁觀之，要判斷某個已逝作者的手稿是他個人的創作或是謄錄別人的作品也沒那麼容

易。中世紀的文本有許多不是匿名，就是作者很難斷定，這是主要原因。（九二頁）

中世紀的書籍通常是合力抄寫的成果。不過，負責編排及創作書本的，主要還是圖書館館員和使用書籍的人。這是因爲小書往往寥寥幾頁，唯有和其他文章拼湊成冊，才能流傳。「這類合集通常包含許多獨立著作，而圖書館裡絕大部分書籍可能都是合集，不是作者自己編排的，甚至也不是抄寫員的功勞，而是圖書館員或裝訂員（這兩者在當時往往是同一個人）所爲。」（九四頁）

勾史密斯接著指出（九六至九七頁），印刷發明之前，書籍在製作和使用上有許多因素使得作者變成次要的概念：

無論採取哪種方法，一本包含十位作者二十篇文章的書最後都只能列一個名字，圖書館員要怎麼處理其他九位作者的名字其實無關緊要。比方說，書裡第一篇短文的作者是聖奧古斯丁，整本書可能就掛他的名字。想找這本書，就得用聖奧古斯丁的名字，就算想參考的其實是書裡的第五章，作者可能是聖卡羅，也是如此。寫信給其他修院的朋友，要他幫忙謄錄你上回造訪時記下的著作，必須這麼寫：「煩請謄錄您《奧古斯丁》書裡第五十到七十頁的文章。」這不必然表示，寫信的人不知道這篇文章作者不是奧古斯丁。因為無論他知不知道，他在信裡都得說那本「出自奧古斯丁」的書。然而，在另一座圖書館，同一篇文章（姑且叫它〈論十二書〉吧）可能是另一本書的第三篇，而書的作者是聖塞普利恩。同一篇文章出自不同人名下，是造成當時所謂「作者」問題的眾多因素之一。

還有一種情況也會造成極大的困擾，卻常常為人所忽略。對中世紀學者而言，誰寫了這本書？這個問題的意思不一定是：誰創作了這本書？對他們來說，這個問題可能在問抄寫者是誰，而非作者的身分。果真如此，要回答就容易得多了，因為修院裡謄錄不少好書的修士，他們獨特的筆跡通常其後數代的人都能認得。

中世紀書籍市場和現今的「古物市場」一樣，都是二手交易

十二世紀大學興起，學生和教師因爲上課所需，開始投入書籍製作。學生結束學業之後，他們製作的新書便隨原書流回修院圖書館：「有些標準教材，大學會保留原著，讓抄寫員謄錄副本。這些教材在印刷術發明之後，自然很快有人拿去付印，因爲十五世紀的人對這些教材還是需求孔急。這些標準大學教材都沒有出處或命名的問題……」勾史密斯接著補充：「早在十四世紀初，價格昂貴的羊皮紙就已經乏人問津，造價便宜的紙張讓囤積書籍變成一種工業，而非財富。」然而，由於學生上課都是一筆在手，加上「教師解釋書本時有責任向學生口述內容」，因此最後總是會出現大量的「筆記」（*reportata*），讓編輯者大傷腦筋。[37]

勾史密斯所舉的例子，充分說明了古騰堡革命在促成可重複齊一化文本上扮演了多重要的角色：

中世紀許多書寫者的身分什麼時候從「抄寫員」變成「作者」的？關於這一點，我們顯然不清

楚。在知識傳遞過程中，一本新書裡收集的資訊要多「頭尾一貫」，才能讓一個人有資格稱為「作者」？我們倘若認為，中世紀學生覺得自己所讀的書本內容是在表達某個人的人格或意見，肯定犯了時代錯置的錯誤。當時的學生認為自己讀到的是浩瀚知識的一部分，是「全知作者的知識」（*scientia de omni scribili*）。這些知識過去曾歸聖人所有。讀到一本可敬的好書，中世紀學生不會認為這是某人的說法，而會將之視為代代相傳的久遠知識的一小部分。（一一三頁）

勾史密斯表示，不僅手抄本的使用者甚少對作者生平、「身分和人格表示關心，就連手抄本的謄寫者也極少想像後世讀者會對他本人感興趣。」（一一四頁）同理，我們現在對誰是乘法表發明者和自然科學家的個人生活也都興趣缺缺。學校要求學生「模仿」古代書寫者的風格時，情況也是大同小異。

作者和作者、作者和讀者之間的關係在古騰堡時代之前與之後，有很大的改變。為了說明這點，我們討論了許多抄寫文化的特質，現在似乎談得差不多了。十九世紀末，所謂「高級評論家」開始對讀經大眾解釋抄寫文化的性質。許多飽學之士都覺得聖經已經完成了，然而這些人對聖經的認識，多半受到印刷術的扭曲。古騰堡之前，聖經根本不像現在這麼齊一同質。印刷術讓人類感性的所有面向開始同質化。十六世紀，同質化開始侵入藝術、科學、工業和政治。

不過，這不表示印刷文化的效應是「不好」的。其實應該這麼想：同質性其實和電子文化非常不契合。我們正處於新時代的開端。十八世紀的人愈來愈難理解抄寫文化，新時代也讓我們現代人愈來愈難理解印刷文化的意義。「我們是新時代的原始人，」一九一一年雕刻家波奇歐尼如是說。我其實無意貶低古騰堡機械文化，只是覺得我們現在必須非常努力，才能保住當時所創造的價值。誠如德日進堅決主張的，電子時代是有機而非機械的，對印刷（這種一開始被稱爲「機械書寫的技術」〔*ars artificialiter scribendi*〕）所成就的價值不以爲意。

印刷術發明兩百年後，才有人找到維持散文語氣和態度統一的方法

許多事物一旦隱藏在古騰堡文化所造成的齊一圖像空間裡，就算之前不曾出現，也會被一般化。印刷術發明之前的「作者」和「讀者」就是一例。而「學術」的目的就是排除這類不相干的假設。因此，莎翁作品的十九世紀版本已經成爲不相關假設的一種遺跡或紀念。當時沒有多少編輯知道一六二三年以前的標點符號是給耳朵聽，而不是給眼睛看的。

我們稍後會提到，艾迪遜之前的創作者對於作品沒有必要維持相同的態度，面對讀者說話的語氣也無須前後一致。簡而言之，印刷發明之後數百年間，散文的口語性還是強過視覺性。語氣和態度常常前後不一，缺乏同質性，作者更自認爲可以話講一半就隨意改變語氣或態度。散文如此，詩歌也是如此。[38]晚近，學者發現喬叟在敘事時稱呼自己的代名詞，也就是他的「詩意自我」並沒有前後一致的位格，都感到相當困惑。中世紀敘事裡的「我」不代表特定的觀點，只是用來表現即時的效果。同理，中世紀書寫者運用文法時態和句法，心裡想的並非排列時間空間的順序，而是爲了強調。[39]

唐諾森在〈朝聖者喬叟〉[40]裡寫道：喬叟是朝聖者、詩人，是個人物，「這三個角色並不必然排

除三者非常相似的可能性（或者說確定性）。的確，這三個身分時常在同一個人身上出現。然而，這不表示我們可以將三者完全分開，因爲三者非常近似，區分起來會很困難。」

印刷剛問世的時候，根本沒有人稱得上是作者或博學之士的典範。艾瑞提諾、伊拉斯謨斯及摩爾等人都和納許、莎翁及後來的史威夫特一樣，或多或少必須採用預言者的角色作爲掩護，也就是中世紀的小丑。尋找伊拉斯謨斯或馬基維里的「觀點」反而會爲他們罩上「神祕感」。想知道前讀寫人如何讓讀寫人大惑不解，亞諾德寫給莎翁的十四行詩是很好的例子。

印刷術發明後又過了好一段時間，作者和讀者才發現了所謂的「觀點」。之前提過，米爾頓率先將視覺觀點引入詩歌，而他的作品直到十八世紀才爲人所接受。因爲視覺觀點建構出來的世界是齊一、同質的空間。這樣的空間跟口語的互動多元相比，兩者性質並不相同。因此，語言是最後擁抱古騰堡技術的藝術，也是率先在電子時代對古騰堡技術提出反彈的藝術。

中世紀後期，視覺化傾向遮蔽了宗教儀式的虔敬，直到今日因爲電子場域出現才重見天日

近來學者開始重視一個重要領域，就是基督宗教的聖禮史。一九六〇年，莫頓在《崇敬》十月號發表了〈聖禮與精神人格論〉。他說（四九四頁）：

聖禮按最原始古典的意義而言，其實是「政治」活動。*Leitourgeia*就是「公眾事功」，意思就是自由公民為「政體」所作的貢獻。因此，聖禮和個人經濟活動或更物質化的關懷（如謀生或管理「居家」生產活動）完全不同……只有不配有位格（person）的人才有所謂的個人生活，比如婦女、孩童和奴隸。他們在公眾場合沒有任何地位，因為他們沒有能力參與城邦生活。

波耶的《聖禮虔敬》指出，中世紀晚期，聖禮衰敗，已經開始將集體禱告崇拜轉譯成與古騰堡技術密不可分的視覺元素。波耶在第十六頁寫道：

賀威根對聖禮的看法，讓他絕大多數的早期讀者感到訝異。然而，我們現在必須承認當代研究的走向似乎符合他的結論。賀威根應該沒想到，自己的論述對現今學者竟然這麼有說服力。羅馬彌撒史的當代權威之作是雍曼的《莊嚴彌撒》，這本書提出大量證據，顯示中世紀的羅馬彌撒史其實就是神職人員和虔信者愈來愈誤解彌撒的歷史。另外，該書也談到彌撒如何因為中世紀聖禮持守者本身的錯誤而終至瓦解。雍曼指出彌撒衰微過程中有一點很明顯，就是上述錯誤觀念在中世紀展示彌撒（*Expositiones Missae*）裡的表現方式：過分強調聖體臨在，並且在臨在概念裡放入太多情感成分，為後來浪漫主義和巴洛克時期的崇拜儀式帶來許多災難。

我們目前處在新的電子科技時代，或許不少人覺得很難解釋聖禮爲什麼會大爲復興。要了解箇中原因，必須先領悟到電子「場域」的口語化本質。目前，長老教會內部有所謂的「高等教堂」運動，其他教派也有類似的活動，顯示視覺化的純個人崇拜已經不能滿足人心。然而，本書的重點在了解印刷術問世之前爲何已經出現強勁的動力，推動非視覺事物走向視覺組織化。當時，天主教世界出現一種分化、感官化的進路，而且不斷成長。波耶表示，這套進路「理所當然認爲，彌撒就是藉由模仿來複製苦難主日的過程，彌撒裡每一個動作都代表苦難主日的某個事件。比方說，教士從聖壇的使徒側走到福音側，就代表耶穌從彼拉多到希律……」

顯然，聖禮儀式也出現藉視覺切割來進行影像重建的傾向，一如惠卿加在《中世紀的沒落》裡所述說的故事，以及義大利王族和他們好萊塢式的豪華古代排場。切割就是傷感化：將視覺獨立抽離出來，很快便導致情感的分裂，也就是傷感化。在我們這個時代，「複雜化」是負面的傷感化，亦即公認合宜的情感被直接催眠了。然而，情感適度互動和感官的聯覺與互動並非毫不相干，因此惠卿加開頭便將中世紀晚期形容成情感暴烈和衰敗的時期，也是視覺化傾向強烈的時期，這麼說是有道理的。情感分離的結果是傷感化，感官分離的結果就是官能化。雖然波耶不曾表示印刷術影響了文藝復興時期的感性，但是對古騰堡革命的研究者來說，他整本著作正好是絕佳的註腳。的確，他曾經指出（六頁）中世紀「對超人的渴望勝過對超自然的渴望。米開朗基羅的畫作便是見證。當時以數大爲樂，更甚於以偉大爲樂。聖拉特蘭的雕像、雕像誇張的姿勢和聖彼得堡的亞歷山大七世陵墓，都是明證。」

印刷是個人位格（person）的擴張術，而且隨手可得，因此讓最初擁有印刷的世代取得空前的權力，也造成空前的暴烈。就視覺而言，印刷的「解析度」遠高於手稿。換句話說，印刷從一問世就是「熱」媒介。印刷術出現前幾千年，世界只能仰賴抄寫手稿這種「冷」媒介。因此，我們這個「狂飆的二十世紀」是最先感受到熱電影媒介和熱無線媒介的世紀，也是第一個偉大的消費者世紀。印刷讓歐洲經歷第一個消費時代，因爲印刷本身不只是消費媒介，也教導人類如何在系統化、直線化的基礎上組織所有活動。印刷告訴人類如何創造市場和國家部隊，印刷這個熱媒介讓人第一次「看到」自己的方言，開始用方言作爲連結，想像國家的統一和權力：「我們說著和莎士比亞相同的語言，我們不是自由，就是已經死亡。」由統一英語或法語所形塑的民族主義和個人主義密不可分。這點稍後再談。不過，視覺上同質的大眾是由具有新主體意識的個人所組成的。波耶指出（一七頁）中世紀的虔敬由客觀轉爲主觀：「跟這個轉向同時發生的，是過去強調所有教會和神結合，如今轉爲強調個人的靈魂和神結合。」

天主教聖禮學者如波耶，雖然對個人詮釋聖經這類區隔化的做法不甚關心，但卻發現「教士舉行儀式都會堅持個人風格，即使這麼做對會眾沒有必要」，因而看到同樣的傾向。教士這麼做「蒙蔽甚至粉碎了教會的統一，而教會統一是聖餐禮的終極目的，而非次要細節。」天主教學者一旦超越過去的概念，不再將中世紀視爲『最卓越』的基督教時代，也不再將中世紀的文明與文化視爲天主教理想現實化的傑出範例，就會立刻看出中世紀其實爲後來新教摒棄聖禮鋪了路，並且讓自己在特倫托宗教會議之後獲得不光彩的名聲，同時飽受忽略。」（一五頁）

波耶接著檢視中世紀的虔敬爲了偉大的視覺效果，如何讓聖禮和民眾漸行漸遠。他對新教改革者寄與極大的同情（二四九頁），因爲他們爲了排他的區隔化而錯失了內在包容改革的眞正機會：

> 這麼說之所以正確，不只因為新教改革者反對大幅修改傳統虔敬儀禮（雖然新事物的出現已經讓傳統儀禮逐漸改變），更因為新教如果不斷反對下去，無論現實或給外界的印象都是如此的

話，反而可能成為真正的改革了。然而，新教其實更像中世紀虔敬儀禮的產物，是虔敬種子結成的果實：宗教給人的感覺更具自然傾向，也更體系化，忽略其中神祕的部分，而用感傷的宗教「經驗」來取代清醒的、完全根植於信仰的、隸屬於偉大基督教傳統的神祕主義。

本書只想說明古騰堡技術所形塑的事件與行動組態，也就是古騰堡星系，至於印刷術和印刷發明的視覺文本（完全相同的複本）取代口語，因而造成的「新教興起」不打算多著墨。不過，有一點值得一提，就是天主教會的聖禮繼續承載了視覺技術的效應和感官統一斷裂的深刻印記。「伊莉莎白世界圖像」的視覺層級化程度，比起中世紀其他事物都要高出許多，或許因爲層級本身就是非常視覺化的東西。波耶指出（一五五頁）視覺「層級」的不當之處：「層級是部會（公職）的層級。按照基督訓示，高階教士應該仿效基督，在同修間是神最完美的僕人。」天主教過去傾向切割聖禮，將功能視覺化，如今的聖禮復興卻追尋包容的統一，而非排他的統一（一五三頁）：

換句話說，如果真的想恢復虔敬儀禮的聖禮復興，先決條件是個人對全本聖經的理解及深思，兩者都必須沿著聖禮所畫下的道路才能達成。聖禮復興意味著徹底接受聖經是神的話語，也是正統基督教的架構與永恆根源。中世紀僧侶儘管有其缺陷，但對聖禮的熱情卻維持了很長一段時間，原因是他們堅持聖禮是聖經教導的接受基督教的方式，而他們也始終遵照這個原則思考基督教的真理，並且按此生活。

談到十二世紀聖禮崇拜模式的改變，或許有部分讀者會想到，管理和工業組織方面也出現過類似的改變。莎士比亞在《李爾王》開頭提到國王分派權威和功能，到了電子時代，趨勢卻完全倒反過來。頂尖的商務分析師穆勒提姆表示：[41]

> 過去那種高度功能化的多層次組織，特色在於將思考和行動區分開來：思考通常擺在金字塔上層，而非下層，並且按照「譜表」方式排列，而非「直線」排列。儘管公司希望將權力向下分散，權力卻還是頑固地往上層集中。因此，有人便設計出許多中間管理階層，分布在不可計數的監督層級上。然而，許多職場研究顯示，這些中間管理階層其實只是在公司體系裡傳遞訊息而已。

組織結構的分工化和金字塔化自十六世紀起蔚爲風潮，到了現今的電子時代，卻已經不再實用了：

> 我們首先會發現，在金字塔式的組織架構中間插入許多監控層級，再按專業進行功能分工，其實根本行不通。高階科學或工程主管和下層勞動中心之間的溝通鏈實在過於繁瑣，無論科學或管理訊息根本無法傳遞。然而，根據這份研究，真正有效的組織，無論其組織表如何規定，都會以現有問題為核心，打破組織界限，由不同專業的研究團體共同合作。他們會按照任務建立自己的設計標準和理想的合作模式。這樣的合作模式是按各組的專業能力，以人類知識的體系

組織起來的。

電子資訊結構的「同時同步場域」目前重新喚起了對話和參與的需要，並且爲之提供條件，而非在社會經驗的各個階層推動分工和個人化。我們當前所參與的新相互依存讓許多人對文藝復興時期的遺產不自覺地感到疏離。不過，筆者希望藉由本書讓讀者對印刷革命及電子革命能有更深入的理解。

文藝復興時期的「界面」是中世紀多元主義、現代同質性與機械主義的交會——這樣的組合帶來了閃電與蛻變

當兩種文化或兩項技術相互衝突，往往會出現快速過渡的現象，意識在這段期間分分秒秒都在做文化的轉譯。如今，我們處在五百年的機械主義和新興的電子科技之間，置身於同質化和同步化之間，感覺是痛苦的，卻也成果豐碩。十六世紀的文藝復興也處在兩種文化之間，一邊是兩千年的字母及抄寫文化，一邊是新穎的量化可重複機械主義。這樣的時代倘若未能從過去所學當中創造出新事物，的確非常奇怪。當代心理學家對這點知之甚詳，麥究奇的《人類學習心理學》手冊便是一例。他說（三九四頁）：「過去的學習經驗（維持到現在）會影響後來對新事物的學習與反應，這種影響過去稱之爲『潛移默化』。這類潛移默化多半是潛意識的，不過，外顯或有意識的潛移默化也有可能。本書先前討論非洲原住民對字母和電影的反映時，便舉過潛意識和有意識潛移默化的例子。西方人對

電影、廣播和電視這類新媒體的反應，顯然出於書本文化對「挑戰」的應對模式。儘管如此，眞正的「潛移默化」和心理機制與精神態度的改變幾乎完全是潛意識的。我們從母語裡學到的感性體系影響我們學習其他（口語或象徵）語言的能力。讀寫能力極高的西方人深陷在印刷文化的線性同質模式當中，對現代數學和物理學的非視覺世界非常困惑，或許就是這個原因。在這方面，偏重聽觸覺的所謂「倒退」國家反而擁有優勢。

文化衝突與過渡還有另一個好處，就是介於不同經驗模式之間的人能夠發展出更強的統合能力。麥究奇指出（三九六頁）：「同理，統合能力也是一種轉換，無論相對基本的制約反應……或複雜抽象的科學概化，統合都是用一個命題總結無數的個別主張。」

根據上述說法，我們立刻能「統合」出一點結論：藉由區隔化和同質化而得以推展的印刷文化在進入成熟階段之後，將不再偏好初期那種不同場域和學科間的互動。印刷問世之初，對舊有的抄寫文化構成挑戰，但當抄寫式微，印刷取得主宰地位之後，便不再互動與對話，只剩一個個「觀點」。然而，古騰堡技術帶來的「潛移默化訓練」有一個很重要的面向，費夫賀和馬爾坦在《印刷書的誕生》開頭便不斷強調，就是：印刷問世後兩百年，也就是直到十七世紀末，印行的書籍大部分是中世紀的著作。十六、七世紀出現的中世紀著作比中世紀時期本身還多，也更容易取得。書在中世紀分布零散，很難取得，閱讀又慢，現在卻攜帶方便又容易讀。然而，當代對電視無法饜足的需求，讓我們回頭挖掘舊日的電影寶藏。因此，對新媒體的渴望唯有當年的手抄本才能滿足。此外，閱讀大眾也開始朝過去的文化傾斜。目前這個時代，非但沒有現代意義的作者，也沒有能接納他們的讀者群。因此，費夫賀和馬爾坦說（四二〇頁）：「印刷加速了部分領域學者的著作，但整體而言，我們可以說印刷對於促進新理論和新知識其實毫無幫助。」[42]

上述的說法只考慮新理論的「內容」，而忽略了印刷對提供模型給新理論的貢獻，也忘了印刷在形塑能夠接受新理論的新大眾上所扮演的角色。光就「內容」來看，印刷本身的成就確實有限：「早在十五世紀，義大利的印刷業者便已經印製出出色的古代經典版本，其中又以威尼斯和米蘭的版本爲最……這些古代經典使得某些中世紀不曾遺忘的古代作者開始爲人所知。」（四〇〇頁）

不過，人文主義雖然創造了小眾，卻不能因此忽略了印刷早期的眞正貢獻。費夫賀和馬爾坦看得很清楚（三八三頁）：

讓更多人直接閱讀聖經，不只用拉丁文，也能用方言讀，讓大學教師和學生取得古代學術著作裡的主要作品，大量製造聖禮和日禱所需的常用書、祈禱經、時禱書、神祕主義者和虔敬者的著作，更重要的是，讓大眾更容易取得並閱讀上述作品，這些都是印刷術問世初期最主要的任務。

中世紀當時人數最多的閱讀大眾，是騎士羅曼史、年曆（牧羊人年曆）和圖示時禱書的讀者。關於印刷對形塑市場及資本組織所具有的穿透力，費夫賀和馬爾坦著墨甚多。不過，我們在此只想指出一點，就是他們兩人強調活字儘管均衡度欠佳，「字體多有瑕疵，橫行排列也不整齊」，早期印刷業者依然致力統一格式，讓「頁面同質化」。這些效應當時尙未穩固，卻是意義最豐富、成就最新穎的元素。同質化和線性是文藝復興時期新科學和新藝術的構成元素。因爲微積分作爲力與空間的量化工具，主要的假設是有同質粒子存在，一如透視法假設有平面三維空間。

研究聖摩爾著作的人都曉得，聖摩爾經常遇到宗教意識強烈的人，對同質化有全新的熱情。不過，本書關切的重點並非神學，而是各領域裡新起的對同質化的心理需求。以下的段落摘錄自〈聖摩爾爵士駁弗里斯反祭壇聖餐書〉：[43]

> 倘若他說，基督的話語除了字面意義，還能透過寓言象徵加以理解，我會完全同意。因為如此一來，聖經裡幾乎每個字都召喚著某個層面的寓意，而文字除了原先設想的淺白意義，還將被轉譯成其他的精神意涵。然而，聖經裡有些字詞就只有寓意，因此在其他地方尋求意義，以便去除寓意，也就是此處的字面意義，就會是個錯誤。無論如何，聖經都必須觸及吾人信仰中的每一個點，而完全不考慮效應或力量。因此，我認為……弗里斯沒有充分理由宣稱，耶穌談到「祂的身體和血」的這番話，非得跟祂宣稱自己是「葡萄樹」、是「門」的談話一樣，唯有透過類比或寓言象徵才能理解。
>
> 關於這一點，弗里斯寫得很清楚，聖經裡耶穌口中說出的話，有部分唯透過類比或寓言象徵才能理解；然而，這不表示耶穌在他處所說的每一個字都只是寓言象徵而已。

許多人認爲，弗里斯曉得將整部聖經視爲連續、齊一而同質的空間，完全吻合當時的繪畫型態。印刷紙頁所帶來的新同質性似乎讓人不自覺相信印刷聖經的效力，不僅能避開過去教堂的口述權威，也迴避了理性學術批判的需求。印刷品作爲齊一可重複的商品，有能力創造新的催眠效果，讓人相信書本是獨立自存的，不受人力人工污染。讀過抄寫本的人，對書寫文字都不可能有類似的想法。然而，從印刷引申出來的齊一可重複性一旦擴及到生活的各層面，就會逐漸產生新的生產及社會組織模式，西方人從中得到許多滿足，西方社會絕大多數的特質也源自於此。

雷穆斯和杜威是古騰堡、馬柯尼和電子對立時期的教育先鋒

在我們這個時代，是杜威讓教育回到原點，回到印刷術發明之前的狀態。他要求學生別再當被動的消費者，被動接受統一包裹式的教育方法。杜威反對被動的印刷文化，其實是踏在電子化的新浪潮之上。如今，這股浪潮已經淹沒整個時代。十六世紀教育改革的偉大人物是法國的雷穆斯（一五一五至一五七二），他當時踩的則是古騰堡的浪潮。多虧翁格的研究，我們對雷穆斯其人才擁有相當的了解。翁格指出，雷穆斯來自後期士林哲學體系，卻設計了視覺化的教學法，提供以印刷為導向的新課堂之用。印刷書籍是新的視覺化輔助，所有學生都能取得，而印刷書也讓過去的教育方式遭到淘汰。印刷書籍根本就是教學機器。相較之下，抄寫本只是粗糙原始的教學工具。

十六世紀備受困擾的行政官員要是有現在各種測試媒體和教學輔助成效的方法，肯定會有人要他們回答，新的教學機器，也就是印刷書，到底能不能勝任教學工作：這種可以隨身攜帶的私人書籍，眞能取代靠記憶謄錄完成的手抄本嗎？快速、安靜的閱讀方式眞能取代緩慢誦讀嗎？閱讀印刷書的學生，他們的表現眞的能追上閱讀抄本訓練出來的嫻熟口述者和辯士嗎？使用現在測試廣播、電影和電

視效應的方法，應該可以得到覈實的答案：「雖然聽來奇怪，甚至讓人不悅，不過，新的教學機器確實讓學生學的跟以往一樣多。不僅如此，學生似乎對新機器更有信心，普遍認爲自己擁有新的方法，能夠獲取許多新領域的知識。」

換言之，現有的測試法其實完全沒有抓到新教學機器的特質。這些測試法對我們了解新機器的效應提不出任何線索。關於這種情況，我們無須多做揣測，最近有一部著作就評估了新機器的效應：舒朗、萊耳和帕克合著的《當代童年生活中的電視》。只要了解這本著作爲什麼完全錯失原旨，就能明白十六世紀的人爲什麼對印刷字的本質和效應毫無頭緒。舒朗等人尚未分析電視影像，就假定扣除「內容」和「節目」之後，電視就和其他媒體沒什麼兩樣，是「中立」的。因此，除非他們對十九世紀各種藝術形式和科學模型有充分的了解，否則不可能得出其他結論。同理，要眞正掌握印刷的效應或本質，就必須仔細研究文藝復興時期的印刷和當時的新科學模型。

不過，舒朗等人有個假定倒是非常啓發人。唐吉訶德也做了相同的假定，就是：印刷是「眞實」的判準。舒朗認爲（一〇六頁）印刷之外的媒體都是「幻想」導向的，「換個角度看孩子，社經階層最高的孩童有七成五是印刷的大量使用者……相較之下，社經階層最低的孩童反而時常倚賴電視，甚至完全從電視中學習。」

舒朗等人非常重視印刷，將之視爲科學測試法的參考架構或參數，因此我們最好先搞清楚印刷是什麼，又做了什麼。關於這點，雷穆斯的作品助益甚大。杜威用非常令人困惑的方式，試圖說明電子時代對教育者的意義。雷穆斯則爲十六世紀提出新計畫，涵蓋了教育的所有層面。翁格在其近作〈雷穆斯課堂教學程序及眞實的本質〉[44]結尾中提到，對雷穆斯及其追隨者而言，他們設計的教學大綱能讓世界結合在一起。「任何東西要能『用』……就必須先放進課程裡。教室本身就是通往眞實現實的門戶，而且是唯一的門戶。」這個想法在十六世紀非常新穎，到了二十世紀，舒朗又不自覺再度提倡。然而，杜威的教學法卻剛好和雷穆斯相反，他致力讓學校擺脫雷氏那種幻想式的理想，不讓學校附屬在印刷之下成爲最高級的處理廠或倉庫，並要求進來的年輕人和他們的所有經驗都要通過學校許可，以便得到「用處」。雷穆斯堅持，印刷書籍在課堂上擁有最高的地位，這點完全正確。因爲唯有如此，新媒介的同質效應才能強加在年少生命之上。印刷技術薰陶出來的學生，會將各種問題和經驗統統譯成新的線性視覺順序。任何民族主義國家若想盡可能利用人力，投入公眾金融商務、生產和市場行銷，他們很快就會發現必須強迫施行上述的教學法。沒有「書同文」的確很難發揮人力資源的能量。拿破崙當年要農夫和半文盲接受訓練上戰場，用十八英寸長的繩子教他們精確、齊一和可重複性的概念，就遭遇極大的困難。不過，要等印刷術應用到商業和工業上，並且深入學習、工作和娛樂各層面，藉由讀寫能力來開發人力資源才得以在十九世紀獲得充分發展。

拉柏雷想像中的未來印刷文化，是應用科技下的消費者天堂

只要思考古騰堡技術帶來的問題，很快就會想起拉柏雷的《巨人傳》中，高康大寫給龐大固埃的信。早在塞萬提斯之前，拉柏雷就已經爲「印刷術的叢結」想像和創造了一個道地的神話。卡莫王種下龍牙（亦即字母），武裝戰士從地底爬出來的故事，就是簡潔清楚的口語神話。拉柏雷和印刷媒介

非常投合，是大量複製的冗長娛樂。然而，他對「數大就是美」和未來消費者天堂的想像倒是相當真確。古騰堡技術改造社會的同時，的確出現了四大神話。除了《巨人傳》，還有《唐吉訶德》、《鄧西亞德》和《芬尼根守靈》。這四本書和印刷世界的關係必須另外成書才能道盡。不過，本書以下要針對這四本書，一一提出值得注意的地方。

了解機械化在躍進時期的發展狀況，就比較容易明白拉柏雷到底在興奮什麼。吉迪恩在《機械化當家》裡研究特權消費者商品的普及化，他也思考過機械化後期大肆擴張時，生產線的意義（四五七頁）：

> 八年後，也就是一八六五年，普爾曼的「先鋒號」臥鋪車廂問世，讓菁英的奢侈品及奢華享受開始普及化。普爾曼的直覺和五十年後的亨利福特一樣，就是激發大眾潛藏的欲望，直到欲望變成需求為止。兩人生涯也面臨相同的問題：過去在歐洲只有富裕特權階級獨享的舒適設備，要如何才能普及化、大眾化？

拉柏雷關切的是，印刷壓字機「醞釀」出來的豐富資產所導致的知識普及與大眾化，因爲英文印刷press這個詞的字源就是葡萄酒壓榨機。源自印刷（壓字機）的應用知識不僅應用在學習上，最後更沿用到舒適享受上。

卡莫王神話是不是借「龍牙」暗指象形文字，或許還有疑問。不過，拉柏雷堅稱龐大固埃草是活字印刷的象徵或擬像，這點卻是毋庸置疑。因爲這種植物就是製造繩索用的麻樹。從梳理、切絲和編織麻繩開始，演變出偉大社會事業的線性經緯和鏈結。拉柏雷曾經想像全世界「在龐大固埃口中」，其實就是指不斷累加同質部分的「數大是美」的概念。從我們的世紀往前回顧，很容易便能看出拉柏雷觀點之正確。高康大在寫給巴黎的龐大固埃的信中，大力讚揚印刷術：

> 如今，符合種種規範的人類心靈和重新振興的舊科學都已經絕跡多年了：習得的語言也回復原有的純粹，不管希臘文、希伯來文（不會就沒資格自稱學者）、阿拉伯文、迦勒底文或拉丁文都是如此。如今，印刷是如此優雅而正確，很難想像更好的狀況。然而，出於神啓，我所處的時代也發明了邪惡的另一面，就是軍械大砲。全世界都是有知識的人、學富五車的學校教師和為數眾多的圖書館：在我看來，無論是柏拉圖、西塞羅或帕皮尼安當時，學習研究都確實不像現在這麼便利……我認為現在的搶匪、劊子手、強盜、酒吧服務生和馬夫之流，都比我當時的醫生和傳道人還有學問……所以，我還能說什麼呢？就連婦女和小孩都渴望這樣的讚美，熱切追求學識的神聖食糧。[45]

雖然主要的工作已經由克倫威爾和拿破崙完成，但「軍械（火炮）」和火藥起碼扮演帶頭的角色，剷平了城堡、階級和封建疆域。拉柏雷表示，基於同樣道理，印刷也讓個人和才能開始同質化。同世紀晚期，培根預言他的科學方法會讓天分平等，讓小孩學會發現科學成果。本書稍後會提及，印刷造成自然現象的百科全書化，培根的「方法」便是從中延伸而來的。換言之，培根的方法其實就是將整個自然放進龐大固埃的口中。

蓋哈德在《一個理念的生與死》裡（三九頁），對拉柏雷的說法評論如下：

> 獲得勝利的龐大固埃主義（詼諧譏誚的風格）啓發了拉柏雷的著作，其中充滿奇趣的豐富學識、實用知識和詩的熱切。在第三部裡，他更全面讚頌這帖受到祝福的草藥，龐大固埃草。說穿了，龐大固埃草不過就是大麻，但就象徵意義而言，卻代表了人類工業。拉柏雷用最誇張的吹噓與預言，宣揚當時最怪誕、最大膽的成就，他藉著龐大固埃草，探索世界最偏遠的角落，藉以向世人訴說「塔布羅邦見過拉普蘭的荒野，還有爪哇人和瑞非恩山。」人「探索大西洋，橫越熱帶，朝炎熱地區挺進，測量黃道十二宮，在晝夜等分線上嬉戲，將南北極拉到水平線上。」之後，「海上和陸上諸神全都驚懼害怕了。」有什麼能阻擋龐大固埃和他的後代發現更強有力的藥草，讓他們得以丈量天界呢？也許他們會「想出方法，穿透高高在上的浮雲，任意開關調節大地雨勢的閘門……之後，龐大固埃和他的後代將繼續天上之旅，他們可能踏進製造閃電的工房和商店……也可能在天界火藥庫裡發射一兩發大砲，發出轟隆巨響，慶祝自己遊歷新天界的許多地方……我們諸神將無法阻擋他們急切強力的入侵……所有地方，包括晶瑩穹蒼下的民房和豪宅，他們都想看一眼，想走進來待著或四處遊歷取樂。」

在拉柏雷的想像裡，人類相互依存的新工具和新模式，就是透過應用知識取得權力。征服巨大維度構成的新世界，代價只不過是進入龐大固埃口中。奧爾巴赫的《模仿：西方文學的眞實表徵》第十一章就在討論〈龐大固埃口中的世界〉。奧爾巴赫指出（二六九頁），在拉柏雷之前，其實就有類似的奇幻作品出現。不過，這正顯示拉柏雷的原創性，他「不斷在不同場所、不同主題和不同風格層次之間進行互動。」拉柏雷的作品和後來柏頓的《憂鬱解剖》一樣，都遵循「事件、經驗、知識、維度和風格的範疇雜揉原則。」

這裡，拉柏雷再次化身中世紀的羅馬法詮釋家，支持自己的荒謬見解，同時出以雜亂的學識，處處顯示「他在多重觀點之間快速轉換。」換言之，拉柏雷的拼貼手法其實是士林哲學式的，他有意識地將傳統士林哲學的混雜法和印刷術所帶來的新個人觀點並置。魯易士曾經這麼形容和拉柏雷同時代的英國詩人史凱頓：「史凱頓變成了搶匪暴民，不再是人了。」[46]拉柏雷也是如此，他就像口語士林哲學家和詮釋者的綜合體，突然闖進宣揚個人主義和民族主義的視覺新世界。兩個世界並不一致，卻在拉柏雷的語言裡雜揉混合，反而讓我們覺得他與我們有關。因爲他也和我們一樣，矛盾地同時活在兩個分離並且截然不同的文化裡。兩種文化或兩種技術就像宇宙裡的星系，擦身而過卻不會碰撞，也不會改變各自的組態。同樣地，在現代物理學裡也有「界面」的概念，指的是兩種結構的遭遇與質變。這種「界面性」是文藝復興時期的發展關鍵，也是二十世紀的發展關鍵。

拉柏雷著名的粗俗觸感，是沒落的抄寫文化的一大逆流

拉柏雷處於兩種文化邊緣，他的最大特徵就是拚命誇張觸感，幾乎到了讓觸感和其他感官分離的程度。他這種極度觸覺化的傾向，除了宣揚自己的仿中世紀風格，也有意識地將之潑灑在印刷文化新

起的視覺牆上。包依斯在《拉柏雷》裡（五七頁）這麼說：

> 拉柏雷最不尋常的一點，就是他有辦法（惠特曼也有同樣的能力）將巨大磁能集中在木材和石頭之類實物的娛樂上——讓人感覺毫無生氣的元素好像能夠回抱，甚至非常可口似的！——可以說讓這些事物的漂泊欲望顯露出來。他的這項特質始終保持非常幽默正面的基調，卻是這位天生建築師的主要性格。我在我弟弟身上，在他對待木材和石頭的方式當中，也看到了同樣的特質。

包依斯提到對木石的觸感和親切，跟我們之前提過的士林哲學和歌德式建築的聽觸覺特色關係密切。拉柏雷正是藉由單向的聽觸覺模式製造出頑皮「土氣」的效果。另外一位擅長中世紀觸覺拼貼的當代大師，就是喬伊斯。拉柏雷和喬伊斯一樣，期望大眾窮畢生之力研讀他的著作。「我希望每位讀者放下手邊事務，擱下生意，拋開工作，全心全意閱讀我的作品。」喬伊斯也說過同樣的話。他和拉柏雷一樣，以獨特方式避開了新的媒體媒介。喬伊斯在《芬尼根守靈》裡通篇上下都表示，電視是「光軍旅的衝鋒部隊」，而全世界都包含在一本書中。

此外，拉柏雷還給讀者一陣觸覺痛擊：

> 因此，為了終結這場序幕，就算我給自己一百馱籃滿滿的美好惡魔、身體、靈魂、牛胃和腸子，以防我在這部歷史裡扯了太多謊言，就像聖安東尼斯之火燒灼你，馬洪之病弄暈你，帶刺

> 的薔薇扎痛你，胃裡的野狼捆住你，血腥的大潮攫住你，受詛咒的野火帶來發炎般的刺痛，就跟考依斯的頭髮一樣細長，而且用水銀加強力道，穿進你的根柢，希望你像所多瑪和蛾摩拉一樣，掉進硫火熊熊的無底深淵，免得你不相信我在這本史書裡告訴你的一切。

印刷術是最先機械化的手工藝，是應用知識的完美範例，而非新知識的典範

然而，語言裡的觸覺特質卻意外被抽離了。這似乎是拉柏雷和部分伊莉莎白時期人士（如納許）的主張發展到極致的結果。之後，觸覺特質逐漸從語言中移除，直到十九世紀霍普金斯和象徵主義者出現爲止。稍後談到十六世紀對量化的迷戀時，這一點會更加明顯。數字和測量其實是觸覺模式，人很快就會發現數字和測量脫離了以文字爲核心的視覺人文主義陣營。屬於科學語言的數字和屬於文明語言的文字，兩者在文藝復興晚期發生大分裂。不過本書稍後會提到，大分裂初期出現的是藉印刷文學而生的雷穆斯「實用」法和應用知識。因爲光是將抄寫這項古代技藝的機械化稱爲「應用」知識，這樣解釋還不夠。「應用」就是用視覺捕捉抄寫行動，並且加以切割。這就是爲什麼只要找到機械化的方法，就能擴及到其他行動上。另外，一個人只要熟悉印刷書頁的重複線性模式，就能將這套模式套用到所有的問題上。因此，費夫賀和馬爾坦在《印刷書的誕生》裡（二八頁）指出，其實十一世紀就出現一種新方法，不但轉變了「傳播和交流的模式」，也大大刺激了後來的造紙業。這項轉變就是

由研磨變成長槌，跟當時從不斷反覆的西塞羅式散文轉變成「切割段落」的塞內加式風格非常類似。從研磨變成長槌意味著中斷連續操作，改成分段操作。因此，兩位作者表示：「這項發明是後來許多工業改革的根源。」而印刷身爲後來所有「騷動」之母，本身就是先前技術的眞實聚合（星系式的群聚）。艾許在《機械發明史》的說法（二三九頁）可以說是大師手筆：

> 插圖印刷書的後續發展是個人發明普遍化的驚人實例，這種普遍化是新發展得以出現的先決條件。印刷引出的成就包括：紙的發明，從油基衍生而來的油墨，木刻的發展和……木砧的發展，還有壓印的發明和印刷所需的特別壓印技術。
>
> 紙張的發展大體是獨立於印刷發明之外的。但印刷術要能普遍化，缺乏基本媒介顯然不可能有重大的突破。羊皮紙太難處理，價格又貴，而且供量極為有限。要是羊皮紙是唯一的媒介，書本應該還只是奢侈品。莎草紙太硬，易碎易裂，不適合印刷。因此製造亞麻紙的方法從中國傳入歐洲，是印刷術發展的重要先決條件。造紙術在遠東的源起和傳入歐洲的過程，現在已經非常清楚，技術傳播的歷史也因而完整建立了……

印刷術和早期的表音文字技術關係密切，也是我們研究古騰堡之前數百年歷史的主要原因。研究古騰堡技術，探討表音抄寫本是必要的序曲。因此，中國的表意文字確實是個大障礙，阻擋了印刷術在中國文化的發展。中國目前決定推行書寫表音化，立刻發現必須打破過去多音節的語言結構，才能使用表音文字。反省這一點能夠幫助我們了解，表音文字和（之後的）印刷術出現爲什麼會導致西方世界人際關係和內外功能的分析式切割。因此，喬伊斯在《芬尼根守靈》裡不斷強調字母對「擁有字母化心靈的人」的影響，字母總是「在他耳邊呼喊（熱切的，讓聲音重新具有意義，而意義也再次聽來熱切）。」（一二一頁）並且呼籲所有人「讓字母化的反應和諧一致。」（一四〇頁）

印刷所需的新油基來自「畫家而非書法家」，而「較小的布料和酒類壓製機已經具備印刷所需要的絕大部分特質……發明印刷術的主要問題在於刻印和澆鑄的技巧……」[47]金匠和許多工匠都是印刷術發明團隊的一員。發明的過程非常複雜，以致有人不禁好奇：「古騰堡本人究竟發明了什麼？」艾許的回答是（二四七頁）：「很可惜，我們沒辦法確切答覆這個問題，因爲手邊缺乏充足的史料，記述早期各種書籍製作的詳細過程。」同理，福特汽車公司也沒有記錄首批車輛的實際製造過程。

本書的重點在探討現代人對新科技的反應。因爲再沒多久，史學家就會開始記錄廣播如何影響電影和電視，讓人面對新的空間，例如小汽車。因此，拉柏雷稱頌印刷書，稱頌新型壓製機造出來的產品，感覺也就理所當然。以下的段落摘自拉柏雷著作飽受爭議的「第五部」。我認爲在他整套概念之中，新發明的印刷機是個持續發揮效力的主要隱喻，因此這個段落對拉柏雷而言是絕對必要的。

神祕深邃的瓶裡
藏著千萬個祕密，
我豎耳傾聽；
安撫我心，訴說命運，
是靈魂的喜悅。有如巴楚斯，

我們從你所得的比印度還多。
你的汁液彰顯未生的真理，
未來就在真理中。
欺詐與謊言的解藥，
是與天齊高的酒。
或許你父親諾亞的眾兒女
希望他溺斃在洪水中。
開口吧，流動的礦藏
紅寶石、鑽石方能綻放光芒。

人類發明和「淘汰」的科技都有能力透過內化的初期階段，麻痹人類的知覺

思想必須經過「鉛字」凝煉才能算智慧與知識，這個比喻對十六世紀的人而言，似乎理所當然。印刷書深入之前文化的程度，布勒在《十五世紀的書籍：抄寫員、印刷工和裝飾匠》裡提出清楚的說明。布勒表示，「有大量謄錄自印刷書的手抄稿」流傳到今日。「當然，十五世紀的抄寫書和（有搖籃本之稱的）活字印刷書其實大同小異（要是研究印刷術早期的人和當年的印刷工一樣，將新發明的

印刷術視爲另一種書寫形式，就應該提醒自己這一點），兩者都是機械複製品。」（一一六頁）有一陣子「無馬馬車」的處境也和印刷書一樣，非常模稜兩可。

有關抄寫員和印刷工的和平共處，布勒提供的資訊相當新穎，肯定受讀者歡迎：

> 所以，書本抄寫員後來怎麼了？不同領域的文學書寫者持續執業到一四五〇年，他們在印刷術確立之後，遭遇如何？大型抄寫工作室之前雇用的專業人員似乎只是換了個頭銜，變成書寫家，做的仍然是他們已經做了數百年的工作。不過要記得，他們既然成了書寫家，定製抄寫就算不是他們的全部工作，也是主要任務。要到十五世紀末葉（精確一點，是十六世紀），書法才變成應用藝術，甚至退化成嗜好。部分抄寫工作室轉型成書商而存活下來，但絕大部分的工作室卻似乎再也不能和後來出現的印刷廠或出版社競爭了。然而，工作室的僱員卻有幾個選擇：或是投靠富有的資助者，或是自接案子，有的則成為流動抄寫匠（抄寫匠大多數出身日耳曼或低地國）在歐洲四處遊歷，甚至遠達義大利。有些抄寫員加入敵營，成為印刷工；不過，他們當中有些人並未得到幸運之神的眷顧，最終還是拋棄了印刷，重操舊業。上述證據足以顯示，抄寫員到了十五世紀末葉仍然能夠靠筆謀生。（二一六至二一七頁）

古騰堡時代和古騰堡心靈所凝聚的事件及技術究竟是什麼？艾許說得很清楚，到現在都沒有人有把握說古騰堡到底發明了什麼。喬伊斯書裡有一段逗趣的話，要我們「千萬不要去碰笛卡兒泉水，也不要探得太深。」直到現代，世人才開始分析「商業究竟是什麼？」穆勒提姆說，商業是生財機器，並且在前工業時代取代家庭成爲製造財富的基本單位。吉爾博回答「什麼是控制論/神經機械學?」時提到建築師兼工程師拉菲特的作品。他認爲（九至十頁）現在沒有人會懷疑「爲了機械研究機械是非常重要的。」

……拉菲特說得對，二十五年前還沒有「機械科學」這門學問。屬於機械科學的內容零碎四散在工程師、哲學家或社會學家的作品裡，在小說和散文中也時而可見；但都沒有形成有系統的學問。

『有組織』建構的人體」……就是所謂的機械。從最原始的燧石刀到現代的車床，從粗糙簡陋的小屋到當代的完美建築，從簡單的算盤到今日的大型計算器（我們從這林林總總的機械中抽擷出多少共同之處，又達成了多麼實用的分類！）「機械」就和「有機體」一樣，是非常難定義的概念。有位偉大的工程師確實曾將機械科學稱為「人工動物學」。然而，定義或分類不是最緊要的事。

拉菲特如是說：「我們是機械的製造者，往往自以為清楚機械的一切。機械的研究與製造確實歸功於力學、物理學和化學的發展，但是機械學（機械科學或所謂的人體組織建構學）並不隸屬於上述的任何學科。機械學在科學領域有自己的定位。」

人對自己費盡心力創造的事物竟然選擇不求甚解，這一點會愈來愈讓我們感到奇怪。波普或許已經注意到這個現象了，因爲他以諷刺的語氣寫道：

一種科學只有一個天才合適
藝術如此廣大，人類智慧卻如此狹隘。

波普很清楚，這種分化正是巴別塔的成因。無論如何，隨著古騰堡技術出現，我們也邁向機械起飛的時代。動作、功能與角色的切割原則可以有系統地運用，想用在哪裡就用在哪裡。按克雷吉的說法，切割原則其實就是中世紀晚期發現的視覺量化原則。將動作和能量之類的非視覺事物加以視覺化，就是「應用」知識的原理，不管在何時何地都是如此。而古騰堡技術則將這項原則擴展到書寫、語言，以及各種學習方法的符碼化和傳播之上。

古騰堡之後，歐洲進入機械化的「進步」階段，變遷也成為社會生活的典型常態

一個時代如果將轉譯技術當成「應用」知識的工具，那麼可想而知，這項技術在各個層面都會被視為新穎的事物。希尼爵士在《捍衛詩歌》裡表示，他覺得有個非常必要的原則壓迫著他。哲學家教導哲學原則，史學家為原則舉例，唯有詩人用原則來矯正人類意志，高舉人類精神：

孤單的詩人兩者兼備：無論哲學家表示該做什麼，詩人都會設想出一個人，完美展現哲學家的

理念，並且加以實踐。詩人會替普遍概念找到具體實例。之所以說是「完美展現」，乃是因為詩人臣服於心靈力量之下，構想哲學家所賦予的形象，用文字加以表達：但他這麼做卻不像哲學家，既不能穿透打擊，也不曾擁有靈魂的視見。48

這裡提到的新模式轉譯有個不尋常的例子。笛卡兒在《哲學原理》附上的信裡寫道：「……第一次閱讀這本書的時候，最好完全當成小說讀，不要過度費心……只要用筆畫下覺得困難的地方，然後繼續閱讀不要中斷，直到讀完爲止。」

印刷造成語言及思想改變，笛卡兒給讀者的建議是最明顯的例子。換句話說，現在的閱讀再也不像過去的口語哲學時代，需要字斟句酌，檢視每個字詞的意義，而是光靠文本的脈絡就行了。這其實和兩位現代學者相遇的情景有些相似。其中一位學者問：「你在那裡是怎麼用『部落』這個詞的？」對方可能回答：「請參考我在……發表的文章。」吊詭的是，特別注意字詞使用的細微差異其實是口語而非書寫文化的特色。大體來說，印刷字總是伴隨著一般化的視覺脈絡。不過，印刷雖然壓抑了細微的語言遊戲，卻大力推動了拼寫和意義的統一。因爲拼寫和意義是印刷工人和大眾立即關切的焦點。

同理，書寫哲學（尤其是印刷哲學）自然會將「確定」當成知識的主要目的，正如同身處印刷文化的學者就算無話可說，也可能因爲其「正確」而爲人接受。然而，印刷文化對「確定」的狂熱有其矛盾之處，就是他們追求確定的方法竟然是靠懷疑。印刷發明初期有許多這類矛盾，讓讀者成爲宇宙的中心，也讓哥白尼將人拋到天體邊緣，脫離物理世界的中心。

同樣矛盾的是，印刷竟然能將讀者放進無限自由、無限自發的主觀宇宙裡：

我心於我乃一國度；
讓我發現完美喜樂
超越神與自然
賜下之所有福佑。

然而，出於同樣的道理，印刷也會誘導讀者嚴格遵照視覺性質編排外在生活與行動，直到德行和穩定性的表象侵佔所有內在動機爲止，而且

監獄的陰影開始逼近
那長大的男孩

哈姆雷特說過一句經典名言：「存在與否？」這句話是亞柏拉德士林哲學「是非法」的新視覺文化版本。不過，「是非法」在新視覺文化裡的意義卻反了過來。按士林哲學的定義，「是非法」是一種經驗模式，讓人體驗好問心靈進行對話時的彈性。但丁和悅耳新風格詩意過程的口語偵測，便和這種方法相互呼應。然而，蒙田和笛卡兒的著作追求的不是過程，而是結果，蒙田稱之爲「用沉思作畫」，也就是懷疑方法。哈姆雷特舉出兩種生命圖像或「觀點」，他的獨白是必要的重新定位，在舊口

語文化和新視覺文化之間定位。哈姆雷特在結論裡清楚地意識到新舊文化的對比，因而將「良心」和「決心」相對照：

決心的熾熱的光彩，被審慎的思維蓋上了一層灰色，偉大的事業在這一種考慮之下，也會逆流而退，失去了行動的意義。

《哈姆雷特》三．一）

這個區分就和我們在聖摩爾作品裡看到的對比一模一樣：「你這套士林哲學在熟悉的朋友圈子並不會讓人不悅，但在國王議會針對重大事務進行權威討論與推理的時候，卻毫無地位。」哈姆雷特的衝突，是他身處時代的衝突，是介於舊的口語「場域」解決問題法和新的視覺應用或「決心」知識之間的衝突。而「決心」正是馬基維里學派發明並且慣用的術語。因此，介於「良心」和「決心」的衝突，跟我們現在所理解的意義完全不同，其實是介於全面覺察和個人觀點之間的衝突。同理，衝突的方向如今反轉過來，高度讀寫化、個人化的自由派心靈因為集體化傾向的壓力而備受折磨。讀寫力強的自由派深信，所有眞實價值都是個人、私有的，這就是讀寫能力所蘊含的信息。然而，新的電子科技壓迫自由派，要他步向全面的人類互相依存。不過，哈姆雷特倒是看出集體責任和集體覺知（亦即良心）的好處：如此一來，人人都是某個「角色」，而非私有的窺孔或「觀點」。就算在技術層面不採取道德立場，也永遠不缺道德問題，這不是很顯然的道理嗎？

不久前，我問自己這個問題，結果想到一點：印刷字是捕捉到的心理活動瞬間，人在閱讀鉛字時，既是心靈電影的投影機，也是觀眾。讀者獲得強烈的參與感，覺得自己也參與了思考過程中心靈的一切活動。然而，讓心靈習慣以靜態的部分或單元來解決所有動態變化和問題的，其實不就是印刷字的「靜態攝像」嗎？而啓迪了上百種數理分析程序，以定變因來解釋並且控制變因的不也是印刷嗎？我們不是習慣將這種靜態特質應用到印刷上，並且只談論其量化效應嗎？比起歌曲、舞蹈、繪畫、詩、覺知、建築和城市規畫的明顯特質，我們不是更常談論印刷增進知識並擴展讀寫能力的力量嗎？[49]

印刷術是表音字母文化發展的極致，表音文化從一開始便讓人去部落化、去集體化。印刷讓表音字母視覺特質的解析度升到最高，大大增強了表音字母的個體化能力，這是抄寫文化所望塵莫及的。印刷是個人主義的技術。人若是決定用電子科技調整這項視覺技術，個人主義勢必跟著調整。對此提出道德抨擊，根本是殺雞用牛刀。不過，或許有人會說：「我們又不知道會這樣。」但就算親眼目睹，也跟道德無關。新科技的影響確實是個問題，但不是道德問題。在探討科技之前，揮去籠罩四周的道德迷霧是有幫助的，也對道德有益。

至於蒙田和笛卡兒的懷疑技巧，就技術而言，和科學裡的可重複判準密不可分，這點我們稍後會提到。印刷書的讀者受制於平均而規律的黑白閃爍，印刷是捕捉到的心靈姿態瞬間，而交互的黑白閃爍正是主體懷疑和邊緣摸索的投射模式。

文藝復興時期的應用知識必須將聽覺模式轉譯成視覺模式，將可塑模式轉譯成視網膜模式

翁格神父對文藝復興時期的種種發現，全都鉅細靡遺記錄在《雷穆斯：對話法及其沒落》一書和爲數眾多的論文裡。下面的引文就是從《雷穆斯》裡摘錄出來的。想研究古騰堡技術的影響，勢必參考他的發現。翁格研究中世紀晚期「視覺化」在理則學和哲學裡所扮演的角色，是本書關切的重點，因爲視覺化和量化幾乎可以說是雙胞胎。之前提過，中世紀的註釋、光啓和建築模式對人文主義者而言，都是爲記憶術服務。此外，中世紀的辯證學者直到十六世紀仍然繼續他們的口語課程：

> 印刷發明促成了空間中的字句大量複製，也帶來新的急迫需要，亦即以量化方式處理邏輯和辯證。這樣的需要在中世紀的藝術和士林哲學裡早就存在了……邏輯的量化和準量化複製傾向，藉由記憶術的工具向外傳播，是雷穆斯學派值得注意的特色。（XV頁）

抄寫文化始終無法大規模複製視覺知識，也比較缺乏動力和誘因尋找方法，將非視覺的心靈運作化約成圖表。但就算如此，士林哲學在晚期仍然不斷受到壓力，要將語言剝除成中性的數學計數器。所謂的「唯名論者」對西班牙彼得的邏輯著作研究甚精，翁格表示（六〇頁），西班牙彼得在《邏輯大全》開頭有一段話，無論西塞羅或愛默生都會覺得耳熟：「辯證是藝術中的藝術，科學中的科學，它握有通往所有學科原理之門的鑰匙。因爲唯有辯證法探討所有藝術原理的可能性，所以是必須最先

學習的科學。」人文學者曾經激烈抱怨，表示學童早就應該學習用西班牙彼得的分析法爬梳事理，這在印刷拓展了讀寫人口之後，更是如此。

總而言之，重點是：語詞與邏輯的空間化和幾何化雖然對記憶很有幫助，在哲學上卻公認是死路一條，因爲當時的數學發展不比現在，還不夠象徵符碼化。儘管如此，這樣的空間化和幾何化卻直接促成量化精神的發展，展現在書寫的機械化和古騰堡技術之後的許多事物當中。「中世紀邏輯學在量化上的進展，是它和亞里斯多德邏輯的主要差異之一。」（七二頁）量化意味著將非視覺的關係和實體視覺化。之前提過，這樣的視覺化過程其實就蘊含在表音文字當中。但對十六世紀的雷穆斯而言，僅僅畫出知識的樹狀圖或結構表是不夠的：

> 雷穆斯學派的理想有一個核心關鍵，是一種動力，亦即使用簡單的幾何模式綁住字詞本身，而非其他表象。當時認為字詞是頑強的，因為字詞來自聲音和哭喊，而雷穆斯學派的企圖就是讓字詞和聲音的連結中性化，方法則是用最嚴格的方式，處理非空間事物，將之化約成空間物項。光靠表音字母讓聲音空間化還不夠，印刷字或書寫字在使用時也必須遵守空間關係，由此產生的範式成為字詞意義的關鍵。（八九至九〇頁）

翁格神父曾經發表一篇文章，題爲〈雷穆斯方法和商業心靈〉[50]，探討雷穆斯和「應用知識」之間的關係。他提出一個研究文藝復興時期量化狂熱的方法，值得稱許：

關於雷穆斯和他的追隨者，有一點始終讓人疑惑不解，就是他們的著作在十六、七世紀傳播的速度幅度都很驚人。要到一八五五年，瓦丁頓出版《雷穆斯》之後，雷派著作的傳播管道才總算廣為人知。他們的作品主要透過商賈和工匠所組成的新教中產階級流傳。這些人多少帶有喀爾文主義的色彩，不單在雷穆斯的祖國法國，連德國、瑞士、低地國、英格蘭、蘇格蘭、斯堪地那維亞和新英格蘭，都有他們的身影。米勒在《新英格蘭心靈：十七世紀》裡針對這群人和雷穆斯學派做了最詳細的研究。當時的新教中產階級社會地位普遍提升，影響力更加明顯，智性也有所成長。雷穆斯學派訴求的對象，就是這群晉升中的人。因此，雷穆斯的作品並不受智性高度發展的團體青睞，而是在基礎學校或進階學校裡大受歡迎。進階教育和大學教育的銜接點，就是雷穆斯作品的流傳之處……

有一點必須了解，任何「應用」知識的發展關鍵都在於將關係叢結轉譯成明確的視覺物項。表音字母用在口語叢結上，其實便是將語言轉譯成可以齊一傳播和輸送的視覺符碼。這個潛藏的過程因爲印刷發明而得到新的動力，最後導致教育和經濟的起飛。雷穆斯在士林哲學的驅使下，將這個過程轉譯成「新商人階級的視覺人文主義」。他所提倡的就是空間模型的簡單與原始。有教養的心靈和對語言敏感的人，不會對這種簡單和原始感興趣，但卻讓自我教育者和商人階級覺得很有吸引力。而這群新的閱讀大眾人數之多，萊特在他的出色作品《伊莉莎白時期英格蘭的中產階級文化》中做了清楚的說明。

印刷傾向改造語言，將語言從知覺和探索的工具轉變成可以攜帶的商品

強調用途和實用性的不只雷穆斯，還有所有人文主義者。從詭辯論者到西塞羅，語言和辯術訓練是公認通往權力和高層決策之路。西塞羅學派所擘畫的百科全書式的藝術與科學知識，因爲印刷出現而捲土重來。士林哲學的基本特質「對話」式微，由大量的語言及文學訓練取代，用以訓練朝臣、總督和王儲。作者、語言和歷史課程在我們現在看來，是文雅做作得離譜，但在文藝復興時期，卻是政客爲官和聖經研究的必要學問。莎士比亞在《亨利五世》裡（第一幕第一景）將兩者結合起來：

你只要聽他談宗教，談神學，你就會五體投地，心中只願這位國王會成為一個擔任聖職的人；你只要聽他論辯國家大事，你就會要說，他的一切研究一定都與國政有關；你若聽他談論軍事，你會覺得這是一場可怕的戰爭被譜成樂曲而向你演奏著。總之，一切人情世故，他都練達，你用任何難題去考問他，他無不到手即解，和解開他自己的襪帶一般容易；以致他一開口說話，連空氣這位受封的浪子也會靜止不動。而人們的耳朵滿藏默默的驚異，都要去竊聽他的甘美辭句。這樣看來，他這種淵博的學問一定是從實際生活中獲得的。不然他怎麼會把知識一點一滴地辛勤累積，這是一件奇事，你看他一向惟虛浮之物是瞻；他的夥伴全是些淺薄、粗魯、無知之徒；他的時間消耗在狂歡、縱飲、遊蕩之中；而我從不曾見到過他有潛心研究，或者脫離娼家酒肆這種混濁之處的時候。

然而，雷穆斯學派灌輸我們許多實用性質，這些性質和數字之間的關聯，遠比和字母來得密切：「亞當斯密攻擊新起的體系，但在對抗過程中，他很清楚新體系的好處。他認爲這是價格體系擴張的一部分。價格體系掃除了封建體制，並促成新世界的發現……」[51]因尼斯在以上摘錄的片段裡談論的是〈價格體制的穿透力〉，亦即將一組能力轉譯成新模式和新語言的能力。封建體制的基礎是口語文化和無邊陲中央的自我規限系統，我們之前在皮瑞納的著作裡已經談過這點。封建制度隨後藉由視覺量化工具，轉譯成規模龐大的民族主義重商主義的中央邊陲體系，印刷在其間居功厥偉。有趣的是，亞當斯密如何看待英國內戰時期所發生的重大轉譯過程？同樣的過程當時在法國才剛要開始：

> 至關公眾幸福的革命就是這樣發生的，由兩種人共同推動，但這兩種人其實根本無心為大眾服務。大業主的唯一動機，就是滿足最幼稚的虛榮心。商賈和技師不像大業主這麼離譜，他們這麼做純粹出於自利，實踐個人的買賣原則，能多賺一分就賺一分。這兩種人既無知識也無先見之明，不曉得重大的革命正因為愚蠢和工業而即將到來。因此在歐洲大部分地區，城市的商業和製造業其實是國家改善和開化的原因，為改革提供機會，而非改革的結果。[52]

稍後，托克維爾告訴我們，印刷的同質化效應早就爲法國大革命鋪好了道路，而法國大革命依循的，正是雷穆斯學派的方法。翁格強調，「雷穆斯學派的推論法雖然幾乎不曾自稱有助辯論，卻常常清楚表現出對『簡化』的關切」：

惠格斯比較少談雷穆斯對「歸納法」的看法，反倒經常提起他對usus（亦即課堂練習或演練）的熱中，提到他希望藉此讓自己的教育目標和通往中產階級的文化之路連結起來。一般自治市民和雷穆斯學派之所以擺脫傳統方式，主要興趣在於學徒制，而非我們今日所認為的實驗方法或「歸納法」。惠格斯言之有理，也和晚近的看法相同，他們都認為十六、七世紀工匠和學術心靈的相互接觸為智性提供了沃土。[53]

翁格在這裡指出印刷文化的一項基本事實：印刷書是世界上最早可以大量製造的齊一可重複物件，爲十六、七世紀的齊一化商品文化提供了無數典範。莎翁在《約翰王》劇裡（第二幕第一景）經常把玩這個事實：

啊！那個偽善的白臉紳士，那媚人的東西，那使世界發生偏私的東西，這世界本來是平正不偏、公正無私的，直到這只知自利的東西到來了，直到這引起偏私的東西到來了，直到這支配一切動向的勢力到來了，直到這東西到來了，它便離開了一切不偏不倚，離開了一切正當的方向、目的、途徑、意欲；便是這同一個東西，這同一個偏私之心、自利之念、這賣淫窟的鴇婦、這經紀人、這能改變世上的一切之物，使那個善變的法蘭西國王蒙住他的眼睛，從他自己所做的堅決的幫助退回，脫離了一場已下了決心的光明正大的戰爭，而去和人締下一種最卑鄙、最下賤的和平。可是我為什麼在痛罵這東西呢？只不過因為他還不曾向我獻媚罷了，並不是因為當它把它誘人的金幣塞進我的手掌之時，我有著緊握雙手，拒收賄賂的能力；而只是因為我的兩手未受此項引誘，所以我便像一個乞丐，口出污言，去謾罵那有錢之人了。是的，當我還是一個乞丐時，我便要謾罵富人，說道：「世上無罪惡，除非是有錢；」當我已有了錢，那麼，說「世上無罪行，除非是行乞」便將成為我的美德了。國王們既然都要為這東西，為了自私自利而毀信，那麼，自私自利啊！你做我的主人吧！我要拜倒在你的腳下。

印刷不只是技術，其中還蘊含自然資源如棉花、木材和廣播。此外，印刷也和其他主要商品類似，不但會形塑個人感官的比例，也會改變群體互相依存的模式

印刷就其本質而言，是將共享的對話論述轉譯成段落的訊息，變成方便攜帶的商品。印刷在語言及人類知覺裡丟下新的特質和傾向，莎士比亞將它拿來當「商品」研究。不然還能怎麼做？印刷創造了價格體系；在商品齊一化並可以複製之前，文章的價格經常需要討價還價，而且時常調整。書本的齊一化和可複製，創造了現代市場和價格體系，兩者都和讀寫能力及工業密不可分。馬弗德在《棍棒與石頭》裡（四一至四二頁）寫道：

雨果在《巴黎聖母院》裡說，印刷機摧毀了建築，建築在印刷出現之前，始終用石頭記錄著人類的歷史。然而，印刷真正的過錯並非剝奪了建築的文學價值，而是讓建築從此必須靠文學才

能擁有價值。隨著文藝復興時期到來，現代人在讀寫與非讀寫之間設下的巨大區隔也開始在建築裡出現。了解石材、手下、工具和技藝傳統的泥水匠風光不再，由懂得帕拉迪歐、維格諾拉和維特魯維爾斯的建築師取而代之。建築不再致力於在房舍表面留下幸福精神的印記，只講求發音讀法和文法的精確。十七世紀的建築師倘若反對這套標準，試圖展現巴洛克風格，最後只能以替王儲與建花園和劇院為樂……

馬弗德年少時曾經在蘇格蘭生物學家吉德斯門下學習，因此他總是給我們非常開化的實例，說明事事看不出關聯的專家做起事來多無謂，又多沒收穫：「因為書本，十八世紀建築從聖彼得堡到費城，看起來都像同一個人設計的。」（四三頁）

印刷本身就是商品，是新的自然資源。印刷教導我們如何汲取並利用其他資源，包括我們自己。媒體／媒介可以視為某種主要商品或自然資源，這是因尼斯後期著作的主題。他的早期作品主要關切一般意義下的主要商品，但他研究漸趨成熟之後才恍然發現，科技媒體／媒介其實就跟書寫、莎草紙、廣播、顯像蝕刻一樣，本身就是一種財富。[54]

社會如果缺乏能將經驗同質化的科技，對自然力的掌控便始終有限，人力也無法好好組織。這一點正是電影「桂河大橋」嘲諷的主題。信奉佛教的日本上校缺乏完成任務所需的技術，英國上校卻一下便把任務規畫分配完畢了。當然，英國上校心裡沒什麼遠大的目的，技術就是他的生活方式，他只是按日內瓦公約過活而已。對能言善道的法國人而言，這一切眞是太好笑了。然而，英國和美國的觀眾卻覺得這部電影深邃、細膩而難解。

麥肯錫在《雙面刃》裡（一三頁）指出，二十世紀的聖經研究如何放棄了聖經的線性同質敘事結構：

對於現代人如何掌控及應用自然力，古希伯來人毫無頭緒，他們再怎麼想也想像不到……古希伯來人處於前哲學階段，現代思想裡最普通的模式他們都不曉得。他們缺乏邏輯作為心靈的規範，他們的語言是原始人的語言，看到的總是動作和行為，而不是靜態實相。對他們而言，靜態實相是具體而非抽象的。

法律世界裡，字詞都被謹慎地化約成同質的實體，以便應用。要是字詞擁有絲毫原先的優雅或活力，就沒辦法完成其實際的應用功能了。

先前提過，我所主張的理論是基於字詞本身的德行而來的。在我反過來證明這個理論和文件起草的實務不謀而合之前，且讓我斬釘截鐵地再說一遍。

法律文件裡的字詞（我只談法律文字），不過是代表他人權威，將權威應用在特定場合或事物上而已。字詞使用時，只在個案上有意義。字詞愈不精確，代表權愈大，因為字詞可以（或不可以）應用到更多個案之上。起草法律文件或詮釋法條時，這是字詞的唯一重點。

因此，字詞的意義不是撰寫者所賦予的意義，更不是撰寫者心中所想的意義，或預期其他人（無論合理與否）會賦予的意義，而是受文者所認定的意義。字詞的首要意義是受文者可能將字詞應用於其上的場合或事物，而有時僅只是他想應用的場合。法律文件意義的認定不在撰寫者，不在合約兩造，也不在立囑者或立法者，而是在受文者呼應字詞所做出的行為舉動。這是字詞意義的開始。

其次，法律文件的次要對象（只是次要對象）是法庭。這是更進一步的代表權，而且是不同的權威在做決定。不是決定字詞的意義，而是直接受文者有沒有權力決定字詞是什麼意義，抑或受文者認為字詞有什麼意義。換言之，法庭面臨的問題不是受文者有沒有賦予字詞正確的意義，而是字詞是否允許受文者如此定義。[55]

克帝斯在應用術語本質裡挖掘到的東西，也和市民及軍事人口有關。分派責任和功能必須先有齊一化的方法，否則是不可能的；而沒有責任和功能分派，就算印刷出現，也不可能產生中央集權的民族團體。讀寫能力也會導致齊一化，沒有這個過程，就不可能有市場和價格體系。正因如此，「落後」國家只能成爲「共產主義」或部落國家。目前我們還找不到方法，讓人在缺乏長時間大量讀寫經驗的情況下，仍然擁有價格及行銷體系。然而，我們一進入電子時代，上面這些現象就立刻暴露出來。因爲電報、廣播和電視在印刷文化裡所產生的效應不是同質化，反而讓我們較爲容易察覺非印刷文化。

對精確測量的狂熱在文藝復興時期成爲主流

翁格討論雷穆斯，在書裡提出許多洞見，讓我們得以了解中世紀邏輯學家和文藝復興商人在形式和動機上的奇特相似性。文藝復興時期科學及商業的關聯，我們之前已經在涅夫的作品中讀過。他撰寫《工業文明的文化基礎》目的在研究量化，尤其是量化侵入商業世界的過程。

士林哲學後期瀰漫著一股精神，就是強調視覺數量以便嚴格區分並轉譯功能，這一股精神（我們先前提過）也導致了抄寫技藝的商業化。士林哲學對分化與區分的追求，後來也蔓延到數學和科學領域。涅夫表示（四至五頁）：

> 將科學和信仰、道德及藝術分開，是我們這個時代非常明顯的特色，也是工業化世界的基礎。一六三七年，笛卡兒寫信給梅瑟神父，請他轉寄給費馬。笛卡兒在信中說，費馬這位偉大的數學家似乎認為「當我說某件事容易相信，只表示這件事是可能的。這根本不是我的立場：我認為事情如果只是可能，就幾乎可以肯定是錯的……」認同笛卡兒的立場，就必須承認唯有用愈來愈可測量的可感知事物證實，或者能用從真實生活經驗刻意抽象出來的數學定理證明的，才是真理。信仰、道德和美感領域不可能提供同樣的可感知證明，取得相同的共識。巴斯卡似乎是最早發現這一點的人。既然如此，面對宗教真理、道德哲學和藝術，就必須將之視為私人領域的事物，而不屬於公眾知識。所以，宗教、道德和藝術對當代世界的貢獻是「間接的」，即使這不表示宗教、道德和藝術必然遜於數學和科學。

為了同質化而刻意區分心理模式，這樣的做法對笛卡兒及其同時代的人而言，就代表對「確定」

的渴望。印刷出現一百年來，資訊移動愈來愈迅速，已經在人身上創造出新的感性。涅夫是這麼說的（八頁）：

一五五三年，拉柏雷過世。其後一百年，有許多跡象顯示當時的人開始對精確時間、精確數量和精確距離產生極大的興趣，無論私生活或公領域都是如此。其中最明顯的例子就是羅馬教廷決定製作更精確的年曆。中世紀基督徒測量時間流逝的方法很多，主要根據羅馬帝國衰亡之前的計算成果。西元前三二五年開始採行的朱利安曆，直到拉柏雷當時還在使用。

統計學興起，讓經濟學得以和十六世紀的一般生活網絡分離開來：

之後八十多年，歐洲人在許多領域致力追求更高的量化精確度。有些人賦予累積統計資料全新的重要性，統計資料裡和成長率相關的數據，被拿來當成經濟政策的參考。在波定、馬里尼斯、拉非馬、蒙奎田和馬恩等人的率領下，經濟學率先成為人類思辨學術的獨立主題，獨立於修身齊家（個人對日常生活的關切）和道德哲學（眾人對自己內心生活的關切）之外。（十頁）

當時歐洲已經開始走上測量視覺化和生活量化的道路，這是歐洲「有史以來首次占據一個近東及遠東之外的領域」。換句話說，過去在抄寫手稿的限制下，歐洲和東方的差別並非那麼明顯，因爲東方當時也是手稿文化。

讓我們暫時放下涅夫，回到翁格，以便確定當時新起的量化和測量狂熱。翁格寫道；「雷穆斯學派的方法主要訴諸對秩序的渴望，而非實驗或實驗方法……雷穆斯採取的方法或許可以稱為論述的項目化……」[56]

受到項目化方法吸引的新興商業階級，在許多地方都能見到。這個商業階級的新穎及奇特之處爲伊莉莎白時期提供不少歡樂，班強生《狐波尼》裡的范政治爵士其實就是未來馬基維里的化身。班強生很自然就將治國術跟新的視覺觀察技巧和行動組織方法連結起來：

我真的喜歡註記和觀察：雖然我活在行動的渦流之外，但我卻記下渦流及流逝的事物，以供我私人之用；並熟知王國的盛衰及潮流。

威尼斯的范政治先生問佩若葛林：

為什麼你遊歷至此，竟然不依靠任何方法？

佩若葛林：信仰。我有來自粗俗文法的共同信念，他用義大利文對我說、教導我。（第二幕第一景）

稍後，范政治爵士在第四幕裡幫佩若葛林做項目化的工作：

爵士：不對，先生，幫我想想。我需要洋蔥、三十幾本法文書……

佩若葛林：這樣是一英鎊。

爵士：在我的水力工事附近：先生，我是這麼做的。首先，我將你的船引導兩堵磚牆之間；但王國應該會冒險攻牆：其中一面牆上，我收緊自己的大塊防水布，在裡面塞進切半的洋蔥。另一面牆上都是窺孔，風箱吹嘴塞在窺孔裡。我讓風箱和水力工事不停運轉，這件事非常輕而易舉。先生，這時你的洋蔥，自然會引發傳染，這點從風箱鼓風吹過洋蔥上方，就立刻分曉了。因為洋蔥會變色，彷彿受到感染；不然就會像原本一樣白皙。這誰都曉得，沒什麼。

佩若葛林：先生，您說的對。

爵士：真希望我的筆記本就在身邊。

佩若葛林：「信仰，吾亦若是。」先生，但您這回做得很好。

爵士：要是我錯了，或被搞錯了，我也可以告訴你理由。為什麼現在可以將王國賣給土耳其人，即使我討厭他們的木船和他們的……（**埋首在文件裡尋找**）

佩若葛林：范政治爵士，我為您禱告。

爵士：文件不在身邊。

佩若葛林：我就怕這樣。先生，文件在這兒。

爵士：不對，這是我的日記，我會把每天的行動記錄下來。

佩若葛林：爵士，我為您禱告。讓我瞧瞧裡頭是什麼。**記事**（開始讀日記）：**老鼠咬了我的馬**

刺皮，不過我換了副新的，繼續前進：但首先我朝門檻丟了三顆豆子。項目：我出門買了兩根牙籤，其中一根立刻被我折斷了，在我和一位荷蘭商人說話，談論城邦區域的時候。分手後，我又花了一莫西尼哥，讓人把絲襪刺穿；另外，我討價還價買了小鯡魚，又在聖馬克教堂撒了泡尿。我保證，記載翔實！

爵士：先生，我不曾遺漏生活點滴，這就是證明。

佩若葛林：我敢說，這麼做很明智！

爵士：先生，你錯了，繼續讀下去吧。

因此，佩皮斯五十年後寫了一模一樣的日記，其實也不足爲奇了。想成爲馬基維里派商人，就需要訓練觀察力及精確度。對伊莉莎白時期的人來說，伊亞哥在《奧塞羅》第一場第一幕裡爲自己所作的辯護，很容易讓人將他視爲范政治爵士的打手：

啊！老兄，你放心吧！我跟隨他，不過是要利用他達到我自己的目的。我們不能每個人都是主人，每個主人也不是都有忠心的僕人。有一輩子天生的奴才，他們卑躬屈膝，拚命討主人的好，甘心受主人鞭策，像一頭驢子似的，為了一些糧草而出賣他們的一生，等到年紀老了，主人就把他們攆走；這種老實的奴才是應該抽一頓鞭子的。還有一種人，他們表面上儘管裝出一副鞠躬如也的樣子，骨子裡卻是為自己打算；看上去好像替主人做事，實際卻在借主人的牌頭發展自己的勢力：這種人還有幾分頭腦，我自己也屬於這一類。因為，老兄，正像你是洛特力戈，不是別人一樣，我要是做了那摩爾人，就不會是埃古。雖說跟隨他，其實還是跟隨自己。上天是我的公正人，我這樣對他陪著小心，既不是為了感情，又不是為了義務，只是為了自己的利益，才戴上這一副假臉。要是我表面的行動，果然出於內心的自然流露，那麼不久我就要掏出我的心來，讓烏鴉們亂啄了。世人所知道的我並不是實在的我。

印刷造成心腦分裂，導致巨大痛苦，對歐洲的影響從馬基維里持續到現在

神奇的是，印刷發明和視覺獨立化在初期似乎創造了漫畫般的僞善，以及心腦分裂。兩百年後，也就是十八世紀末葉，愛爾蘭人和英格蘭人身上似乎出現了同樣的分裂。這一點非常有趣。多愁善感的蓋爾人柏克在《法國大革命反思》裡針對項目化和計算的精神做了評論：

在凡爾賽宮謁見當時仍是太子妃的法國皇后，距今已經十六、七年了，在這個星球上我還不曾見過更讓我欣喜的影像。我看她站在地平線上，點亮、愉悦了身邊的一切，彷彿一顆光球——像晨星般熠熠發光，散放光彩、生命力和喜樂。喔！這是多麼偉大的革命啊！而我必須多麼努力壓抑自己的情緒，以便思考其中的拔升與墜落！我幾乎不曾想過，她會賦予狂熱、遙遠又充滿敬意的愛意以崇敬之名。我想像不出她也需要服用強力解藥，對抗深埋胸中的不雅。我幾乎不曾想過，自己有生之年竟然在這充滿俠義之士、幽默之人和英勇騎士的國度，見到如此巨大

的災禍臨在她身上。我以為，即便只是一道侮蔑的目光，都會引來成千上萬把利劍出鞘，為她復仇。然而，騎士時代過去了，隨之而來的是詭辯家、經濟學家和算士的時代。歐洲的榮光已經不再。對階級和異性慷慨忠誠、驕傲臣服、尊嚴服從和心甘情願，就連辛苦勞動、高尚自由的精神也從此消失不見了。生命中無價的優雅、廉價的國防、男性氣概和英雄事蹟的培養，全都消失了！對原則的敏感和榮耀的寬厚就像傷口上的髒污，舒緩暴戾的同時也增強勇氣，讓所及之物變得高貴，讓邪惡失去粗俗，因而使其惡性減輕一半。

接著是冷靜的薩克森人寇貝特。他在一七九五年出版《美國居一年紀》，書中記錄了他面對印刷文化催生的新人類時，心裡所感到的訝異：

三五六　土生土長的美國人，很少是真正「無知」的，每個農夫都多少能「讀書識字」。美國沒有「土腔」或「方言」，也沒有法國人所謂的「佃農」階級和後來資金主的惡棍後代指稱英格蘭最有用的那群人（真正做事和在戰場上拚命的人）所用的惡劣名號。至於那些自然會變成「你的」點頭之交的人，我按經驗知道，他們都是寬厚、坦白又敏感的男人，甚至懂得抉擇判斷，通常在英格蘭找得著。他們人人都見多識廣，誠懇而不害羞，總是願意和人分享他們所知，從來不會不好意思承認自己還有很多要學。你不會聽見他們「誇耀」自己所有的事物，也不曾「抱怨」他們需求沒有得到滿足。他們從年少就是「讀者」，無論政治或科學，幾乎任何主題他們都能談論，而且言之有物。尤有甚者，他們總是耐心「傾聽」，我幾乎沒聽過任何美國人打斷對方說話。他們的「安詳」和「冷靜」，說話做事「深思熟慮」的態度，與表達贊同的「緩慢」和「有所保留」都被外人錯估了，誤以為那是因為他們有「情感上的需求」。這肯定是敵人造的謠，會讓美國人眼眶含淚。不過，任何故事只要是捏造的，都會讓美國人手插口袋。法國、德國和義大利的乞丐到大使都能為我擔保，證實我所言不假。

三五七 然而，你會有很長一段時間，不知道該怎麼應付英國腔的「快問快答」和「言之鑿鑿」的表達方式。那種「大聲」：用力「握手」，「當下同意」或「反對」，還有那種「喧囂的愉悅」、「痛苦的哭泣」、「熱切的友情」和「致命的敵意」。那種愛到毀滅自己的愛情，恨到毀滅別人的恨意。這就是英國人的性格，在他們心中，所有感覺都是「極端」的。整體而言，英國人和美國人兩種性格，哪種「最好」呢？這個問題必須訴諸「第三者」……

大多數英國人在性格上仍然保有那種口語化、熱切的整體性，這點對寇貝特和狄更斯來說一樣明顯。寇貝特立刻發現書本文化在美國創造了新人類。新人類確實將印刷術所傳達的信息「放在心裡」，並穿上「破舊的人性罩衣」。新人類就像李爾王，不斷拆解自己，直到實現赫胥黎的理想爲止。一八六八年赫胥黎在〈自由主義教育〉文中寫道：

我想，那人接受的是自由主義式教育，年少時身體便經過鍛鍊，預備服從他的意志，只要從事的是自己能力所及的工作，都像機器一般輕鬆愉快。他神智清明，彷彿冷靜的邏輯引擎，所有元件和功能都一樣強勁，依序運作，過程順暢有如蒸汽引擎，蓄勢待發準備好從事任何工作

……[57]

在如此科學想像的感性邊緣出現的人物，是柯南道爾在《波希米亞醜聞》裡所描述的福爾摩斯：

我認為，他是世上所見最完美的推理和觀察機器，但在感情上卻總是站錯位置。除了嘲諷和揶揄，他不曾表達出其他更溫柔的情感……對他來說，敏銳樂器的刺耳刮擦聲或高倍數透鏡的裂痕，都比不上天性裡的強烈情感來得擾人。[58]

透過本書，各位將更加清楚，古騰堡時代藉轉譯和齊一化過程來應用知識，這股動力在性別和種族方面爲何會遭遇巨大的阻力。

當時社會及政治環境「齊一化」的過程，托克維爾在《舊制度》裡（八三至八四頁，一〇三頁，一二五頁）闡釋得非常清楚：

我之前已經說明過，王國內各省分不同的生活方式為何就此消失，並且讓所有法國人彼此相似。各省分儘管仍有差異，民族國家的統一卻已經在所難免。其中，最清楚的證據就是法律的統一。十八世紀，皇室敕命、宣告和議會命令隨著時間不斷增加，在所轄區域內頒布統一的法令，適用於所有人，而接受統治的人民也認為立法是普遍和齊一的，不分時地，不分男女老幼，一體適用。這個概念後來出現在法國大革命爆發之前三十年的所有改革計畫中，但在兩百

> 年前還缺乏孕育這個概念的條件。
>
> 非但各省分之間愈來愈相似，各省之內不同階級的人（起碼階級在平民之上的人）也愈來愈接近。
>
> 最明顯的例子，莫過於一七八九年數份不同的飭令前所附的「指示」。雖然起草者的利益各自不同，但除此之外都非常類似。
>
> 更奇特的是，這些人雖然距離遙遠卻是如此相像，就算位置互換也分不出彼此。更有甚者，這些人如果說出自己內心最深處的想法，便會發現區分彼此的微小隔閡，其間差異其實跟公眾利益和良知判斷一樣，非常之大，但在理論上他們已經傾向齊一了。雖然每個人僅是因為個別處境不同而謹守自己的位置，但都已經準備妥當，成為群眾的一份子。前提是他們當中沒有人擁有獨特的立場或位置，也不比其他人優越。

讀書識字的過程，造成人和態度的齊一化。和這樣的齊一化密不可分的，是對消費者商品的普遍關切：

> 十八世紀的人和我們不同，對於物質舒適（物質舒適是奴役之母）幾乎沒什麼熱情。這種熱情頑強不移，卻會讓人衰弱，很快就和許多個人美德（例如愛家、尊重生命和崇敬宗教信仰）混雜纏繞在一起，甚至既有的崇拜儀式，無論勤勉奉行或敷衍了事，都和這股熱情有所牽連。這種對舒適的追求，偏袒體面人士，卻禁止英雄主義，非常容易讓人穩定，卻讓公民冷血。因

此，十八世紀的人變得更好，卻也更壞了。

當時的法國人喜好愉悅，崇尚歡樂，他們不比現在，沒那麼信守習慣，對熱情和想法也不加管束，但對現代無所不在卻又知所節制的感官主義，則毫無所知。上層社會更在意生命，而非讓生命舒適，他們希望讓生命卓越，而非讓自己更有錢。

即便是中產階級也不會鎮日追求舒適。為了更高更精緻的樂趣，他們會放棄對舒適的追求。除了金錢，還有許多善的事物是放諸四海皆準的追求目標。一名當時的作家以奇想但不失自豪的口吻寫道：「我了解我的同胞，他們雖然精通冶煉，揮霍金屬，卻對這些事物缺乏長久的敬仰，反而對於遠古的偶像情有獨鍾——英勇、榮耀，還有我敢說，寬宏大量。」

馬基維里式的心靈和商人式的心靈有個相同處，就是都堅決相信區分的力量足以統治一切，都相信權力和道德應該區分開來，金錢和道德亦然

德日進在《人的現象》裡說道，新發明是舊科技結構的內在化，內化到人的生命裡，因此新發明是會累積的。本書所要探究的就是印刷技術的內在化，以及印刷如何形塑新人類。德日進表示，現今需要內化的科技實在太多了：「首先，在各種研究力量的理性化的反彈下，發明力在現代大幅增長。可以想見，演化又要往前邁進一步了。」（三〇五頁）

於是，應用知識不再神祕難解，所有應用知識都是對某個過程、情境或某個人的區別分類。前面

提過，班強生和莎翁揶揄的對象正是馬基維里的權術。觀察人類就是看「是什麼讓他運轉動作的」。換句話說，就是將人化約成機器。排除人的統治欲就像機器抽掉油料，人就可以被研究了。馬基維里的統治術也出現在伊莉莎白時代的戲劇《獅子與狐狸》裡。對此，路易斯做了詳盡的說明。之前我們已經看到，他在說明裡提到義大利皇室建築的好萊塢特質。

印刷技術催生出項目分類法，不僅將人化約成事物，翁格更在《雷穆斯方法和商業心靈》中表示（一六七頁）：

製作書籍時所用的量產方法，讓我們傾向（甚至必然）將書想成「東西」而非用來溝通思想的文字的外在表徵。書籍愈來愈被當成產品，當成待售的商品，可以說文字和人的言談因為書本變得具體了。甚至早在印刷術發明之前，中世紀的唯名邏輯學家就已經開始進行文字具體化的工作了。我在其他地方已經詳盡解釋過唯名邏輯學（和人文主義時期延續唯名邏輯的論題邏輯）和逐漸發展的靠印刷溝通的態度兩者之間的心理關聯。大約在雷穆斯年少時代，唯名邏輯在巴黎依然相當盛行，德切拉亞、杜雷爾特、梅傑和雷穆斯的辯護者昆丁都是唯名論者。然而，唯名邏輯之所以始終致力於文字的具體化，是出於智性的目的，主要動力來自學院。印刷術的發展，從當時自治市民的角度觀之，還有另一股助力推動文字的具體化。邏輯學家試圖將文句具體化以便進行形式分析，商人將文字具體化，則是為了販賣文字……

可想而知，誠如翁格所言，雷穆斯視覺化的項目分類法聽起來應該「讓人很容易直接聯想到印刷過程，因此能在任何主題上強加結構，就像把文字框進印刷工人的字模裡一樣，只要將主題想成由空間中固定的部分所組成的就可以了。」

印刷是視覺、接續、齊一而線性的，這個驚人的例子並未被十六世紀的人類感性所遺漏。但在談論印刷的戲劇化展現之前，我們必須和翁格一樣先指出一點，那就是文藝復興時期對「方法」的執迷。最典型的例子是「按字形製作鉛字的過程。連續對話的組成，主要是按空間模式安排現存的部分或單元。」（一六八頁）顯然，雷穆斯的訴求之所以那麼突出，是因爲他貼近當時新的感性模式，而這些新模式來自於人和印刷接觸的經驗。新的「印刷人」因爲印刷而特出，稍後更因爲跟個人主義和民族主義的關聯而備受注目。我們希望能找出，印刷藉區隔分化和不斷視覺化的方式來組織「應用」知識的各種方法。借用翁格的話來說，就是「視覺表徵的複雜化，當然不只出現在雷穆斯的作品，更是印刷演化的一部分，清楚顯示文字在印刷出現之後，脫離了和聲音的連結，愈來愈被視爲『空間裡的事物』。」（一六八頁）

翁格提出一個非常重要的看法，他表示（一六八頁）雷穆斯學派對亞里斯多德的敵意，就在於亞氏和印刷文化格格不入：

抄寫手稿時，製作圖表非常費工，遠遠超過單純的文字，因為在手稿上控制版面材料的位置非常困難。印刷術非但能自動控制版面位置，而且必然會控制……倘若雷穆斯確實如外界所言，提出有名的反亞氏論題：所有引述亞里斯多德的文字，都該被檢視（*Quaecumque ab Aristotele dicta essent commentitia esse*）。他這麼說絕對不是表示亞里斯多德不真實（一般解釋就是如此），而是亞里斯多德的書寫編排欠佳，沒有按「方法」加以控管。

換言之，亞氏的作品在古騰堡時代不合適。

應用雷穆斯的圖表和分類法來作研究，使得學習領域朝商人式心靈發展邁出一大步。因此，在我們回到涅夫教授之前，最後一次引用翁格的說法吧（一七〇頁）：

雷穆斯的方法還有一項特點吸引了中產階級，成為他們的最愛。那就是他的方法很像簿記或記帳。商人不僅要處理商品，還得逐一記錄，在帳本上記下各類貨品。不同的商品多半記在一起（羊毛、油蠟、焚香、煤炭、鐵塊和珠寶），這些商品除了貨價相同，沒有其他地方類似。面對商人簿記本裡的商品時，必須記住別去煩惱商品本身的性質，只需要知道簿記原理就行了。

和數字有關的辭彙必須增加，才能因應新的文字技術衍生的需求。丹奇希針對這點做了解釋

社會對精確量化工具的需求不斷提高，和社會上對個人主義的需求成正比。歷史學家普遍認爲，印刷增強了個人主義的發展，同時提供了量化的工具。任何想要認眞分析印刷文化對農民文化的衝擊的人，湯瑪斯和安涅基的巨著《波蘭農民在歐美》是不可或缺的參考書。他們寫道（冊一，一八二

頁）：

當然，自我中心的態度一旦引入經濟關係裡，經濟關係就必須客觀規範，最後並導致服務經濟等效原則出現，成為經濟關係的基礎。與此同時，建立在互助效率上的舊有價值體系和建立在主體犧牲的暫時價值體系，仍然保有一席之地。

想了解古騰堡星系，閱讀《波蘭農民在歐美》非常有用，因爲它以拼貼方式研究當代許多呼應古騰堡早期的事件。印刷術和工業組織出現後，波蘭農民遭遇到許多衝擊，俄國和日本隨後也遭遇到了。而在中國，類似的衝擊目前也開始出現。

涅夫教授曾親身經歷西方工業時代初期量化和應用知識的發展。在我們總結他的經驗之前，必須注意數字和數學在鉛字興起當時所扮演的角色。丹奇希在《數字：科學語言》裡探討了數學的文化史，愛因斯坦讀過之後說：「毋庸置疑，在我讀過有關數學發展的書裡，這是最有趣的一本。」丹奇希在該書開頭說明了歐幾里德式的感性如何從表音字母衍生而出。表音文字（亦即西方文化採用的語言及神話形式）有能力將人類所有感官化約或轉譯成視覺化、「圖像式」的「封閉」空間。

數學家比誰都要清楚連續同質空間的任意性和虛構性。此話怎講？因爲數字作爲科學語言，本身就是虛構出來的，目的在將虛構的歐式幾何空間回譯成聽觸覺空間。

丹奇希在一三九頁舉弧長測量作例子：

我們可以引曲線弧長的概念當例子。物理學中，弧長的概念源自彎曲線條的概念。我們想像自己將曲線「拉直」但沒有「拉長」它。如此一來，拉成的直線的長度就是弧長。然而，「沒有拉長」是什麼意思？不就是長度沒有改變嗎？這樣說來，我們在測量之前似乎就曉得弧線有多長了。因此，這樣的論證顯然就是丐題，也就是拉丁文所謂的 *petitio principii*，即循環論證，因此不能當成數學定義。

另外一個做法是在弧線內部畫上多邊形的直邊，再不斷增加邊數，以貼近弧線。直邊最後會逼近一個極限值，而弧長就定義為直邊的極限值。

長度的概念同樣適用於面積、體積、質量、運動、壓力、力、張力、速度和加速度等概念。凡此概念都誕生於「線性」而「理性」的世界。在這樣的世界裡，只有直線、平面和齊一的事物。因此，我們要嘛必須拋棄這些基本的理性觀念（而這將是名副其實的革命，因為這些概念早已深植在我們心中），要嘛就得調整這些概念，以便用在既不直線也不平面又不齊一的世界。

丹奇希認爲，直線、平面而齊一的歐氏幾何空間深植在我們心中，這樣的看法是大錯特錯了。歐式幾何空間是文字的產物，不諳文字的原始人對於這樣的空間毫無概念。本書稍早之前提過，艾里亞德最近寫了一本專書（《神聖與世俗》）探討這個議題。他在書中證明西方世界認爲時空是連續同質的，但遠古時代的人卻沒有類似的觀念，中國文化也付之闕如。前文字時代的人想像單一結構的時空時，永遠是以數學物理學的方式來理解。

丹奇希的證明價值非凡，因爲他揭示我們西方人爲了捍衛自己在歐氏幾何空間所投下的興趣，所以發明了平行但對立的數字模態，來因應日常經驗中所有的非歐氏面向。丹奇希接著說道（一四〇頁）：

然而，平面、直線、齊一的事物和傾斜、彎曲、分歧的事物彼此相反，前者要怎麼配合後者做調整呢？單靠次數有限的步驟顯然不能做到。這樣的創舉唯有「無限」這個奇蹟創造者才能實現。我們一旦決定堅守基本的理性概念，那就別無他法，只得將「彎曲的」感官世界視為由無限多的「平面」世界堆積而成，是這個無限堆積過程最後的「極限」，只存在於想像世界當中。

數字入侵歐氏幾何空間當時，希臘人如何面對語言的混淆？

讓我們再次自問，表音字母爲什麼讓人虛構出平面、單一而齊一的空間？表音文字和複雜的象形文字不同，象形文字是由廟堂裡的律法學者發展出來的，表音文字則是出於商務需要而發展出來的有效線性符碼。表音文字易學好用，而且能適用於各種不同的語言。

換言之，數字本身就是聽觸覺符碼，必須有高度發展的表音文字文化傳統作爲輔助，否則毫無意義可言。字母和數字兩者結合起來，就成爲強而有力的音節增減機器，將人類知覺模式以「雙重翻譯」的方式進行翻譯或重譯。文藝復興早期的人文主義學者便深受這一方式吸引。但如今，數字作爲賦予和應用知識與經驗的工具，已經和表音文字一樣過時而遭到淘汰了。我們現在進入了後數字時代，就像電子時代來臨之後，我們進到後文字時代一樣。丹奇希指出，有一種計算模式是前數位的（一四頁）：

> 澳洲和非洲幾個最原始的部落，還保有一種計數系統，不以五、十或二十為底，而是屬於「二元」系統，換言之，就是以二為底。這些野蠻人還不會用手指數數，他們有兩個數字符號分別代表一和二，之後用一和二互相組合，表達三到六，超過六的數目就是「堆」。

丹奇希指出，即便數數也是抽象，是將觸覺和其他感官區隔開來的動作。在此之前，是與否反倒是比較「完整」的反應。無論如何，新的二元電腦省略數字，也讓海森堡的結構物理學成爲可能。在古代世界裡，數字始終不只是觸摸得到的測量單位，要到文藝復興時期進入分裂的視覺世界之後才變爲如此。誠如德日進在《人的現象》裡（五〇頁）所說的：

> 古人認為（或想像）出於數字、渾然天成的和諧事物，現代科學卻將之轉換成精準的算式，加以掌握。而算式必須仰賴測量。的確，我們目前對宇宙的巨觀和微觀世界的理解，愈來愈多來自於更精確的測量，而非直接觀察所得。此外，測量愈來愈大膽，也讓我們發現許多能加以計算的條件，任何物質轉換都受限於這些條件，並依據所受的力來決定。

文藝復興時期回到源自感官抽象的視覺世界，使得十八世紀的世界「看來似乎片段靜止不動在幾何學的三個座標軸上，彷彿從一個模子裡塑造出來似的。」這裡牽涉的不是價值問題，而是需要問題，我們必須了解文藝復興時期的種種成就跟感官及功能的分化之間有什麼關聯。儘管如此，在傳統的聽觸覺文化背景下，能夠發現視覺分化和靜態捕捉的技巧，成果還是非常豐碩。要是在已經被同樣技巧同質化過的世界裡頭應用這些技巧，好處可能沒這麼多。德日進說道（二二一頁）：

我們習慣將人類世界分成不同類「現實」的各種部分，如自然與人為、物理與道德、組織與司法等等。

在「時間—空間」體系裡，我們人類的心靈活動理所當然包含在內，但上述諸多對比卻會消失。畢竟從生命擴展的觀點看來，只要擁有創造力，你是能伸展四肢或有羽毛的脊椎動物，還是擁有翅膀能夠翱翔的飛行動物，真的有很大的差異嗎？

在此或許沒有必要強調，微積分在印刷技術的擴展過程中扮演了什麼角色。微積分比表音字母更中性，能夠將任何空間、運動或能量翻譯或化約成齊一、可重複的公式。丹奇希在《數字：科學語言》裡指出，腓尼基人出於商務的壓力，在計數和計算方面往前邁了一大步：「序數用字母代表，按照字母在口語中的順序排列。」（二四頁或參考二三二頁）

不過，古希臘羅馬人採用字母之後，還是未能找到適合數學運算的方法：「這就是爲什麼從歷史伊始到現代我們使用的『位數』系統出現前，在計數技藝方面的進展趨近於零的原因。」（二五頁）

換言之，直到人類賦予數字視覺空間特質，並且將之從聽觸覺母體中抽象出來，數字才從魔幻領域中掙脫出來。「嫻熟技藝的人在古代被視爲擁有超自然力量……就連心智啓蒙的古希臘人，也未能完全擺脫數字神祕主義和形式神祕主義的泥淖。」（二五至二六頁）

根據丹奇希的說明，我們很容易可以看出，印刷術出現之前由於欠缺同質化的工具，古希臘人試圖將算術用到幾何學，將幾何空間轉譯成數字空間時，爲什麼會引發數學發展史的第一次危機：「這種語言混淆持續到今天。所有數學悖論都圍繞著『無限』的概念。芝諾的論證、康德的二律背反和托的悖論都是如此。」（六五頁）生活在二十世紀的我們很難理解，爲什麼前人在區辨分別對應視覺空間和聽觸覺空間的兩種語言時，竟然困難重重。然而，正是因爲習慣某種空間，才會讓其他形式的空間顯得那麼晦暗而無法掌握。算盤計數家和阿拉伯數字計數家之間的爭執（亦即文字派和數字派的爭執）從十一世紀延燒到十五世紀。部分地區甚至禁止使用阿拉伯數字。十三世紀義大利商人還將阿拉伯數字當成密碼使用。在抄寫文化裡，數字符碼的外在樣貌歷經許多改變，丹奇希表示（三四頁）：「其實，數字符碼直到印刷術出現後，才開始定形。附帶一提，印刷術的穩定力既強又大，使得數字符號從十五世紀到現在幾乎沒有任何變化。」

十六世紀運算器速度加快，隨之而來的是科學與藝術的大決裂

印刷術確立了十六世紀初數字和視覺位置的勝利。十六世紀後期，統計學的技術不斷成長。丹奇

希寫道（一六頁）：

十六世紀後期，西班牙各省及各城鎮人口的統計數字已經印刷成冊，義大利也開始對人口統計產生認真的興趣——國情調查正逐步成形。同時在法國，波定正和某位自稱梅勒史托的先生交互論戰，兩人對金錢流通數量和價格水準之間的關係各持己見。

不久，加速算術運算的方法和工具就成為大眾高度關切的焦點：

我們現代人很難理解，「對我們來說似乎極為簡單的運算問題」落在中世紀的歐洲人手中，他們運用各種運算方法或工具計算起來卻又慢又費力。阿拉伯數字引入之後，歐洲人就擁有比較容易運用的計數符號，足以取代羅馬數字。十六世紀末葉，阿拉伯數字在歐洲已經快速流傳，起碼在歐陸如此。約在一五九〇到一六一七年間，納皮耶發明了古怪有趣的計算「骨頭」。根據這項發明，他隨後又發明了更受人好評的對數運算。對數在歐洲幾乎立刻流傳各地，因而讓算術運算速度大幅提升。（一七頁）

之後發生的事情，讓數字和字母的分家過程出現最戲劇化的轉折。涅夫在《工業文明的文化基礎》中（一七至一八頁）引用費夫賀的研究指出，計算方法突然轉變，使得「原本直到十六世紀晚期依然流行的由左到右的加減運算法，被速度更快的由右到左的運算法所取代。」換言之，數字運算拋棄文字閱讀習慣的由左至右的順序，總算讓字母和數字兩者漫長的分家過程大功告成。涅夫花了一些篇幅（一九頁）試圖解決如何統合信仰、藝術和科學的問題。宗教和藝術在量化、齊一而同質的思想系統中已經被自動排除在外：「以十六世紀末葉爲界，之前之後兩個時期的作品有一個非常重要的區別，就是信仰和藝術在科學探索中所占的位置。其實要到十六世紀末，宗教和藝術在科學研究方面的重要地位才開始逐步喪失。」

如今科學研究再度脫離片段化，轉向組態化、結構化的觀察模式，因此我們很難察覺十六到十九世紀探討宗教藝術和科學之間的關係，產生許多困難和疑惑，其根據究竟爲何。十九世紀後半，伯納德發明實驗醫學，重新征服內在介質的異質面向。值得注意的是，藍波和波特萊爾也在同時間將詩學推往內在世界。然而，在此之前三百年，藝術和科學卻是戰友，藉由印刷文字所衍生出的視覺量化和同質化，試圖共同征服外在的介質。讓文字和數字分道揚鑣，各走各路，從而引發科學與藝術之間的困擾的，正是印刷。不過，涅夫教授在《工業文明的文化基礎》裡（二二頁）寫道，剛開始……

當時出現一股新的渴望，就是把自然（包括動物和人體）視為它在人類感官中所顯現的模樣。這股新渴望對科學的進展幫助頗大。文藝復興時期有少數偉大藝術家，興趣廣泛得幾乎無所不包，而且成就多樣。他們的研究讓歐洲人以全新的眼光發現身體、植物和地貌的物質實相。然而，現代科學家和藝術家使用感官印象創造世界的方法卻各自不同，而科學的驚人發展部分有賴於科學和藝術的分離。

這點只不過表示，科學裡的感官分離後來成爲所有藝術反動的源頭。在依循感官分離這條簡單道路追求瘋狂的世界裡，藝術家千方百計想保留或奪回感官的完整與互動。本書開頭就提過，《李爾王》的主題正好就是（涅夫所指出的）現代科學的起源。

「將世界的渾圓打扁吧，」李爾王如此咒詛著，希望「啪啦一聲，捏碎感官最珍貴的規矩。」打扁和視覺的孤立，正是古騰堡和麥卡托投射法的偉大成就。丹奇希指出（一二五頁）：「世人認爲直線所有的種種性質，其實是幾何學家的發明。幾何學家刻意忽略厚度和寬度，刻意假定兩條直線所有的共同性質和兩條線的交點，都是沒有任何維度的……然而，這些假定都是任意的，充其量不過是方便的假設。」丹奇希很容易就看出古典幾何有多虛構。古典幾何先受字母威脅，又因爲印刷術出現而得到滋養。當代熟悉的非歐幾何也有賴於電子科技提供養分和正當性。關於這點，現今的數學家和他們的前輩一樣看得很清楚，非常明白字母和印刷之間的關係。到目前爲止，大眾都假定任何人只要被感官分離法催眠或下咒，所導致的心靈同質狀態就足以讓人覺得彼此相繫。印刷對西方世界的不斷催眠，是當前藝術史和科學史家的研究主題。這是因爲我們業已脫離感官分離孤立的魔咒。然而，我們還沒開始追問自己現在又置身於哪個新魔咒裡。稱之爲魔咒或許讓人難以接受，其實意思就是「假設」、「參數」或「參考架構」。然而，不管用什麼比喻，說人因爲科技延伸了人類感官，內在生活就非自願地被迫改變，難道並不荒謬嗎？感官外延造成人類感官比例的改變，我們毋須覺得無助。現在只要利用程式，就能讓電腦擁有各種可能的感官比例，而我們便可以藉此精確掌握（如電視所提供的）特定的感官比例會如何改變藝術和科學的內在文化假定。

「現代」的代言人培根其實雙腳還踩在中世紀裡

喬伊斯在《芬尼根守靈》裡，從頭到尾都將巴別塔稱爲沉睡塔。換言之，就是不加思索的假設之塔，亦即培根所謂的被偶像控制。培根的個人形象向來充滿矛盾；他是現代科學的發聲筒，但雙腳卻牢牢踩在中世紀裡。他在文藝復興時期聲名鵲起，卻讓許多人困惑，因爲他提倡的方法一點也不科學。比起叨叨說教的雷穆斯，培根更有知識份子的架式，但他和雷穆斯一樣，都極度鼓吹感官視覺化，使得他和十二世紀的親戚羅傑培根和十八世紀的牛頓彼此關聯。本書到目前爲止所闡述的一切，可以說都是在爲培根做導言。假若沒有先前提到的翁格、丹奇希和涅夫的著作，想要理解培根並不容易。不過，就算按培根本人的說法，其實也言之成理。只要接受培根的假設，認爲自然是一本大書，卻被人的墮落玷汙，他的論點就合情合理。然而，由於大家都認爲他隸屬於現代科學，因此沒有人覺得他憑藉的是來自中世紀的假設，而翁格、丹奇希和涅夫的作品正有助於釐清這一點。從古代直到培根當時，朝科學邁進的驅力就是將視覺和其他感官分離的驅力。然而，這股驅力和抄寫文化及印刷文化的發展是不可分割的。因此，培根的中世紀習氣在當時並無不當。費夫賀和馬爾坦在《印刷書的誕生》裡解釋道，印刷文化誕生最初兩百年，從「內容」來看可以說是中世紀味十足。當時印製的書籍九成以上來自中世紀。涅夫在《現代工業主義的文化基礎》裡（三三頁）堅稱中世紀人認同普世主義，相信人的理智有能力理解所有受造物，正是這樣的信念讓「他們有勇氣以全新的方式閱讀自然這本大書。當時幾乎所有歐洲人都認爲，自然之書是神所寫成，而神透過耶穌彰顯了祂自身……達文西、哥白尼和維塞流斯都用新方法閱讀自然之書。然而，發現新閱讀方式的人不是他們。他們頂多屬於從舊科學過渡到新科學時期的人，他們用以檢視自然現象的方法主要來自過去。」

因此，阿奎納的偉大之處就在於他提出解釋，說明存有的模態是如何和人類的理智模態相呼應。觀察和實驗並不新奇。新奇的是堅持只有可見可感的可重複證據才是證據。涅夫寫道（二七頁）：「對可感知證據的堅持，在威廉吉伯特之前幾乎聞所未聞。吉伯特生於一五四四年，他在一六〇〇年出版《磁體》，強調書裡所有的解釋和描述沒有一樣不是他『親眼』反覆查證過的。」印刷術花了一百多年才建立齊一、連續和可重複的假設。在此之前，吉伯特感受到的驅力和他給的證據幾乎乏人問津。培根本人清楚察覺到，機械主義興起讓他所處的時代和過往的歷史斷裂開來。他在《新工具論》格言一二九條寫道：

> 觀察「發現」的力量、效用和結果是有好處的。要了解這一點，最明顯的例子莫過於以下三項古人所不知道的發明。這三項發明均發源自近代，但起源究竟為何，卻少有人知。它們就是印刷、火藥和磁鐵。這三項發明改變了世界萬物的面貌和狀態。印刷改變了文學，火藥改變了戰爭，磁鐵改變了航海，三者其後又引發了無數改變。截至目前，這些機械發明對人類事務的影響之大，任何帝國、部落或星辰都望塵莫及。

「培根引領我們進入全新的心靈世界，」法靈頓在《培根：工業科學的哲人》裡寫道（一四一頁）：「只要稍加分析便能發現，新心靈的特質不在科學進展，而在於一個有憑有據的信念，亦即人類生命能因為科學而徹底轉變。」依照法靈頓的看法，要是結果證明新心靈對人類和科學並不是那麼有益，培根的信心便只是空穴來風，胡說八道。只要稍微了解培根的中世紀背景，就更能明白他的理論確實有所根據。「實驗科學」一詞是十二世紀羅傑培根所創用的，而他正是培根的親戚。羅傑培根指出，實驗科學和演繹推理完全不同。他在探討彩虹成因時，也不斷強調自己所採納的證據是個案。[59]

印刷術對應用知識的影響讓培根印象深刻，心中所經歷的震撼不下於拉柏雷。中世紀所有人都將自然視爲一本大書，有待找出其中「神的足跡」（*vestigia dei*）。培根從印刷當中學到的是人類現在眞的能用更新更好的方法，將自然謄錄下來。於是，百科全書的概念開始成形。也正因爲他完全接受自然之書的概念，使得培根本人極爲中世紀，卻又非常現代。不過，兩者的分歧之處在於中世紀的自然之書和聖經一樣，都是爲了**沉思**，文藝復興的自然之書卻和鉛字一樣是爲了**應用**。仔細檢視培根的觀點，就能化解他論點相互矛盾的問題，並闡明中世紀到現代的演進過程。

還有一個人也將書本視爲中世紀和現代世界的橋梁，那就是伊拉斯謨斯。伊拉斯謨斯於一五一六年出版新拉丁文新約，到了一六二〇年被稱爲《新工具論》。他將新問世的印刷術挪用到傳統的文法學和修辭學上，以整理聖經中的章句，培根則是將印刷當成整理自然之書的工具。兩人著作精神不同，我們從中可以得知人在接受應用知識的過程中，印刷起了何種效用。然而，這樣的轉變並不如許多人所認爲的來得既快速又全面。莫理森在《海洋的艦隊司令》裡，對哥倫布的手下船員竟然無力在新世界謀生，始終大惑不解：「哥倫布熱切地擁抱他，因爲輕帆船上的食物已經一點不剩，手下的西班牙船員都在挨餓。我實在不懂，他們怎麼不捕魚呢……」（六四三頁）畢竟，《魯濱遜漂流記》的重點就在於人有了新的能力，能夠適應環境、取得資源，並且將舊經驗應用在新模式上。笛福這部作品可以說是描述應用知識時代的史詩，但人類在印刷術問世初期還沒有獲得這樣的能力。

中世紀的自然之書和鉛字書的奇異聯姻，是由培根促成的

培根對科學和自然之書的見解奇特。爲了了解他的看法，必須約略認識中世紀對科學和自然之書的觀感。

柯修斯在《歐洲文學與拉丁中世紀》第十六章〈書本作爲符號〉裡探討了這個主題。古希臘羅馬時代幾乎不曾以書本作象徵或比喻，而書是「藉由基督信仰，才使其神聖地位達到最高點的。基督信仰是宗教，是聖經。古代神祇當中，就只有基督的形象是帶著卷軸的……舊約裡就包含大量以書爲象徵或比喻的段落。」（一三○頁）因此，十二世紀紙張問世、書籍增加之後，以書作爲比喻自然大爲風行。柯修斯在神學家和詩人作品裡東尋西覓，談到自然之書時，他說（三一九至三二○頁）：

西方歷史裡有一段老生常談，說文藝復興時期的人放下積塵發黃的羊皮紙，開始直接閱讀自然或世界這本大書。然而，這樣的比喻和說法其實來自拉丁中世紀。比如艾倫就談到所謂的「經驗之書」……世上所有之物／皆如我們的書本／以及繪畫與視界。之後的作者，尤其是布道家，都把「創世法則」（*scientia creaturarum*）和「自然之書」（*liber naturae*）看成同義詞。自然之書在布道家眼裡就和聖經一樣，是講道的素材。

然而，柯修斯指出（三二六頁）：「將中世紀的書本比喻統合起來，加以強化拓展的」卻是但丁本人。「從《新生》第一段，到《神曲》頌歌的最後一首，都是如此。」中世紀知識體系裡「大全」的概念，其實就和教科書的「大全」概念一模一樣：「如今，人將閱讀視爲接受和研究的方式，將書寫看成製作和創造的方法，兩者相互隸屬。在中世紀的智識世界裡，書寫和閱讀是一體兩面。世界的統一因爲印刷術出現，而遭到破壞。」（三二八頁）之前，哈吉納在著作裡提過，書寫和閱讀過程中所包含的口語訓練，在書本進行文化統一時所扮演的角色，比柯修斯所想的還重要。柯修斯發現，印刷將製造者和消費者分離開來，同時創造出採行「應用」知識的動機和工具。換言之，工具創造了需求。

將自然之書當成講道說教的題材，如我們在鏡子裡看到的，將自然之書看成是聖保羅的鏡子，這樣的觀點讓聖奧古斯丁以降的人將普里尼視爲文法註釋學的寶庫。總而言之，柯修斯發現（三二一頁）「將自然和世界看成一本『書』，起初來自傳教士的口才，之後爲中世紀玄哲學所採納，最終成爲平常慣用的說法。」

柯修斯接著（三二二頁）談到文藝復興作家如蒙田、笛卡兒和布朗等人，他們都接受了書本比喻，培根亦然，柯修斯說：「培根保留了以下這個神學概念：因爲我們的救主說：『你們錯了，因爲不明白聖經，也不曉得神的大能。』（〈馬太福音〉二二章二九節）（所以，）爲了讓我們不要誤入歧途，他在我們眼前放了兩本必得展閱的書。（《論知識的增長》冊一）」不過，我們既然只想指出培根的科學觀和中世紀聖經啓示錄及自然之書在概念上有什麼關聯，因此可以將討論局限在隨手可得的人人版《學習的進展》上。培根在這本書裡同樣引用了上述〈馬太福音〉的章節（四一至四二頁）：

……〈詩篇〉和聖經其他篇章時常邀請讀者思考神偉大奇妙的工作，並且加以頌揚。因此要是我們只滿足於表面的沉思，亦即最初的感官經驗，便是對偉大的神的傷害。這跟光憑店門口的珠寶來評斷一家珠寶店好不好，是一樣的道理。其次，思索神的工作會產生奇異的助益，讓人抗拒不信和錯誤：因為我們的救主有言，**你們錯了，因為不明白聖經，也不曉得神的大能**。我們若想免於犯罪，眼前就有兩本書可讀。第一本是聖經，講的是神的旨意；其次便是世上萬物，因為受造物彰顯神的大能。萬物之書是理解聖經的鑰匙，不止開啓吾人的理解能力，藉由理性的一般概念和語言法則掌握聖經的真正意涵，更重要的是啓發吾人信仰，讓我們找到適當的沉思方式來思索上帝的全能。因為神的大能就書寫印刻在受造萬物身上，而學習真正的價值及尊嚴就在於理解神所給的證據與證言。

接下來這個段落是培根反覆提及的主題，亦即所有藝術都是某種應用知識，目的就在消除人的墮落所產生的壞處：

就好比語言和文字。思索語言和文字促成了文法科學的誕生：因為人還在努力靠祝禱來整頓自己，挽回因為罪愆所失去的事物。人先藉由發明各種技藝來對抗最初的普世詛咒，接著再靠文法科學來化解第二道詛咒，亦即語言的混淆。文法在母語裡的功用小，在外語的功用大，但隨著智識增長，外語不再是番言夷語，而成為習得的語言。（一三八頁）

應用知識所催生的技藝能緩和人類的受貶狀態，但人的墮落卻會危害這些技藝：

大洪水來臨前，少數紀念碑上記載的神聖話語，允諾將提及並尊崇發明者、作曲家和金工師傅的大名。大洪水之後，神對人的野心做出判決，首先就是混淆人類的語言。然而，必須憑藉語言，才能確保自由貿易、相互學習和知識交流。（三八頁）

培根最為推崇的是尚未墮落的人所成就的事（三七頁）：

創造完成，人被安排在伊甸園工作，這指派的工作不是別的，就是沉思。而工作的目的無他，就是執行和實驗，而非出於必要。如此一來，受造的人類工作起來就不會覺得勉強，也不費力氣，反能從實驗中獲得樂趣，絲毫不以為苦累。再說一次，人在天堂最初的作為包含兩部分知識：觀察受造物、為萬物命名。至於使人墮落的知識，之前便已說過，並非關於受造物的自然知識，而是關於善惡的道德知識。善惡的知識有其他根源，人渴望知道，終致使自己脫離了神，必須自立更生。

培根眼中的亞當是中世紀的神祕主義者，米爾頓眼中的亞當是貿易聯盟的組織者

人在墮落之前，工作純粹爲了經驗，爲了「實驗」而非必要，也不是爲了動用勞力。怪的是，培根公然從聖經裡導衍出他整個計畫，而且不斷重申，後代的評論者卻迴避這點。培根將啓示放進他計畫裡的所有部分，非但將自然之書比做啓示錄，就連使用的方法也如出一轍。

培根眼中的亞當似乎和莎翁筆下的詩人相呼應，兩者都用純然的直覺穿透所有神祕，再一一爲事物命名，彷彿是個唯名論魔術師：

詩人的眼，發狂轉動，
目光從天堂望向地球，再望向天堂；
猶如想像力
賦予未知事物形式，詩人的筆
賦予事物形狀，讓虛無飄渺之物
有個居所和名字。[60]

兩相比較，米爾頓筆下尚未墮落的亞當就像個遭到騷擾的農工：

再想想他們那天如何勤奮
埋首於不斷增長的工作——因為許多工作都超過
他們雙手所能涵蓋的範圍。[61]

米爾頓在這裡顯然語帶諷刺。

培根認為，應用知識跟如何復原自然之書的內容有關，因為自然之書被人類的墮落給玷污了，就連人的種種能力都因此削弱。培根希望藉由歷史修補自然之書，也致力透過各類公開或私下的市民忠告及道德散文來挽救人的能力。心靈裡那面破碎的鏡子或玻璃不再能「讓光穿透」，但破碎的光卻吸住我們，使我們沉迷於各種偶像。

培根借用傳統的歸納文法學來詮釋自然之書和啓示之書，因此談到應用知識時，便格外強調西塞羅式的演說口才，將西塞羅和所羅門王擺在一起。他在《新工具論》裡（一八一至一八二頁）寫道：

> 無庸置疑，這樣的知識不受戒令約束，所以是非常多變的，因為它不像治理之學那樣無窮無盡。治理之學如我們所見，是極為費力、偶爾又非常簡約的。理解這點之後，似乎就能明白，某些身處最悲慘、最明智時代的古羅馬人才是貨真價實的教授。因為按西塞羅記載，當時元老院議員手上都握有智者名單，例如郭朗坎尼斯、柯里爾斯和雷李爾斯等人，並請智士在固定時間前來，提供建議給有需要的聽眾。這些公民會找智者求助，詢問他們生活中的大小事務，如嫁女兒、雇用兒子、買賣折扣和指控訴訟等等。因此，即便是私人事務，透過這樣的諮詢建議，也會產生放諸四海皆準的洞見。這些洞見確實用在具體情境裡，但卻來自對類似事件的總合觀察。因此，我們可以在西塞羅寫給胞弟的書信《執政官狀書》裡（據我所知，這是唯一由古人所寫的商業書籍）看到，雖然他關切的都是具體行為，其中卻蘊含了許多明智的政治準則。這些準則所給定的方向不是暫時的，而是針對普選所指出的永恆方向。然而，在神聖書寫

裡占有一席之地、由所羅門王（根據聖經，所羅門的心如海中的沙，包含世界，涵納世上萬物）撰寫的格言裡，可以看到許多意味深長的出色警語、訓誡和看法，涵蓋各式各樣的情境。當我們遇到事情，便會停下來從格言給的例子裡思索。

培根將所羅門王視爲他的先驅，因此談了許多。而他的格言教學理論（三九至四〇頁）其實就來自所羅門王：

因此，在所羅門王這樣的人身上，我們可以看見智慧和學識總是比其他屬世、暫時的天賦還受青睞。這從他的祈求和神的應允上便能看得出來。所羅門王憑藉神的首肯和贈與，非但能寫關於神聖及道德事務的出色寓言與格言，也能為所有植物（從山上的西洋松到介於草藥和腐物之間的牆上的苔蘚）和能呼吸走動的生物撰寫歷史。不過，所羅門王雖然擁有寶藏豪宅，懂得航海行船，熟習服務和照看，擁有名聲威望等等，卻非因此得著榮光。他的榮光來自對真理的追求，因為他自己明白說過：**神的榮光在於隱藏事物，王的榮光在於將之找出**。這就好比天真的小孩玩遊戲，大能的神以隱藏自己的工作為樂，目的就是希望被人發現，而君王最大的榮耀莫過於在這場遊戲當中成為神的玩伴。君王擁有最大的智慧與能力，萬事萬物的意涵都無法隱藏。

培根將科學發現比作孩子的遊戲，讓我們更能了解他的另一個觀點，就是人因爲驕傲而失去了伊甸園，現在必須靠謙恭來挽回：

> 我們面對偶像和他們的隨從，必須以堅定不移的決心加以拒斥和揚棄，讓理解力得到完全自由與潔淨。人類國度的入口奠基在諸科學之上，也正是天堂的入口，唯有孩童才能進入。[62]

在先前的《散文集》裡（二八九至二九〇頁），培根同樣強調：「針對科學發現，我的方法如下：盡可能不倚賴機智的力量和準確，而是將機智與理解力放在同等的位置上。」印刷術帶給培根的啓發，不只在齊一的分段步驟引發了應用知識的概念，還在於更讓他確定所有人終究都能擁有相同的能力與表現。根據這個準則，培根推導出不少看似奇怪的臆想，但很少有人會質疑，印刷普及並拓展學習的能力就和甘農砲或重砲推平城堡和封建莊園的能力一樣驚人。培根接著主張，以百科全書式的方法蒐集事實，就能復原自然之書的內容，人的智慧也能獲得重建，得以再次顯映自然之書，並且使之完全。人的心靈現在雖然是一面受迷惑的鏡子，但魔法是可以破除的。

因此，培根對士林哲學的態度，顯然和他對柏拉圖和亞里斯多德辯證法的態度一樣，毫不尊敬。因爲「藝術的職責是完善自然、高舉自然，那些人卻誤解自然，濫用它、詆毀它。」[63]

大量印刷的書頁取代聽覺告白到何種程度？

在《學習的進長》裡，培根開頭（二三頁）簡單陳述了文藝復興時期的散文史，並間接說明了印刷所扮演的角色：

馬丁路德無疑得到更高的存有指引。然而，他在理性對話的過程中發現，他所接納的這個更高的存有竟然跟羅馬主教和墮落教會的傳統背道而馳。馬丁路德發現自己孤單一人，當時的社會意見對他毫無助益，於是他被迫喚醒過去的一切，以古代為應援，聯合起來對抗他眼前的時代。因此，古代的作者（無論書寫凡俗或神聖事務）多年來沉睡在圖書館裡，開始漸漸為人閱讀思索，一股需要也應運而生，就是必須辛苦閱讀原文，以便更了解這些古代作者，更有能力強調或應用古人的話語。於是，世人開始從古人的風格及措詞中得到樂趣，並且崇拜仰慕。尤有甚者，古人在書裡提出的觀點雖然原始，感覺卻非常新穎，而且和當時的士林學者觀點相左，反倒大大加速了古人觀點的傳播和扎根。士林學者跟古人相反，風格形式完全不同，他們任意發明和使用辭彙以表達見解，避免重複，卻忽略了文字和詞語本身的純粹、樂趣和（我所謂的）法則。

培根在此表示，人文學者全力振興語言和歷史，跟宗教分裂正巧同時，而印刷問世讓當時的人得以親炙遠古作者，並開始模仿古人的風格。士林學者學究簡潔的行文方式已經不合潮流，完全吸引不了新崛起的閱讀大眾。唯有華麗的詞藻方能贏得不斷增加的大眾的心。培根接著又說（二四頁）：

> 為了贏得大眾的心，說服大眾，代價也必然增加，對口才和論說類型的需求也愈來愈高，這些都是最有效最有力吸引大眾的技巧。因此，有四個因素同時出現，亦即對古代作者的推崇、對士林學者的厭惡、對語言的精確學習和對傳道效果的要求。結果就是民眾熱中於鑽研口才與言說，相關學問也隨之大行其道。這樣的狂熱愈演愈烈，終至過度。人對語言的追求遠勝於實物，開始字斟句酌，講求構句的完整乾淨，要求文句抑揚頓挫，並且用譬喻及象徵讓文章充滿變化和意象，反而忽略了內容的重要、主題的價值、論證的嚴謹、創意的強弱和判斷的深度。於是，葡萄牙主教奧梭里爾斯那種行雲流水的文章開始盛行，史特米爾斯在撰寫《時期與模仿》之餘，更花費無數苦心探討辯論家西塞羅和修辭家賀摩吉尼斯。艾夏和劍橋的卡爾無論講課著述，都將西塞羅和戴摩西尼斯奉為神祇，並鼓勵所有好學的年輕人走上這條精巧、充滿虛飾的學習之路。伊拉斯謨斯偶爾則以嘲弄的口吻呼應道：「我花了十年的功夫來精讀西塞羅。」而他得到的回應是希臘文：「去死吧，笨驢！」最後，士林哲學的學習方式被人斥為野蠻不文。
>
> 總而言之，當時的大潮流大轉向就是重視複製，勝於份量。

培根花了一頁左右的篇幅，詳細描繪當時的文學鬥爭和文藝潮流。而他對文學境況的見解就如同他對科學方法的看法，都根源於宗教。他筆下的英國散文史有待文學史家認眞研究，比如他說：「士林哲學的學習方式被人斥爲野蠻不文」，並不代表他自己也厭棄士林哲學。培根對當時蔚爲風潮的駢麗虛華文風其實毫無敬意。

培根的中世紀性格讓他建構出「應用知識」的概念。在我們說完培根「應用知識」的特點之後，現在可以來看看印刷術是如何應用在國家及個人生活上。必須一提的是印刷拓展了視覺影像，而新的視覺影像則形塑了作家和方言。

近來有部分作家指出，文藝復興時期以降，幾乎所有創作都可以說是中世紀告白文學的外顯化。傅萊在《批評解剖學》裡（三〇七頁）指出，散文小說有著強烈的自傳性格，「以奧古斯丁和盧梭兩人為師，前者似乎是這類文體的發明人，後者則是現代風格的創造者。過去的傳統在神祕主義者偏好的告解文體之外，還送給英國文學《一名醫師的宗教》、《豐盛恩典》和紐曼的《辯解》等書。這兩者雖然彼此相關，但卻存在細微的差異。」

特別是十四行詩。印刷術讓十四行詩成為大眾告解文學的新形式，它和後起的新詩體有關，因此值得研究。沃茲華斯以為人熟知的十四行詩來論十四行詩，觸及《古騰堡星系》的某些主題：

評論家，別斥責十四行詩吧；各位皺眉
卻忽略了它該有的榮耀。它是把鑰匙
開啓了莎翁的心房；它是段旋律
以小小的魯特琴伴奏，撫平了佩脫拉克的傷；
千百次，塔索吹響這隻風管；
靠著它，凱莫恩撫慰了流放者的悲傷；
十四行詩點亮一片鮮活的桃金鑲葉
在柏樹林間，讓但丁滿全自己

飽含遠見的目光；它是盞螢火蟲燈，
讓溫和的史賓塞開懷，將它從仙子的國度召來
帶他穿越黑暗的道路；當瘴氣
瀰漫在米爾頓的小徑，在他手中
十四行詩成了一隻號角；吹奏出
激勵靈魂的曲調——唉，只可惜太少、太少了！

許多號角獨奏都是藉由印刷傳播的，沒有印刷，連撰寫都不可能。印刷存在，就足以使新的表現手法成爲可能，同時創造大眾對新手法的需求：

喜愛真理，樂在詩歌，我的愛好證明了
她，親愛的她，可能將快樂建立在我的痛苦上，——
或許是快樂讓她閱讀，閱讀讓她理解，
理解使她贏得同情，同情給她優雅——
我尋找合適的語詞，描繪苦痛那最黑暗的臉龐；
熟習創作的技巧，她逗人開心的才智，
常常讓別人離開，好看看是否
我灼傷的腦裡會降下鮮活豐沛的甘霖。

但話語突然停止，希望將創作挽留；
創作是自然之子，從繼母「學習」的拳下逃脱，
路上，他人的雙腳對我似乎仍然陌生。
因此，很高興能和孩子説話，苦痛無助的我，
咬著那怠惰的筆，惡意地捶打自己；
傻子，繆思對我説，看著你的心，寫吧。64

艾瑞提諾跟拉柏雷和塞萬提斯一樣，都認爲印刷意義重大，充滿奇想，具有超越人類的特質

過去以手稿展現內心世界的方式限制重重，誠如先前所言。詩人和作家幾乎無法使用方言作爲向大眾表達的工具。然而，印刷問世之後，方言立刻成爲個人宣傳的工具。艾瑞提諾（一四九二至一五五六）的事蹟可以説明這個突然的演變，他的生平也能讓我們明白，私人的自我指控或告白爲什麼突然轉化成公開的拒斥他人。當時的人將艾瑞提諾稱爲「王室的災難」：

他是個怪物，這點絕對不假：説他不是，反倒小看了他。但無論如何，他畢竟是那個時代（十六世紀）的產物，甚至可以説是當時最具代表性的人物。他有驚人的能力，發明了如今所見的

報紙。他不僅利用這個前所未聞的知名度作武器，而且很清楚它的威力，這些都是他受我們重視的原因。[65]

艾瑞提諾小拉柏雷兩歲，兩人正好趕上新起的印刷術時代。艾瑞提諾是個一人報社，是隻手撐起一片天的諾斯克里夫。

就「黃腔」癖來說，艾瑞提諾可以說是現代報業鉅子赫斯特、諾斯克里夫爵士等人的老前輩，也是現代記者這個恐怖族群的老祖先。這些人想說話的時候，就會搖身變成「公關人員」。他曾經吹噓道，環顧全球「只有我在販售名聲。」因此，他非得擁有知名度不可，那是他吃飯的傢伙。他也很清楚如何獲得知名度……因此就歷史而言，眼前這位仁兄可說是全世界第一位文學寫實主義者、第一位記者、第一位公關，也是第一位藝評家。[66]

艾瑞提諾和正好與他同時的拉柏雷都發現，印刷文字的齊一和可重複的特性背後蘊藏驚人的力量。艾瑞提諾出身低微，沒念過書，他運用印刷術的手法，就和後世的方式如出一轍。普特南寫道（三七頁）：

艾瑞提諾要是活在現代，肯定是全義大利、甚至全球最有權勢的人，原因是他發現了一種新力量，也就是我們現在所謂的「輿論壓力」。艾瑞提諾認為這股力量出自他的筆下，卻渾然不覺自己就像普羅米修斯，不曉得偷來的火是何物。他只知道自己手上擁有一樣強而有力的工具，便不加思索地利用它，而後人也就如此延用下去。他偽善的能力（參見他的《文字》）就跟今日的報社不相上下。

普特南接著指出（四一頁），艾瑞提諾「或許是史上最厲害的勒索者，也是現代『毒筆』的眞正第一人。」意思是，艾瑞提諾確實認爲報紙是公眾告白之處，而他是聆聽告解的神父，手裡拿著筆或麥克風。赫頓在著作裡（xiv頁）引述艾瑞提諾的話：「讓擔心風格的人儘管擔心吧，最後做不成自己也是他家的事。我不靠大師，沒有榜樣，不求指引，也沒有謀略，還不照樣工作維生，過得好好的，又有名聲。我還需要什麼呢？一枝鵝毛筆加幾張紙，我就能掰出全宇宙。」

我們稍後還會談到「沒有榜樣，不求指引」這部分，因爲他這麼說確實沒錯。印刷術的確是前所未有的發明，那時沒有專爲印刷存在的作家或閱讀大眾，有很長一段時間只能靠抄寫時代的作家和大眾撐場。費夫賀和馬爾坦在《印刷書的誕生》裡表示，印刷問世前兩百年，書本的來源幾乎全是中世紀的抄寫文本。至於作家，當時根本沒有這樣的身分，因此只好戴上傳道者或小丑的面具。要到十八世紀，「文人」的角色才被發掘出來：

> 賈克……除此之外，我還得有自由。像得了特許狀，讓我想吹誰，就吹誰；因為傻子都能這樣。最受不了我的蠢人，絕對會大笑出聲。但他們為什麼要這樣呢，先生？道理就和上教堂一樣簡單：被傻子聰明地打過的人就算再聰明，也會做蠢事，而且看來不無道理。不然，聰明人

的愚蠢就連傻子散漫的目光也穿得透。出錢讓我買件雜色花衣吧，讓我恣意表達心裡的話，這樣我就能徹底掃除這世界染上的愚病，只要他們耐心服用我的藥方。67

莎士比亞致力於這種滌淨心靈的工作，儘管如此，他還是覺得缺乏作家的身分，非常痛苦。我們在他十四行詩的第一百一十首讀到：

唉，我確實四處來去
將自己搞得像擁有各種觀點的傢伙
思想彼此抵觸，將最親密的事物賤價賣出……

莎翁對印刷不感興趣，也不曾努力出版創作，因爲將作品付梓不會爲他帶來任何尊嚴威望。神聖作者不是這樣的。班強生一六一六年將劇作編進《班強生作品集》出版，結果換來不少嘲諷。

有趣的是，成不了作者的莎翁竟然談起後世作者的告解性格：「將最親密的事物賤價賣出」。對他來說，以演員或劇作家身份「四處來去」，根本沒什麼差別，但對艾瑞提諾和當時的人來說，正是這種告解式宣洩個人消息和觀點的潮流，讓報紙確確實實和色情低俗掛上了鉤。十八世紀初，波普在《鄧西亞德》詩裡就是如此主張。不過，在艾瑞提諾看來，從私人告解轉向公開指控是印刷發明之後極爲自然的反應。

雷蒙迪表示，艾瑞提諾的確「是個娼妓。」他有娼妓那種反社會的直覺，「不但朝同時代的人臉上甩泥巴，就連過去的人也都不放過。感覺他將世界整個舉了起來，放到背光處……一切都變得猥褻淫蕩，什麼都能賣，什麼都不對，再也沒有神聖的事物。他將神聖的事物商品化，藉此賺錢，同時大談聖人的情感私生活。再來呢？就跟拿納和皮帕一樣，他自覺站在眾人之上，抓著他們罪惡的血脈，做起來輕鬆自在……拿納傳授給皮帕的處事原則，也是艾瑞提諾終生奉行的準則。」68

馬洛威創立了以無韻詩爲主的全國公衆傳播系統，並因而預示了惠特曼的野性吶喊。這種新的無韻詩體系是面對新的成功故事應運而生的聲音抑揚格系統

要記住，印刷創造出來的龐然大物不僅爲了作者和方言存在，還爲了市場存在。印刷是大量製造的鼻祖，而受到印刷啓發突然膨脹的市場和商業活動便似乎成爲人類潛藏的劣根性的外在延伸。不過，人類經驗的視覺成分膨脹，效果還不只如此。屬於應用知識的翻譯技術無私地向前推進，將人類隱藏的犯罪和私密動機納入自我表達的新穎形式裡。由於印刷大幅提升書寫文字的視覺強度，就算報導重口味的腥煽素材也不敷需要。無論你想了解當前報紙的特質或十六世紀語言和表達方式的變化，這一點都是必須知道的基本事實：

因為艾瑞提諾是個天才，因為他總結並展現了無政府的災難年代，因為當時的人道德完全崩解錯亂，喜於攻擊貶低過去，並拒斥任何過去的權威與傳統，艾瑞提諾才值得我們研究。加上他發明了一樣合乎己用的武器，而這一樣武器在我們今日比任何現存政府、議會或君主帝國都強而有力——它就是知名度和新聞出版傳播——因此，撰寫本書絕對理由充足。69

作爲大眾表達系統，印刷讓個人的聲音擁有巨大的渲染力，而印刷也立刻成爲新起的表達方式，亦即所謂的伊莉莎白通俗劇。馬洛威《湯勃蘭大帝》的開頭前幾行就已經涵蓋了我們所要討論的全部主題：

從輕快的智慧的旋律，
和小丑賴以為生的欺騙，
我們將帶您走進莊嚴的戰爭帳篷，
您會聽到西西里亞的湯勃蘭，
用駭人的辭彙威脅世界，
……
就請您從悲劇的透鏡裡欣賞他的形象。
高興的話，便為他的幸運鼓掌。

率先發言的米謝塔，以同樣充滿暗示的口吻說道：

克斯羅兄，我覺得自己真是苦惱；
但卻有苦難言，
因為那需要偉大懾人的言辭……

其中最重要的一點，莫過於世人發現無韻詩可以用作傳聲筒，同時意會到輕快的智慧旋律無法提供那種橫掃一切爲大眾發聲的音量，足以在新世紀不停迴盪。對伊莉莎白時代的人來說，無韻詩是讓人興奮的新發明，就好比當代葛瑞菲斯電影裡的「特寫」鏡頭。兩者放大、誇張感覺的效果可以說是非常類似，就連惠特曼本人也感受到當時報紙的新視覺強度的壓力，因此並未在無韻詩之外自行發明更有力的表達方式，讓他做出野性的吶喊。截至目前爲止，沒有人願意探討英國無韻詩的起源，因爲之前沒有類似或先行的文體，只有中世紀音樂裡的長韻歌或許差堪比擬。我不認爲希薩提出的古英文格律適用於無韻詩。希薩在《十四世紀散文詩歌》裡（xiii頁）寫道：「古英文都是單一格律：長篇律體，但是只押頭韻。這樣的格律最適合敘事，不具音樂性，因爲沒辦法吟唱，所以給人強烈的嘈雜喧鬧的感覺。」

矛盾的是，無韻詩雖然是最早不能唱的「口語」詩，速度卻比歌唱甚至說話還要快。不過，我們開頭還是可以主張無韻詩和過去的韻詩不同，因爲它回應了當時方言希望得到補足、認可並成爲大眾表達工具的需求。印刷讓方言成爲大眾表達的媒介，艾瑞提諾是掌握到這點的第一人。爲他作傳的人都曾指出，艾瑞提諾跟二十世紀最粗俗的報業大亨或媒體帝王非常類似。一九六一年九月十日，「紐約時報」書評評論史旺柏格所撰寫的報業大亨赫斯特傳記《國民赫斯特》，標題就是「讓頭條嘶吼的人」。

無韻詩因而成爲讓英文吶喊回響的工具，同時非常符合因爲印刷出現而導致的方言的擴展與扎根。在我們所處的二十世紀，方言面對非口語事物（如相片、電影和電視）的興起，出現了相反的效應。讓人訝異的是，西蒙波娃在《滿大人》裡竟然提到這一點：「成爲瓜地馬拉或宏都拉斯的偉大作家，是多麼荒謬可笑的勝利啊！昨天他還以爲自己活在世上一個特別的地方，所有聲音都在穹蒼底下迴盪，今天卻發現他的話語全死在自己腳邊。」

西蒙波娃這段話眞是眞知灼見，既適用於古騰堡時代，也適用於無韻詩。於是，文學研究始終無法發現無韻詩的源起也就不足爲奇了。這就好比依循工程史探究羅馬道路工法的起源一樣，無濟於事。羅馬道路系統是紙草和急件特使的副屬產物。佛林戈在《中世紀遺產》裡談到〈方言文學〉時（一八二頁），提出上述問題的解答：「羅馬沒有大眾史詩……他們這些無所畏懼的建築者習慣用石頭寫史詩，鋪了一哩又一哩的道路……道路帶給他們的感動不下於長篇單韻詩帶給法國人的震撼。」

印刷將方言變成大眾媒體，變成封閉的系統，同時創造出現代民族主義那種齊一式的中央集權

方言對民族的凝聚力，法國人體驗最爲深刻，遠超過其他國家。在非口語媒介的影響之下，印刷所帶來的統一反而會引來分裂，法國人可以說是最先感受到這點的民族。生活於電子時代的西蒙波娃和沙特在《什麼是文學？》裡以悲觀的口吻說道，我們正面臨一個兩難，就是「寫給誰看？」一九五五年，西蒙波娃出版《遭遇》，該書編輯的評論有助於我們將古騰堡時代新起的眾生喧譁和民族主義盛行連結在一起。編輯在這則評論裡談的是聲名的本質和長年不墜的聲望：

在我們所處的年代，若想獲致聲望，就幾乎非得屬於國內某個社群不可。所屬的社群道德與否與美感如何並不重要，關鍵是這個社群必須有個粗俗的特質，就是非得有點權力不可——亦即備受全球矚目。更重要的是，全世界都會聽它說什麼。擁有這樣的社群存在，似乎是夠份量、足以吸引全球目光、塑造世人想像的民族文學要能誕生的前提……而協助催生所謂「民族文學」的，就是作家。他們的書寫先是讓人覺得民族文學有一種愉悦的質樸……接著在浪漫運動的魔力感召下，垂死的語言開始復甦，為根本尚未存在的民族所撰寫的新民族史詩出現了，文學則狂熱地在「民族」這個概念之上添加最超自然的特性……

因此，由於印刷的作用和效果，表達個人內在經驗和凝聚民族集體意識變得密切相關。同理，方言也因爲這項新技術出現而成爲具體可見、集中齊一的媒介。

如此一來，喬叟和德萊頓一樣都選擇對句作爲和朋友親密交談之用的文體，也就可以理解了。也因此，喬叟式的對句在聖摩爾看來，性質非常接近士林哲學式的對話，這就跟波普和德萊頓的對句保留了塞內加緩調的特質是一樣的道理。我們之前引述過聖摩爾一段很重要的話，將韻體詩和無韻詩做了恰當的區分。聖摩爾指出，談論士林哲學在「熟朋友談話之間不會惹人不悅」，但新型態的對話「卻像是在國王議會裡，大家談著重要的事情，用極大的權威推理辯論。」關於中央集權的民族政體的討論也愈來愈多，這在聖摩爾當時是非常新鮮的。馬洛威的無韻詩和這些新形式的巨獸有關：

切里達馬斯：湯勃蘭！
有個西西里亞牧羊人，擁有
自然所賜予的驕傲和最富有的器具！
他的容貌冒犯天界，挑戰諸神；
銳利的目光凝視地球，
彷彿心中有了計策，
或打算刺穿艾佛勒斯的黑暗穹蒼
將地獄裡的三頭犬硬拖出來。70

詩和音樂分家，由印刷最先反映出來

梅勒斯在《音樂與社會》裡（二九頁）評論特勞巴多的韻詩，他對如何理解馬洛威的向前下墜的力量，提出相左的看法：

> 這幾類樂句長度沒有限制，又很有彈性，這些都是切實的好處，可以彌補單線音樂的明顯不足。放棄了和諧和音聲對比，就可能創造不受等量記譜法限制的旋律，所使用的語句、聲調等細微變化也不受局限。而唯一的限制，唯有在創造和諧線性的文章時才可能出現。

詩歌是慢下來的話語，目的在品嚐其間的細節。無韻詩出現當時，正好是語言和音樂彼此撕裂分離的年代，也是樂器區分愈來愈細、愈來愈專門化的年代。梅勒斯認爲，複音音樂的目的就在切割古代的單一旋律線傳統，而複音對音樂的衝擊也不下於活字和機械書寫對語言及文學的影響。尤其是樂譜開始刊行之後，爲了同時記錄各聲部的歌者，定量和記譜都成爲必要工作。然而，在中世紀複音音樂裡，不同的聲部和定量都還隱而不顯。梅勒斯寫道（三一頁）：

> 看來，複音音樂最早可能只是無意識下的產物，可能是同音單音歌唱時的意外發明，因此直到中世紀後期，音樂態度仍然以單音為主，但複音音樂已經深植其中。這一點儘管現代人（起碼開始）覺得難以理解，其實絲毫不讓人意外。我們多少明白，自己預期會發現（當時的）音樂是「分部」的，但中世紀的作曲家顯然對我們的期盼毫無感激。我們或許認為當時作曲家很「原始」或處於「過渡」時期。然而，要這麼說，我們必須有把握自己很清楚當時的作曲家認為他們在做什麼。他們在單音音樂裡成長獲得滋養，而我們之前也說過，單音音樂是他們生活世

界的哲學。因此，這些人並不認為自己背離了單音音樂的傳統。他們或許因為想要拓展單音音樂的資源而無意識地引進一些概念，沒想到卻產生了深遠的技巧革命。

派特森在《文藝復興時期英國的詩與音樂》裡的研究非常出色，他強調：「最後留存到十七世紀的，只有歌曲形式。」（八三頁）但數百年來，歌曲形式始終和敘事及主題的線性發展密不可分，歌曲不僅貫穿整個文學活動，也形塑了文學本身。現在稱爲故事或「敘事」的東西，在納許和舊約時代都很難找到。當時所謂的「脈絡」主要包含在語言的多重效果裡，這種同步互動的特質，這種觸覺式的感性，在中世紀音樂裡非常明顯。誠如派特森所言（八二頁）：「中世紀音樂從概念來看，可以說經常是爲器樂譜寫的，雖然每項樂器負責哪個部分並不清楚。當時的注意力主要集中在如何集合不同的聲音，創造出感性的效果，而非樂譜樂句的表情，甚至根本不是情感的表達。」

納許的複音式口語散文冒犯了線性的文學典雅主義

對各種性質間的複雜互動有感性上的偏好，是十六世紀的特色，就連用來付印的語言也不例外。蘇瑟蘭在《論英國散文》裡（四九頁）錯誤以爲納許的創作具有複音特質，是因爲他無法成爲感性的文字人：「納許的問題在於他喜歡比讀者優越的感覺，更甚於讓讀者容易理解他的作品。如果這麼說太傷人，也可以換個講法：納許窮究語言裡的各項資源，純粹爲了自娛。」蘇瑟蘭引用的（四九至五〇頁）納許的作品，如果交由新文法學派訓練出來的修辭學家朗誦，就跟路易阿姆斯壯的喇叭獨奏一樣，充滿了輕率急切的變化：

英雄懷抱希望，於是她懷抱夢想（因為希望只不過是夢想）；她的心在哪，希望就在哪兒。她的心隨風翻旋飛轉，或許風能將她黃金般的心吹還給她，或將他吹來給她。希望和恐懼在她心中爭鬥，彼此都很警醒，讓她在一天過完休息的時候（這一天就像乾癟的老太婆，需要好長好久的休息）能打開窗扉，看爆炸從哪裡來或大海是踏著怎麼樣的步伐。她雙眼所見立刻讓她心疼，她銳利如箭的目光最先落在林德那些蒼白沒有呼吸的屍體身上。眼前這可悲的景象讓她想起自己的愛人，或許現在也全身浸在水裡，成為鱈魚的大餐。於是她心中的悲傷再也不能抑制，無止無盡，彷彿她對他的歡喜根本毫無所謂。女人無法苦中作樂，否則她們不會凡事都平淡以對。

她頭髮及耳，穿著寬鬆的睡袍往下跑（亞述女王西蜜拉米絲得知自己所建的巴比倫城被人佔領，也是匆忙跑了出去，一頭濃密黑髮閃閃發光，披垂在肩上，象牙梳子還夾在髮間）希望用親吻喚醒愛人死去的身軀。然而，正當她準備在愛人發藍腫脹如鱘魚的雙唇撒下溫暖的石灰，喧騰的滾滾巨浪卻打了過來，將他從她身邊攫走，似乎想將他帶回小亞細亞的阿拜多斯鎮。這讓她變成徹底瘋狂的酒神，拚了命想追上愛人的屍體，她放棄神職，將工作交給穆塞爾斯和馬洛威。

環境不但影響了音樂的結構，也改變了語言的結構，何藍德探討伊莉莎白時期的戲劇的時候（《天空走調》一四七頁），談到環境影響的程度。當時的戲劇刻意運用音樂來滿足各種用途，並且必定盡量囊括所有音樂，除了會洩漏劇情本身的音樂之外。「城裡的小劇團……紛紛效法假面戲劇……」

當初所有人都誤以爲印刷能創造不朽，只有莎翁不以爲然

重構人類表達模式和範圍的物質因素，我們目前只談到個人聲音突然冒了出來，以及方言成爲現成的齊一化大眾表達系統。同時，人還察覺到用方言印刷文字能夠創造出人爲的永恆聲名。佛斯特在《艾賓格收成》裡有篇文章討論到卡丹諾（一五〇一至一五七六），讓人讀來非常愉快。他在文章裡指出：「印刷媒體當時雖然只有一百年的歷史，卻被世人誤以爲是創造不朽的工具，因此急著在印刷上投注力量熱情，爲後世謀福祉。」（一九〇頁）佛斯特接著引用卡丹諾的話（一九三頁）：

> 能活在這個發現了全世界的世紀，我格外有幸——美國、巴西、巴塔哥尼亞、祕魯、奎多、佛羅里達、新法蘭西、新西班牙，這些從南到北到東的國家。此外，還有什麼比人類發明的電光更加厲害呢？力量之大就連天上的事物也比不上。還有一樣東西我非提不可，那就是神奇的磁鐵，它能帶領我們穿越廣袤的海洋，穿越黑夜和暴風雨，直達未知的國度。最後還有印刷，這是人類天才的產物，由人雙手所創，卻跟神蹟一樣偉大。

與此同時，波亞司徒奧在《劇場》裡寫道：[71]

> 我找不到任何發明，能夠比得上神奇、便利又高貴的印刷機。它超越了古代所能想像的一切優越。印刷保留了人類靈魂裡的所有概念，它是寶藏，讓人建立的精神紀念碑永垂不朽，讓世界從此延續到永恆，讓人類勞動的成果得以呈現。人類的所有行為和發明皆有不足，唯獨印刷機降臨世上之時既美好又完美，一分不多，一釐不少，沒有任何事物能讓它有所缺陷或變形：印刷機的效果實在神奇，既敏捷又勤勉，每人每天印刷出來的字數比速度最快的紙筆抄寫者一年寫出來的還多。

當時還沒有「自我表達」的概念，不過諸如「讓人類勞動成果得以呈現」之類的說法還是非常清楚地點出後世所謂「自我表達」概念的出處。而「讓人建立的精神紀念碑永垂不朽」這個說法，也貼切說明了十六世紀「不朽出自勤勉」的概念，以及當時人對「靠機械複製勤勉」的看法。處於二十世紀的現在，這種「不朽」的概念反而帶有嘲諷的味道。喬伊斯的《尤里西斯》抓到了這一點（四一頁）：

> 讀到一本早已亡佚的書的奇怪內容，總難免覺得那個人當初寫的那個人當初一定……
>
> 細沙從他腳底流過，他穿著靴子，再次踏在嗶啪作響的潮溼樹果上，踏在竹蟶和發出尖銳聲音的小石頭上，地上小石頭無數，木頭被船蛆鑿穿了洞，失落的亞馬達。有害健康的沙灘等

著吸吮他的鞋底，向上吸吮污水味的呼息。他沿著海岸走，小心翼翼。一只啤酒瓶橫躺著，立在蛋糕似的小沙丘上。像個哨兵：絕望飢渴的小島。

沉思過書本和圖書館之後，戴德勒斯接著探究瓶中的信息，他挑選了強烈的聽觸嗅覺經驗，以及作者、圖書和文學不朽的主觀視野，對兩者進行對位研究。

藉由鉛字獲得不朽，在印刷術剛問世當時看來很有道理。許多未知或者已經被人遺忘的古代作者，藉由印刷不但獲得新生，而且比他們活在抄寫文化之時還要活躍。一六〇九年出版的莎士比亞十四行詩，獻給「九泉之下的作者……願這位永存的詩人擁有幸福與不朽，願這位慈善的探險家一帆風順。」

永存的詩人在印刷裡不朽，同時讓永恆的鉛字（比起抄寫時代瓶中信所能給予的不朽還要確定許多）和「地下九泉的作者同在」。如此說來，作者的身分應該和十四行詩的創造過程一樣神祕才對。不過，作者因爲詩集印行而重獲新生，得到永恆的保證，於是詩人便祝他好運，甚至也祝自己幸運，在透過印刷通往永恆的路上。十四行詩就這樣上路了，距離伊莉莎白時期十四行詩的風潮才剛過十年。

這三十幾個字所得到的討論竟然比不上題獻詞多。同樣諷刺的事還發生在莎士比亞的四開本《自作自受》序言上，其出版年代和十四行詩一樣，是一六〇九年。這裡的重點不在序言是不是莎翁本人所寫的。戴克寫不出這樣的機智，納許又沒這麼節制。重點是「印刷是達成永恆的工具」這個概念：

不曾存在的作者寫給永遠不朽的讀者，新聞。不朽的讀者，你們手上拿的新戲還不曾在舞台搬演，雖然未曾讓俗人看了鼓掌歡呼，卻已經得到喜劇精靈的掌聲。因為它是你頭腦的產物，從來不曾無謂接受任何諧趣的事物：喜劇的虛名會為了商品名稱或是求情劇而改變。您該瞧瞧那些偉大的審查員，現在給了他們如此的虛榮聲名，圍繞在他們四周，因為他們地位重要而增添了優雅：尤其是喜劇作者，他們完全符合生活的要求，以致能對生命中所有行為做出最普遍的評論，並且展現靈巧和機智的力量。至於那些沉悶嚴肅的俗人，他們從來沒有喜劇機智，但在看過喜劇的表達後，卻發現自己擁有過去未曾發現的機智，因此離開的時候比來時更有機智：他們覺得自己突然很有機智，甚至以為能好好運用自己的腦袋。在作家的喜劇裡有這麼多機智的成分，讓觀眾看得開心的同時，以為自己就誕生在維納斯降臨的海上。所有事物裡最機智的莫過於此：我要是有時間就會談談這點，雖然我知道沒必要（否則會讓你覺得六便士花得真是值得。）但我曉得喜劇裡有許多價值，也確實值得努力探尋，一如泰倫斯或普勞特斯的最佳喜劇。相信我，等到喜劇作者死了，他的劇再也買不到了，各位就會拚命想把他和他的喜劇找到，甚至成立新的英語審判庭。就當這是警告吧：就算冒著樂趣喪失的痛苦，甚至面對最後審判，都不要拒絕喜劇，或減少對它的喜愛，只因為不想在眾人面前被騙。各位應該心存感激，謝謝它讓你們暫時逃離現實。基於造物者的意志，我相信各位應該向他祈禱，而非接受祈禱。因此，我留下這齣劇讓各位祈禱（為其中的機智）這不受讚揚的一切。塵世。

這篇散文值得我們重視，其重要程度不下於《自作自受》本身。散文一開頭彷彿是喬伊斯透過

〈葛姆先生的選擇〉裡的角色在說話：「我的客戶不就是我的廠商嗎？」這齣劇不曾「讓俗人看了鼓掌」可能暗示這是在法律學院的演出。不過，這篇序言就和這齣戲一樣，都是對溝通理論的分析。在劇中的高潮（第三幕第三景）裡，序言所提到的主題再度出現，而且篇幅更長：

這裡有個陌生人寫信給我，說人——無論曾經多麼親密地分離，無論擁有多少，或有或無——
都不能誇口，說自己有他所沒有的，感覺過他未曾感覺過的，只憑回想絕不可能……

這篇序言藉由「製造者就是消費者」的概念嘲諷新時代的作者與讀者，並提出一連串精彩的負面亂象。作者就和莎士比亞一樣，對印刷的終極價值沒啥好感，莎翁也因此不曾將自己的劇作付梓。

在此我們只需提及一點，就是在莎翁最受歡迎的十四行詩裡，有許多都具體表達了他那個時代對於永恆及印刷方言的看法。例如，十四行詩第五十五首是這樣起頭的：

王室的大理石或雕琢的紀念碑
都不可能活得比這首詩更長

這首詩流傳了數世紀，讓我們以爲作者心裡確實如此相信。然而，當時的有學之士，無論對印刷的態度如何，都懷疑方言能長遠流傳。其中部分疑慮可以在史賓塞的十四行詩（*Amoretti*, LXXV）裡發現：

一天，我在沙上寫下她的名字，
但海浪一來，將沙上的名沖失；
於是，我用另一隻手再寫一次，
但海水又來，將我的字跡吞噬。
同時説道：徒勞的人做徒勞的事
竟想讓必死之物成為永恆……

列佛在《伊莉莎白時期愛情十四行詩》裡（五七頁）寫道：「我們必須注意生活模仿文學模式的程度：人到某個年紀，認眞談起戀愛的模樣就和斯湯達爾或寇沃德筆下的英雄非常類似。」不過，伊莉莎白時期的人跟喬叟的「我」一樣，不只能變換各種公眾和私人角色，還能操弄程度深淺不同的語言。傳統口語擁有情感連結，加上音調多變，讓讀者和作者彼此聯繫。十九世紀的人無法理解希尼的程序評論，列佛的解釋是：「十九世紀是正面規約衰退的時期，以至於個人被分割成公眾的自我和私下的自我，這也能解釋維多利亞時期的個人詩作爲什麼會引起尷尬的感覺。」

貝瑟爾在《莎士比亞和大眾戲劇傳統》裡對這個議題做了徹底的討論。他指出，過去作者和大眾之間的連結斷裂了，使得十九世紀文評家「認爲，將莎士比亞看成易卜生是比較恰當的。他們專注在角色上，以爲他們是歷史上的眞實人物，分析角色的心理……絲毫不曾發現這中間有個歷史謬誤，那就是自然寫實的劇作怎麼可能這麼快就在虛構文學的傳統下出現。」（一三至一四頁）同理，好萊塢之所以迅速崛起，是因爲它建構在十九世紀的小説之上。

書本像畫架畫一樣便於攜帶，對個人主義有推波助瀾的效果

接著，我們要來談談印刷書籍的另一項物質特色。這項特色對於個人主義的盛行貢獻卓著，那就是書本攜帶起來非常便利。畫架畫讓繪畫走出戶外，印刷則打破圖書館的壟斷局面。哈達斯在《經典閱讀補充》裡說（七頁）：「紙草向來是書籍的主要材質，直到抄本出現（主要方便基督徒將福音書編成一冊）和羊皮紙誕生為止。由於羊皮紙更適合抄本，紙草因而沒落。」哈達斯接著又說：

抄本其實跟現代的書本沒什麼兩樣，由對折的冊頁組成，顯然比書卷簡便……還可以縮小成為好攜帶的口袋版。我們通常都用這一項優勢為理由，解釋四世紀基督徒為何普遍採用抄本……然而，三世紀以降，即便大部分基督徒都已經改用抄本，絕大多數異教徒還是使用書卷。常見的抄本尺寸是十英寸長七英寸寬。

費夫賀和馬爾坦在《印刷書的誕生》裡（一二六頁）指出，印刷問世頭一百年左右，印行最多的書應該是口袋版的奉獻書和時禱書：「此外，感謝印刷和文本複製，書本不再是昂貴的物品，只能在圖書館讀：當時的人愈來愈需要隨身攜帶書籍，以便參考或隨時閱讀。」

取得方便和易於攜帶這兩項需求是很自然的，兩者也和閱讀速度大幅提升相輔相成。閱讀速度提升，是由於印刷字體整齊畫一而且可以重複。換做抄寫手稿，就完全不是這麼回事。取得方便和易於攜帶這兩項需求促使閱讀大眾和市場不斷成長，是古騰堡時代之所以興盛的必要因素。費夫賀和馬爾

坦清楚指出（一六二頁）：「印刷術從問世開始就和其他工業一樣，受到相同法則支配。書本是人製作的產品，這些人需要謀生——他們就和艾多斯家族或伊斯提恩人一樣，雖然是人文家兼學者，還是得負責生計。」

因此，兩位作者接著追問當時對印刷出版的龐大需求、高失敗風險，以及和市場銷售動力有關的問題。即使在十六世紀的人眼中，也看得出當時書籍的選擇與流通有一個明顯的趨勢，暗示著「大眾和標準化文明的誕生」，一種新的消費者世界正在成形。十六世紀之前出版的書籍種類約為三萬到三萬五千種，總數量約為一千五百萬到兩千萬本，其中大部分（七成七）是拉丁文。不過，印刷書在十六世紀前十年出現之後，方言很快便超越了拉丁文。此一現象的必然結果就是，方言印刷書的國內市場銷售量肯定大於寫給教會菁英的（拉丁文）國際書。製作書籍需要龐大的資本，需要極大的市場才能生存。費夫賀和馬爾坦表示（四七九頁）：「因此，十六世紀是古典復興時期，也是拉丁文沒落的時代。從一五三〇年開始，拉丁文沒落的趨勢就已經非常明顯。當時的閱讀社群……也因而愈來愈大眾化（主要是女性和中產階級，他們對拉丁文都不熟悉）。」

「大眾要什麼」這個問題，從印刷一問世就非常重要。不過，由於書本長久以來一直保持抄寫本的外形格式，因此當時賣書多半以中世紀市集為銷售通路。「可想而知，中世紀的書籍買賣主要以二手書為主。印刷發明之後，新形書籍市場才開始普及。」[72]中世紀書籍買賣以二手書為主，就跟現代名畫市場以二手藝術品為主是一樣的道理。繪畫和骨董通常都屬於前印刷的抄寫手稿時代，因此如果印刷書保持手稿形式，買賣二手書就顯得理所當然，因為當時讀者都習慣手稿的閱讀方式。布勒鉅細靡遺描述了（一六頁）印刷問世之後，早期的人還是習慣將印好的書拿給抄寫員，請他們謄寫，因此當時的學生得到的建議經常是：效法最初的印刷工人，將這項新發明看成另一種書寫方式，如此而已。

印刷具有整齊畫一和可重複的特性，創造了十六世紀的「政治運算學」和十八世紀的「快樂主義微積分」

儘管如此，印刷本身便隱含了整齊畫一的原則，正如手抄書籍通常都是「閒來無事時收集不同文章編纂而成的。」整齊畫一和可重複的原則在印刷術讓視覺量化臻於高峰之後，表現得更為徹底。及至十七世紀，當時的人已經大談「政治運算學」，將馬基維里的功能分化理論再往前推了一步：十六世紀初，馬基維里表示：「商業有商業的法則，私人生活有私人生活的法則。」[73]他這句話其實呈現了印刷文字的意義和效應：將作者和讀者、製造者和消費者、統治者和被統治者嚴格區分。印刷發明前，這些角色通常彼此重疊。比方說，抄寫員是文本製造者，也是讀者，而學生也會參與製作自己所讀的書籍。

雖然之前就曾經解釋過，但我們還是很難理解印刷所蘊含的機械原理（亦即視覺齊一及可重複的特性）是如何穩穩向外擴張，將許多組織機構收納其中。馬里尼斯在一六二二年出版的《商人法》裡寫道：「我們知道一事如何導出或加強另一事。例如，鐘錶裡有許多齒輪，第一個齒輪轉動會帶動第二個，第二個帶動第三個，依此類推，直到最後一個齒輪轉動機器敲鐘為止。或像擁擠的人群，這人被旁邊的人推著走，而旁邊的人又被他旁邊的推著走。」74

赫胥黎認為，受教育的心靈「就像冷酷清晰的邏輯機器，所有零件強度相同。」但早在他提出這個說法前兩百多年，活字和可替換零件的原理便已經延用到社會組織了。不過，有一點要記住，就是閱讀印刷文本的習慣雖然會造成心靈齊一化，但只要這個效應沒發生，活字和可替換零件的原理就毫無意義。簡而言之，無論消極的個人主義（個人就好比訓練有素、穿著制服的單兵）或積極的個人主義（強調個人規畫和自我表達）都預設了同質人民的存在。這種粗糙的矛盾假設，世世代代都讓有識之士為之著迷。十九世紀晚期的個人主義迷思展現在婦女解放運動上，男女從事相同的工作，讓婦女解放得以實現。當時婦女希望藉此獲得自由。而這種機械式的人類精神解放在印刷剛問世的時候，也可以強烈感受到，並引起激烈的抗拒。羅文塔在《文學與人的形象》裡寫道：「文藝復興以來，人類天性說稱得上成了主流，而其所根據的概念就是人人都是『特例，其存在主要有賴於面對社會的限制和齊一化的壓力，盡力展現個人人格。』」

羅文塔從塞萬提斯的世界裡舉了一些例證。在思考這些例證之前，有兩件比較遠的事也跟我們要探討的主題有關。馬列特在《牛津大學史》卷二開頭論及十六世紀的牛津大學，他說：

一八四五年對牛津大學和其他各地都是新時代的開始。在都鐸王朝治下，中世紀傳統大學悄悄消逝了。舊有的規矩失去了部分意義，傳統的教育觀也有所改變。過去沒有法治的民主精神被迫開始講求紀律。文藝復興建立了新的學習概念，宗教改革為神學辯論帶來新的活力，舊式的貴族宅邸快速消失。學院（其中有許多當初只是幾位貧困的神學家或人文科學生所組成的小團體）演變成為富有的巨大社群，對治理當地擁有充分的權力。我們現在所知的大學自費生也愈來愈多。不少學院從建校之初，便遴選大學生為校務委員，甚至讓部分年輕學子享有優惠。莫頓學院有童子生（*parvuli*），皇后學院有「清寒學生」，梅格達倫學院則有年輕學生獲得半額束脩補助。較為窘困的學院則靠寄宿生來增加收入。威恩佛列特學院認可仕紳自費生制度，威克漢學院卻不願批准。不過，到了十六世紀，學院成為公認的教學中心，學院街的私塾課程從此沒落。牛津大學的主要教學目的也不再是訓練教士。痛苦的宗教改革之後，牛津大學開始朝新方向發展，沒有學院補助的大學自費生開始出現在校園各處。

所謂「過去沒有法治的民主精神」指的是在印刷及民族主義出現之前，去中央集權的口語社會組織。新起的民族主義動能具有中央集權的特性，有賴於快速增加的依存度來支撐。印刷書的潛能立刻爲人所察覺，爲了速度和視覺精確度而出現的印刷就好比紙草促成羅馬道路，文藝復興時期的新興君主國都感受到印刷的威力。往前一百年，從劍橋大學來看印刷書籍出現所造成的集權效應，其實非常有趣。沃茲華斯在《學術院校：十八世紀英國大學求學梗概》裡（一六頁）提到當時書寫和口語模式的奇特逆轉與互動：

在詳細敘述大學課業和考試之前，應該先設法排除一個現代的概念，那就是：念書是為了考試，而非考試為了念書。的確，以考試這種普遍又有效率的設計來評斷從前的教育，便犯了忽略歷史背景的謬誤。

想從過去的教育體系裡找到公眾考試，說明十七世紀英國學生求學研究的著名表現，可能徒勞無功（當時學生用功是被激發的，來自師友的鼓勵，而非學校內的論辯）。現在普遍接受的考試在當時並不存在。書籍愈來愈便宜，聰穎用功的學生發現可以靠自修獲取知識，不再像過去只能靠口頭傳授，才開始出現對考試的需求。但隨著考試方法更科學、結果更公開（起碼能對外宣傳），對口語教學又有了新的需要。

沃茲華斯在這裡描述的，是接觸去集權化的教育之後所產生的中央化考試。印刷問世之後，學生很容易就能接觸到考試出題者不曾讀過的學術領域。不過，規格統一可以攜帶的書籍催生了中央化的統一考試（取代過去的口頭測驗），這個原則適用於各個階層。本書稍後會提及，印刷文字對方言造成非常奇特的組織化效果。而十八世紀依視覺量化原理建構政治運算學的商人或根據「快樂微積分」原理思考的人，都跟印刷技術齊一可重複的特性有關。然而，工於算計的商人儘管在製造和配銷過程都採取這樣的原理，但原理所蘊含的中央化邏輯卻讓抱持無政府主義立場的他們感到不滿，因而極力反抗。因此，羅文塔在《文學與人的形象》裡（四一至四二頁）指出：

封建體制崩解之後，文學藝術家隨即對以旁觀者（而非參與者）身分觀察社會的角色產生興趣。這些角色愈遠離日常事務，他們的社會生活就愈可能失敗（這可以算套套邏輯，雖然不盡然如此），也更容易表現出未經破壞、不受拘束的高度個人化特質。一般認為，讓這些角色遠離日常事務的原因（無論為何）也是使他們更接近內在本性的原因。他們所處的環境愈原始、愈

「自然」，就愈有能力發展或維持他們的人性。

塞萬提斯就曾經提過幾個這樣的邊緣角色和情境。首先出場的是瘋子（唐吉訶德和玻璃人），他們仍舊活在社會裡，但言語和行為卻不斷和社會發生衝突。再來是林康內特和柯塔狄羅，這些惡棍和乞丐是社會的寄生蟲。接著是吉普賽人，例如《小吉普賽人》裡的角色，這群人完全背離社會生活的主流。最後就是唐吉訶德這位邊緣騎士談到的黃金時代牧羊人，人和自然達到完全合一。

在這份邊緣人和邊緣情境的名單上，我們還要加上婦女這個角色。從塞萬提斯一直到易卜生，婦女在現代文學都被視為比男人更接近人類天性、更真實的個體。因為男人始終受制於競爭激烈的工作環境，而不像婦女完全被迫和職業生活分離。因此也難怪塞萬提斯會將朵希妮雅看成人類創造力的象徵。

印刷術的邏輯創造了「旁觀者／疏離的人」作爲一種完全的、直覺「非理性的」人

如果羅文塔的說法正確，那麼最近幾百年來，世人實在費了不少氣力用印刷摧毀口語文化，使得商業社會中齊一化的個人可以用觀光客或消費者的身分，回到被邊緣化的口語文化去探訪（無論地理或藝術）。十八世紀的人開始花時間欣賞所謂的都會劇，後來都會劇變得愈來愈細緻、愈同質、愈視

覺化，直到自我疏離的地步，便開始奔往海布里地、印度和美洲這些超越想像的地方（尤其是回到童年）尋找自然人。勞倫斯和其他作家承襲了這套奧德塞式的旅程，結果大獲好評。這其實是一種自動的表現。藝術很容易就變成生活頂層的補償。

羅文塔提供出色的解釋，說明新的疏離人拒絕加入消費者的潮流，堅持保留過去封建口語社會的邊緣生活方式。對視覺及消費導向社會裡的新興大眾來說，這些邊緣人物非常有吸引力。「婦女」這個角色也在這群怪誕的旁觀者當中。女人的觸覺傾向、直覺和完整性不但讓她成爲邊緣人物，更成爲浪漫主義的角色。拜倫曉得男人必須同質、分裂而專精，女人卻不用：

愛是男人生活的一部分
卻是女人的全部

一八五九年，梅勒迪斯寫道：「女人是男人最後馴服的東西。」一九二九年，女人卻被電影和平面廣告同質化了。光憑印刷強度還不夠，還不足以讓女人變得齊一同質，並且分工類化。在碎裂視覺化的平面世界變得統整而完全，是多麼奇特的命運！然而，女性的同質化卻在二十世紀因爲相片沖印技術達到完美而實現了。因爲相片讓女人得以追求視覺的齊一和可重複，正如印刷在男人身上產生的效果。我在《機械新娘》裡用了整本書的篇幅，來講述這一點。

圖像廣告和電影對女人所做的，就是數百年前印刷對男人所做的。談到這裡，很難不陷入「這樣是好是壞」的疑問當中。這個問題的意思似乎是：「我們該怎麼『看待』這件事？」這麼問似乎認爲事情不可能轉圜。的確，理解事件其中的形式動力和組成狀態才是我們關注的焦點。這才是眞的動手去做。理解之後接著而來的，一定是依循價值去掌控和行動。價值判斷往往替科技變革加上一層道德迷霧，讓理解毫無可能。

不過，這幾百年來，人爲何無法理解自己藉由視覺量化和片段化對自己做了什麼呢？人一面自誇對個人和社會的任何運作和功能都加以分類分析，一面又哀傷這樣的分裂影響了內在生命！分裂的人就像「正常先生」一樣，能力都在，卻對電子媒體愈來愈恐慌。因爲邊緣人是沒有邊緣的核心，是完整獨立的個體。換句話說，他是封建「菁英式」的口語人。新的都市人（或所謂布爾喬亞階級）是中央邊緣取向的，亦即他是視覺中心的，重視外表和齊一性，也就是體面。當他成爲統一的個人，就會同質化。他需要歸屬感，他創造並需要向心力強的大團體，而他最初的發明，就是民族主義。

塞萬提斯藉唐吉訶德這個角色來對抗印刷人

我們無須仔細討論塞萬提斯的小說，因爲大家對他的著作都很熟悉。不過，塞萬提斯其人其作都是封建人對抗（視覺量化而且同質化的）新興世界的例子。我們在羅文塔的《文學與人的形象》裡（二一二頁）讀到：

塞萬提斯小說的基本主題，就是新秩序取代了舊世界的生活。他從兩點來凸顯其間的衝突：一是騎士的掙扎，二是騎士和僕人潘薩之間的對比。唐吉訶德還活在幻想裡，以為自己還身在（其實已經逐漸消失的）封建制度當中。然而，他遇到的都是商人、政府小官吏和不重要的知識分子。簡單說來，他們和潘薩一樣，都希望自己能趕在世界前面，因此將全副精力放在能夠帶來利益的事情上。

塞萬提斯選擇中世紀偉大的羅曼史事蹟作爲「眞實」，探討「最高使用價值」的模稜兩可，因爲印刷是「新」眞實，就是它讓中世紀的舊眞實首次成爲人人可得的眞實。因此，在當前這個時代，電影和電視在我們每個人生活的美式成分裡加入新的面向和眞實，一如過去歷史上極少數人曾有的經驗。羅曼史在中世紀僅次於時禱書，是市場銷量最大的書籍。時禱書以口袋尺寸最受青睞，羅曼史則以對開本最受歡迎。[75]

羅文塔（二二一頁）接著又指出唐吉訶德的幾項特點，對我們了解印刷文化特別有用：

有人可能說，唐吉訶德是文藝復興小說所有角色中，最先按自己計畫和理想採取行動希望讓世界和諧的人。塞萬提斯的嘲諷在於，他筆下的英雄儘管顯然以舊世界（封建體系）為名對抗新世界（早期的中產階級生活），其實卻想建立新原則。這個新原則基本上以個人思考和感覺自主為核心。社會潮流要求現實不斷主動轉變形貌，世界必須不斷重新建構。唐吉訶德的作為雖然複雜、充滿幻想，卻憑此重構了世界。他寄望進入的榮耀名單是自己想像出來的，而非社會公認接受的價值。他保護他覺得該保護的人，攻擊他認為邪惡的人。從這點看，他既是理性主義者，又是理想主義者。

之前提過，印刷蘊含了追求應用知識的動力，這一點也讓羅文塔的說法更加重要。而這正是李斯曼在《寂寞的群眾》裡所強調的「內在方向」模式。針對遠程的目標設定內在方向，這麼做和印刷文化密不可分，透視和視覺消失點空間構成法都隸屬其中。其實，印刷文化和視覺消失點都跟電子同時性互不相容，這就是過去一百年來西方人新焦慮的來源。除了印刷文化所造成的自我、孤獨和齊一化，現代西方人還面臨電子時代即刻摧毀印刷文化的壓力。

費里登柏格在《消逝的青春期》裡（二五頁）談到唐吉訶德的青春期特色：

高中時代的「成為美國人」經驗是個統整歧異的過程。當然，這和青春期自我定位的需求相衝突，但兩者的衝突卻被體制化的歡樂所掩蓋，使得青少年通常不自覺，因而往往必須獨自面對過程中所產生的疏離感。

於是，青少年可能會在小地方作區隔。例如（李斯曼提過）男孩會用特別的手勢彼此打招呼，不然就是偶爾使些愚蠢的暴力。然而，別人不會因此視他為怪胎，因為大家心裡都知道這是自我否認（而非自我認同）的行為，因此不具威脅性。至於自我力量較強的青少年，則可能成為真正的革命份子（而不是反叛者），成功拒絕學校的既有規範，不認同學校，變得有罪惡感，開始大聲嚷嚷……

學校體系是印刷文化的捍衛者，對缺乏教養的個人不留餘地。的確，學校是個同質化的儲藏室，人把完整的小孩丟進去接受處理。所有值得背誦的英文詩作裡，包含沃茲華斯的〈露西〉和葉慈的《學童之中》。兩者講的都是封閉齊一體系的秩序和精神世界的自發性，以及雙方之間的強烈衝突。這種衝突，費里登柏格界定得非常清楚，就內在於印刷文化裡。因爲印刷在疏離個人的同時，也透過方言民族主義創造出龐大的團體。費里登柏格開頭就提到（五四頁）內在於活字的一種情境：

我們都覺得，國家將個人和種族差異小心置於大型科技及行政機構的團體利益之下，已經藉此獲得領導宰制的地位。對我們來說，個人服從是道德誡命。當我們因為堅持個人立場而反抗體系，不但會覺得焦慮，還有罪惡感。

唐恩提到自己「對人類學習和語言有滿滿無法節制的渴望」，他這麼說讓十六世紀的無數人困擾。大量製造時代早期曾出現驚人的消費狂潮，廣播和電視誕生之後，同樣的狂潮再度出現在一九二〇年代的美國。不過，這股狂潮要到二次世界大戰之後，才橫掃英國和歐洲。這樣的現象伴隨著高度的視覺壓力和經驗組織化。

印刷人能表達印刷技術的各種組態，但卻無力解讀

民族主義和印刷的關係之所以留到現在才討論，是不希望這個主題喧賓奪主，占據了整本書。而且現在處理這個議題也比較容易，因爲我們已經在其他經驗領域裡處理過各項議題間錯綜複雜的關係。本書對於民族主義和印刷的討論可以算是因尼斯作品的註腳：「印刷發明所產生的效應從十六、七世紀野蠻的宗教戰爭可以清楚看到。將能力運用在通訊產業，加速了國語落實、民族主義興起、革命出現和二十世紀新暴力崛起。」[76]

因尼斯在後來著作裡著重處理事件的組成型態，而非事件的互動序列。他早期作品如《加拿大毛皮貿易》等，仍然按傳統方式編排史實，將事件依照固定成分加以歸類。等他發現媒體具有建構力，能夠將自身的假設潛移默化強加給人，便開始記錄媒體和文化的互動：「愛爾蘭興建橋梁反而使得英愛兩國分離，通訊改善讓理解更加困難。電報強迫語言縮簡，英語和美語愈分愈快愈開。盎格魯薩克遜世界裡，報紙……電影和廣播對廣大小說領域的影響，從暢銷書和特定閱讀族群的出現以及不同族群幾乎互不交流的現象，可以清楚看出。」[77]因尼斯在這裡輕而易舉談到文學和非文學形式之間的互動，如同他在上一段引文，也是輕鬆談到國語機械化和軍事化民族國家興起之間的互動一樣。

因尼斯的表達方式其實並非隨意。同樣的段落如果改以傳統方法陳述，不但需要龐大篇幅，對組織型態之間的互動模式的洞見也會被忽略。因尼斯犧牲觀點和權威聲望，以滿足他對洞見的強烈渴求。追求洞見和理解的過程中，觀點有時是危險的奢侈品。因尼斯獲得更多洞見後，便放棄以任何特定觀點呈現知識。他將印刷術發展和「國語落實」、民族主義興起及革命誕生關聯起來，並非想表達

誰的觀點，起碼不是自己的觀點，而是建構以洞見爲準的拼貼組態（星系）。印刷術最主要的效應就是改變人類感官比重，因此必須揚棄靜態的觀點，以求得對因果力學的洞見。本書稍後還會談及這點。不過，因尼斯並未「說清楚講明白」他星系裡不同成分的相互關係，而他後來的著作也沒有提供現成的答案，只提供一些片段讓讀者自己拼湊組合，頗有象徵主義詩人或抽象畫家的味道。杜德克在《文學與印刷傳播》裡對印刷的興起有直截的透視說明，但卻沒有提到印刷對戰爭、語言和新文學形式興起的影響，因爲這些影響必須用非文學、神祕主義的方式才能解釋。

針對我們現在所探討的組態，喬伊斯在《芬尼根守靈》裡發明了一種新的表達方式，來捕捉其中各個因素的複雜互動。下面這段引文裡的「家禽」一詞，包含了「祖國」、「大母」和（印刷同質化力量所創造的）群眾（foule），亦即暴民。因此，文中提到「人會變得可以操弄」，只不過是同質單元累積所造成的膨脹而已。

> 帶頭吧，和善的家禽！牠們總是走在前面：一問歲月便會明白。鳥昨天做的，飛翔、脫皮、孵蛋或巢內協商，明年可能換成人在做。先生，對鳥來說，社會科學的直覺就和鐘聲一樣準確，自動遷徙能力更屬正常：鳥知道，牠就是覺得自己生來便要下蛋、愛蛋，（您可以信賴牠傳播物種、呵護幼鳥平安度過喧譁危險的能力！）更重要的是在牠出生的地方，一切都是遊戲，卻非騙局，每回在紳士派對上，牠做起事或玩起遊戲來，都是淑女模樣。讓我們保護鳥兒吧！沒錯，在一切尚未來得及結束之前，黃金時代必然會報復。人會變得可以操弄，瘧疾將重新爆發，婦女和她們的荒謬白色負荷只差一步，就要獲得至高的孵育，眾人面前，缺了公獅的女人

獅帶著名叫朗的去角學徒公羊，將一同側躺在羊毛之上。這些消沉製造者抱怨文字不再像他們的舊自我，因為那詭異的一天，在荒蕪的傑尼維爾（不過，在荒地綠洲上的聚會是多麼綠意盎然啊！）朵蘭竟然瞪著廣告文學看，嚇壞了他們倆。不，他們這麼說當然不成理由。（一一二頁）

印刷和民族主義是價值論的，兩者之所以相互搭配，很可能只是因爲一群人透過印刷第一次「看見」他們自己。高視覺解析度的國語提供了一種新視野，讓人窺見由國語使用範圍界定單一社會的可能。愈來愈多人透過報紙（而非書籍）感受到母語的視覺齊一性。海耶斯在《現代民族主義的歷史演化》裡（二九三頁）針對這點，提出最有用的說明：

宣稱國家「群眾」直接促成現代民族主義興起，這麼說其實並沒有確切的根據。民族主義運動的始作俑者是「知識分子」階層，再藉由中產階級的支持取得關鍵的能量。英國的物質、政治及宗教環境條件特別利於民族主義發展，因此十八世紀前便發展出強烈的民族意識。從這點看，英國的民族主義或多或少是群眾自發的情感所促成的。即便如此，上述說法是對是錯仍然值得商榷。不過礙於篇幅，本書無法在此詳述正反雙方的意見。

然而，十八世紀上半葉除了英國之外，歐洲、亞洲和美洲的群眾儘管也有模糊的民族意識，卻顯然還是認為自己隸屬於鄉鎮省份或帝國，而非民族國家；若被畫分到新的政治實體，也不會激烈抗議或反彈。他們所擁有的民族思想和情感其實是知識分子和中產階級教導的結果。

歷史學家曉得民族主義源自十六世紀，卻始終無法解釋這股發於理論之先的激情

現代人必須了解一點：沒有白底黑字印刷出來的國語，就沒有民族主義。海耶斯在此指出，低識字閱讀率地區的部落式激烈社會運動並不能和民族主義混爲一談。海耶斯不清楚中世紀末的視覺量化風潮，也不曉得十六世紀印刷的視覺效果對於個人主義和民族主義的影響，但他非常明白（四頁）早在十六世紀，歐洲現代國家體制已經出現，然而在此之前並沒有現在所謂的民族主義：

按新興體制建立的國家跟原始部落組成的「國家」非常不同。新國家非常龐大，但卻組織鬆散，比較像是由語言、方言和風俗習慣不同的人群聚集而成的團體。新興國家大部分會以特定族群和國籍為核心，占據統治位置，以他們的語言為官方語言。所有新興國家當中，無論少數或多數族群，通常都對共主或共同「治權」抱持高度忠誠。這樣的治權被稱為「國家」或「民族國家」，和過去無所不包的帝國形成強烈對比。人民對新型態治權的忠誠，偶爾有人稱之為「民族主義」。不過必須謹記一點：這些國家不是原始部落型態的「國家」，「民族主義」也不是我們現在所謂的民族主義。十六世紀的歐洲「國家」比較近似小型帝國，而非大型部落。

海耶斯對現代國際主義的特色百思不解。現代國際主義來自對十八世紀的原始迷戀，海耶斯表示：「現代民族主義代表一個多少是有意的企圖，他們希望夠復興原始部落主義，只不過規模更大，也更有人爲的味道。」（一二頁）然而，電報和廣播出現之後，世界的空間維度開始縮小，成爲一個大村落。電磁原理發現後，部落主義更成爲我們唯一的資源。

從托克維爾的《舊制度》裡（一五六頁）可以發現，他比海耶斯更清楚民族主義的原因和效果。印刷變成習以爲常的事物之後，不但更容易創造出同質的人民，就連法國的政治教育也改由讀書識字的人來推動：

作家不僅傳達他們的觀念，還灌輸自己的性情與傾向給人民。當時缺乏其他教育者，因此在他們（雖然不懂實務，卻絲毫不以為意）長期鼓吹下，讀過他們著作的法國人最後都吸收了他們的本能、品味甚至離經叛道的性格，而心靈也被扭轉過來。於是，當群眾必須有所行動時，便一古腦地將文學裡讀來的習慣全部帶進政治裡。

研究法國大革命會發現，推動革命的精神就和引發這麼多人著書高論政府體制的精神相同：對於普遍理論、完全立法體系、精確對稱律法的喜好，對於現有事實的不滿與厭惡，對理論的信心，對原創新穎機制的偏好，以及對於當下根據邏輯法則和單一計畫重新制憲而非逐步修憲的渴望。

法國人對「邏輯」那種難以解釋的狂熱，其實可以簡單視爲視覺因素和其他感官分離獨立的過程。同理，法國人對於視覺量化的集體狂熱也造成了法國革命的軍事狂熱。齊一和同質的疊合在此處「最爲」明顯。現代軍人其實就跟活字一樣，是可被取代的單元，這是最典型的古騰堡效應。托克維爾在《歐洲革命》中（一四〇至一四一頁）對此大作闡述：

共和黨人喜愛共和，主要因為他們熱愛革命。在法國，只有軍隊才是人人從革命得到好處，因此他們出於個人利益全都表態支持。軍官靠革命取得官階，士兵靠革命有望成為軍官。說到底，軍隊就是帶著武器的長期「革命」本身。要是有人繼續大聲疾呼「共和萬歲！」那也只是想挑戰舊有體制，挑戰高喊「君王萬歲！」的對手而已。捫心而論，軍隊根本不在乎人民或公民自由。即便是自由國家，軍人「愛國」通常也只限於熱愛故土，痛恨外國人，法國當時肯定更是如此。法國軍人就和世界其他地方的軍人沒什麼兩樣，無法理解代議政府緩慢而複雜的迂迴協商過程。他們厭惡國會，蔑視議員，因為軍人只懂得簡單有力的強權，而他們求的唯有民族獨立和勝利。

民族主義堅持人人生而平權，國家亦然

文字和印刷的主要特徵除了嚴格的集中化，還有對個人權力的激烈訴求。托克維爾在《歐洲革命》裡（一〇三頁）指出：「一七八八到八九年間出版的時論小冊，包含後來的革命黨人出版品在內，全

都反對中央集權，贊成地方自治。」接著（一一二至一一三頁）他又提到自己和因尼斯一樣，習慣不提事件的樣貌，只專注沉思事件內在的原因：「法國大革命最特別之處不在於手段，而在所提出的概念。這場革命新穎、驚人的地方是：竟然有那麼多國家能這麼有效率地採取行動，並且這麼容易就接受了所有觀念。」

如果能讓托克維爾從這裡接寫《古騰堡星系》我肯定會非常開心，因爲他的思考邏輯是我在本章希望效法的對象。他在談到舊體制時（一三六頁）清楚陳述了自己所使用的方法：「我試著盡量不從個人觀點，而是根據承受舊體制、繼而破壞它的人的感受做判斷。」

民族主義衍生自伴隨印刷、透視法和視覺量化而來的「固定觀點」，也有賴於「固定觀點」來維繫。然而，固定觀點可能是個人或群體的，甚至兩者皆有，因此造成各式各樣的期望與衝突。海耶斯在《現代民族主義的歷史演化》裡（一三五頁）指出：「直到一八一五年，自由民族主義在中歐和西歐主要仍然局限於藝文學術界……這樣的主張雖然宣稱追求民主，卻明顯傾向中產階級，但也絕非是菁英取向的。」海耶斯接下來幾句話一面點出國家的「固定觀點」，一面也點出個人的「固定觀點」：「自由民族主義強調民族國家的絕對統治權，卻也同時強調國家之下的個人自由（政治、經濟和宗教自由），藉以限制國家的權力。」

海耶斯表示（一七八頁）民族主義的視覺壓力必然會導致固定觀點，而固定觀點將會引出以下的原則：「因爲民族國家不屬於特定世代的國民，因此必須靠革命改造。」此一原則在美國憲法的書面視覺固著裡尤其明顯，而前印刷、前工業時代的政治秩序則欠缺這樣的模式。

海耶斯開頭（一〇至一一頁）便指出，當時的人對於發現「平權」原則興奮異常，因爲原則同時適用於個人與團體：個人平權可以決定人民所歸屬的國家和政府，個別國家平權原則則可以引伸出民族自決。

因此，民族主義落實起來，必須等到印刷運用到工作及製造方法上，才能充分展現它向外齊一化的能力。海耶斯看出其中的道理，卻無法理解民族主義爲何會從農業國家興起。他完全沒有發現印刷在其中所扮演的角色，亦即讓人落入齊一化的可重複連結模式：

提倡民族主義原則，是十八世紀心靈的一項主要功課。基本上這是知識分子的工作，表達的也是當時知識分子的利益志趣和傾向。然而，民族主義原則提出後，真正讓它生效，並且讓大多數人接受的主要力量，其實是工業技術的驚人發展，也就是現在所謂的工業革命（發明省力器械、改善蒸汽引擎和其他動力設備、大量使用煤鐵、大量製造，以及加速通訊和運輸）。這場工業革命一百四十年前在英國大規模展開（正巧是法國雅各賓黨人革命當時），不斷向英國各地擴張，最後傳遍全世界。同時，民族主義原則也開始興起，並獲得大眾狂熱支持，向各地傳播。這些原則最初成形於農業社會，在新工業器械發明之前。然而，民眾接受民族主義的同時，新器械也被引入舊的農業社會，使得社會轉型成工業社會，最終導致民族主義的全面勝利。這樣的進展感覺似乎非常自然。（二三二至二三三頁）

工業主義興起之後，藝術、哲學和宗教的思考及表現模式都受民族主義影響。海耶斯寫道（二八九頁）：

一百五十年來，科技、工業藝術和物質生活的主要發展，以及智性和美學領域大多數成長，都受到民族主義役使，效命於民族主義。工業革命雖然傾向於世界主義，實踐起來還是臣服於民族主義之下。現代學術立論科學，成果具有普遍性，卻以壓倒多數支持民族主義。哲學就其起源和民族主義並沒有明顯的關聯，有時更是明白反對民族主義。然而，基督教哲學、自由主義、馬克斯主義，以及黑格爾、孔德和尼采的思想體系卻被民族主義大量援引，並且常常曲解以為己用。形塑藝術、音樂和文學都強調放諸四海皆準，卻愈來愈多成為民族主義的產物，彰顯愛國志士的榮耀。民族主義在當時的公眾思想及行為模式裡非常普遍，以致大多數人都將之視為理所當然。眾人不加認真思索就以為民族主義是世上最自然的事物，從遠古就存在，流傳至今。

面對這樣至關重大的事件，我們首先要問的關鍵問題就是：民族主義為什麼能在近代引發這麼大的風潮？

克倫威爾和拿破崙所設置的國民軍是（印刷這項）新科技的完美展現

海耶斯身爲歷史學家，非常清楚所謂的民族主義之謎（二九〇頁）。民族主義在文藝復興之前並不存在，連概念都不曾出現：「然而，造成民族主義風潮的不是鼓吹民族主義的思想家，這股風潮早在他們之前就存在了，這些思想家只是將民族主義表達出來，加以強調並提出指導。對歷史學家來說，這些思想家非常有幫助，因爲他們讓史學家能夠清楚描繪當時民族主義麾下的各種思潮。」海耶斯認爲「大多數人天生就有民族主義本能」和「民族主義是天生自然的」之類的說法，非常荒謬：「回顧歷史，人類團體和個人多數時間效忠的是部落、族群、市鎮、省分、領地、公會或多語系帝國。然而，現代儘管有各式各樣的社群型態，卻唯有民族國家獨占鼇頭。」（二九二頁）

海耶斯問題的答案是：印刷文字讓國語視覺化，接著創造出同質的連結模式，讓現代工業和市場得以存在，並且讓人以眼見國家存在爲喜。海耶斯寫道（六二頁）：

> 提出所謂「全民皆兵」概念的，是雅各賓黨人。這對宣揚民族主義非常重要。另一個關鍵概念是「全民就學」。法國大革命之前，一般人根深柢固的看法是孩童屬於父母所有，小孩要受何種教育應該由父母決定。

要展現自由、平等和博愛的概念，最自然（或許也是最缺乏想像力）的方式就是前所未有的、整齊畫一的國民兵。國民兵不但是印刷書頁的翻版，和生產線也有異曲同工之妙。無論民族主義、工業主義，或是以印刷原理組織軍隊，英國都領先歐陸。克倫威爾的鐵甲軍就是雅各賓黨人所謂的國民兵，只不過提早出現了一百五十年。

> 英國人民比其他歐陸國家的民眾更早發展出清楚的（共同）國家意識。在法國大革命之前，當法國人還認為自己是勃艮地人、蓋斯康人或普羅旺斯人的時候，英國人早就已經（自認）是英

國人，並且集結起來推動民族愛國主義，最後導致亨利八世的王權世俗化，同時促成伊莉莎白時期的豐功偉業。米爾頓和洛克的政治哲學裡都包含民族主義的精神，但在歐陸當時卻幾乎找不到類似的人物。英國人波林布羅克更率先明文提出民族主義信條。因此，反對雅各賓主義的英國人會掉入民族主義的陷阱裡，也就不足為奇了。

以上是海耶斯在《現代民族主義的歷史演化》裡（八六頁）的說法。十六世紀一名威尼斯大使也表示，英國在民族統一之路上確實居於領先地位：

> 一五五七年，威尼斯大使米謝利致函政府：「英國人在宗教信仰方面，最重視的就是統治者的行為表現和權威。英國人以服從統治者為義務，任何宗教行為只要違反這項義務，就不會得到重視，也不會有人實踐。國王怎麼活，英國人就怎麼活，國王相信什麼，他們就信什麼。總而言之，英國人唯統治者是從……國王改信回教或猶太教，英國人就會接受回教和猶太教。他們相信的其實是國王的意志。」在非英國人看來，當時英國人的宗教行為非常特別。在歐洲，宗教統一是最高原則。英國也一樣，只是信仰什麼宗教（教派）隨國王而異。英國在亨利八世治下，是分離教派，愛德華六世在位期間是新教，到了都鐸王朝又回復成天主教，雖然輒有變動，民間卻都不曾出現任何激烈反彈。[78]

民族主義對英國國語出現非常興奮，這從十六、七世紀的宗教爭議就看得出來。當時宗教和政治緊密交纏，根本難分難辨。一六四二年，清教徒杭特寫道：

未來，不再有人需要進大學，學習智者的智慧；因為福音書裡的謎，只有少數難得，無法用白話英語加以表達。[79]

講究禮拜儀式的天主教人士目前對英語彌撒憂心忡忡，但由於新媒體如電視、廣播和電影的興起，他們憂慮的重點已經混淆了。國語的社會角色和功能總是隨國語和私人生活之間的關係而改變。因此，現今的英語彌撒問題其實跟十六世紀英語在宗教政治領域所扮演的角色一樣混淆不清。毋庸置疑，印刷這個媒介賦予國語新的功能，並且完全改變了拉丁文的用途與關聯性。然而，及至十八世紀，語言、宗教和政治之間的關係已經界定清楚。語言成爲新的宗教，起碼在法國如此。

早期的雅各賓黨人雖然遲遲未將教育理論付諸執行，卻立刻察覺語言的重要性，他們發現語言是國籍的基礎，因此便試圖讓所有居住法國的人講法文。他們表示，真正的「民主統治」和國家的團結合作不僅要靠風俗習慣統一，更重要的是擁有相同的概念與理想。概念和理想來自演說、印刷出版品和其他教育工具，前提是使用共同語言。法國境內的語言其實並不統一（除了各地不同的方言，還有人使用「外語」，範圍西起布雷頓、南至普羅旺斯、巴斯克和科西嘉、北達佛雷明、東北到亞爾薩斯日耳曼）。因此，雅各賓黨人決心剷除方言和外語，強迫所有法國人學習並使用法語。[80]

海耶斯在這裡明白指出，國語運動背後的熱情來自於同質化，而同質化比較好的做法就是價格競爭和消費者商品。這一點，盎格魯薩克遜人始終知之甚詳。簡單說，英語世界曉得印刷就是應用知識，拉丁文世界卻一直拒印刷於門外，寧可將印刷拿來增加口語爭論和軍事訓練的戲劇效果。對於印刷的強烈拒斥，卡斯卓在《西班牙史結構》裡闡述得非常清楚。

西班牙人因爲長年和摩爾人衝突，所以沒有受到印刷影響

雅各賓黨人發現了印刷的軍事力量，也就是線性齊平式的攻擊力。與此同時，英國人則將印刷應用到生產製造與市場上。因此，當英國人將印刷推展到價格、店管和各式各樣的自己動手做手冊時，西班牙人從印刷當中抽象出來的信息，卻是巨大化和超人努力。他們完全無視於（或忽略）印刷的應用、平等化和同質化能力，也沒想過建立任何標準。卡斯卓表示（六二〇頁）：

他們就是反對標準化。這裡頭有個人分離主義的味道……如果你問西班牙人生活最大的特色是什麼，我會說就是在接受被動和恣意展現靈魂深處的自我（無論那有多重要或多微不足道）之間游走，彷彿他的生命就是一齣戲。這種明顯的對比，最好的例子就是農民和西班牙征服者：他們對政治社會局勢完全無動於衷，對盲目大眾的鼓譟暴動也漠不關心。他們破壞一切，對於將自然資源轉成財富，或將公共財轉為私有財沒有半點興趣。他們對發生在西班牙之外一成不

變的落伍生活方式和瘋狂接納現代化設備的潮流，不聞不問。然而，電燈、打字機和自來水筆在西班牙普及的速度卻遠遠勝過法國。在人類最高的價值層面，西班牙人擁有強烈的對比性格。他們身上有聖約翰十字和最靜默的米蓋爾的詩意內向性，也有奎維朵、宮果拉大膽攻擊的傾向，或像哥雅一樣，試圖用藝術改寫外在世界。

其實，西班牙人一點也不排斥接納外來的事物和想法：「一四八〇年，費迪南和伊莎貝爾允許自由進口外國書籍，」不過，西班牙後來實施檢查制度，並開始減少和世界其他地方的接觸。卡斯卓提出解釋（六六四頁）：

西班牙人以戲劇化的韻律，時而擴張客觀生活領域，時而收縮：他們對工業活動不感興趣，卻也不同意完全去除工業。偶爾，他們會突如其來一股衝動，想掙脫自己……結果卻帶來新的問題，沒辦法靠「正常」方式解決。

印刷對文藝復興最大最明顯的影響，或許就是西班牙人（如聖羅耀拉）發起的反改革軍事行動。他所頒發的宗教諭命是印刷術問世後的第一道命令，非常強調宗教活動的視覺因素、密集的文學訓練和組織的軍事同質化，天主教的傳教方式出現新的軍事化風潮。針對這一點，紅衣主教艾倫在一八五一年出版的《兩堂英語講習自辯詞》裡提出解釋：「是書本開的路。」將書看成軍事化的傳教工具，這樣的看法對當時拒絕商業和工業的西班牙人很有吸引力。卡斯卓表示（六二四頁），西班牙人對白紙黑字始終存有明顯的敵意：

西班牙人想將司法體系建立在價值判斷而非堅實的理性演繹原則之上。因此，西班牙耶穌會重視決疑論，法國人巴斯卡卻覺得決疑論完全不道德，這點也就不足為奇了。西班牙人對成文法既害怕又討厭：在艾亞拉的詩作《利馬賓宮殿》裡，律師對倒楣的訴訟當事人說：「我找到二十章反對你，只有一章贊同你。」

卡斯卓所提出的要點之一，就是西班牙的歷史始終擺盪在閱讀識字的西方世界和口語爲主的東方摩爾世界之間。「雖然塞萬提斯曾經長期拘禁在阿爾及爾，還是反覆表達對摩爾人正義觀的嚮往。」就是這種對摩爾人的嚮往，讓西班牙人能反抗書寫文字的視覺量化效應。印刷術和不同文化接觸，對該文化的閱讀識字情況會產生不同影響。研究西班牙對了解這一點特別有用。西班牙人以熱情當作生活的核心，俄羅斯人也很類似，因此印刷的效應始終沒有擴及到消費者商品，但在日本卻相反。俄國人之所以對印刷採取口語方式對待，也是出於熱情的特質。或許就是因爲如此，讓俄國人得以不去運用讀寫能力。

卡斯卓在《塞萬提斯橫跨世紀》裡有一篇出色的論文〈唐吉訶德道成肉身〉（一三六至一七八頁）。他在文中寫道：「關切閱讀對讀者有多大影響，是典型的西班牙式疑慮。」這也正是唐吉訶德的大主題：

書籍（宗教或世俗書籍）對讀者生命影響為何，是十六世紀文學的永恆主題。羅耀拉年少時耽讀騎士小說，他「對這類小說非常好奇，又很喜歡。」然而，機會之神交在他手上的是屬耶穌的生命和《諸聖之花》。於是，他不僅從中得到喜悅，心靈也開始改變，渴望模仿並且實踐自己所讀所感。他尚未決定選擇屬世或屬靈的生活，過去的自己和受到鼓舞的未來偉大自我也在他心裡同時存在：「後來，一道主宰萬物的智慧之光顯現，主『充滿』了他的心靈。」（一六三頁）

解釋了爲什麼唯獨西班牙人對於文字的影響力格外重視之後，卡斯卓認爲（一六一頁）：「將書本看成具有生命的活實體，可以交流和鼓舞人，是東方傳統的人性表現……」東方世界對「形式」的敏感，加上形式在字母世界的逐漸沉寂，或許就是西班牙人對印刷見解獨特的原因；「……然而，十六世紀西班牙的獨特之處在於，他們非常關切印刷字對讀者生命的影響。文字的溝通力量受到強調的程度遠超過書籍本身的錯誤和文詞瑕疵。」（一六四頁）

因此，西班牙人關切的是印刷這個媒介造成了感官比重的重新分配，並且創造了新的意識模式。卡薩德羅在《塞萬提斯橫跨世紀》裡（六三頁）說：「騎士和地主既不相對，也不互補。兩者性質相同，只是內在成分比例不同。而喜劇精神就來自於將不同成分彈性轉換，彼此錯置。」西班牙人特別注意印刷文字的媒介，吉爾曼在同書的〈僞本「吉訶德」〉裡（二四八頁）指出，作者在西班牙是次要的：「讀者比作者重要。」不過這個看法和「大眾要什麼」之間，還有好大一段差距。讀者比作者重要，來自於語言媒介是公眾信任基礎的概念，而不是把讀者看成消費個體。十六世紀初，瓊斯在英國發現了同樣的態度：

母語的精緻化與雕琢就是文學的目的。換言之，文學被視為語言的工具，而非語言是文學的工具。作者獲得讚賞常常是因為他對表達媒介（亦即語言）的貢獻，而非行文構句本身的價值。[81]

印刷有純化拉丁文使其消逝的效果

許多偉大學者都曾經辛勤研究印刷時代的英語國語。這個領域資料實在太過豐富了，任何研究方法相形之下都顯得太過隨意，而且失之偏頗。波恩在〈丁道爾與英語〉裡指出：「丁道爾的任務就是讓福音書裡的日常生活成爲眞實，他要重新發現寓言……在聖經能用方言掌握之前，幾乎沒有人認爲故事愈能反應眞實生活，就愈有份量。」[82]

這裡隱含的假設是：日常生活所用的語言一旦「被發現」了，對日常生活文學的需要就會隨之出現。印刷運用在國語方言之上，讓國語方言成爲大眾媒體。只要想到印刷是最早的大量製造技術，這點其實也就理所當然。然而，印刷運用到拉丁文上，卻是災難一場：「偉大的義大利人文學者從佩脫拉克的《非洲》到紅衣主教班波，他們的努力換來意外的結果，就是讓拉丁文純化到消失的地步。」[83]路易士在《十六世紀英國文學》裡（二一頁）寫道：

語言「正典」時代這個奇怪的概念，主要來自於人文學者。在正確而標準的「正典」時代之前，語言是原始的、不成熟的。正典之後，語言便衰敗了。因此，史蓋里格才會說普勞特斯的拉丁文是「粗野」的，而泰倫斯以降到維吉爾是「成熟」的；馬修和朱文納是「衰敗」的，而奧森尼斯的拉丁文則是「老朽」的（《詩學》viii）。維弗斯的說法也是大同小異（《學識的傳遞》iv）。維達更誇張，他直接表示荷馬之後所有希臘詩作都是倒退之作（*Poeticorum*冊一，一三九頁）。這一類迷思一旦生根，自然讓人認為十五、六世紀所謂好文章，就是盡可能模仿過去成熟時期的文采。於是，拉丁文雖然必須有所演進才能滿足有天分的新作家或新主題對語言的不同新需求，但這樣的演進卻被遏止了。在「點金成石的權杖」重擊之下，正典精神終結了拉丁語文的歷史，然而這並非人文學者的本意。

費夫賀和馬爾坦在《印刷書的誕生》裡（四七九頁，《印刷書的誕生》，四〇四頁，貓頭鷹出版）也提到，古羅馬文字在拉丁文的消逝過程中所扮演的角色：「古典學術的中興，反倒促成拉丁文的死亡。」這是很基本的道理。與印刷有關的並非中世紀文字，而是羅馬文字。人文學者努力考古，使用羅馬文字是其中之一。然而，羅馬文字高度視覺化，非常適合印刷，才是終結拉丁文統治的主要原因，超過藉由印刷復興古代文體所造成的影響。

古代文體在固定沉澱的過程中，因爲印刷出現而遭遇直接的視覺衝擊。人文學者發現自己浸淫在口語拉丁文模式的程度比任何時期的古人還要深，他們大感意外，便立刻決定以印刷文字教導拉丁文，放棄口語教學，藉此阻止自己所使用的中世紀野蠻拉丁口語和慣用語繼續傳播。路易士對此做了總結（二一一頁）：「人文學者成功殺死了中世紀的拉丁文，卻沒能保住他們辛苦恢復的奧古斯都主義所要求的嚴苛課堂誡律。」

印刷將本身特性推展出去，使得語言規範與定形也具有印刷的特性

接著（八三至八四頁）路易士將文藝復興課堂的「古典特性」和中世紀拉丁文（如鄧克德主教道格拉斯）在聽覺和口語方面的自由多變相比。道格拉斯比我們更接近維吉爾，這點實在讓人意外。不過，知道這點之後，就會發現例子俯拾皆是。*Rosea cervice refulsit*：「她的頸子散發著五月玫瑰般的光澤。」你會覺得德萊頓的「她轉身，脖子因而發出光亮」比較好嗎？然而，*refulsit*（光澤）在羅馬人耳中，絕對不像refulgent（光亮）在英國人聽來那麼「古雅」味十足，反而比較接近schane。

換句話說，我們之所以覺得奧古斯都時代的作家和十八世紀很「古典」，肯定和大量的拉丁新詞出現有關。這些新詞隨著印刷初期的翻譯者而被引進英語。瓊斯在《英語的勝利》裡花了許多篇幅談論國語和方言的基本問題，也費了不少工夫探討和語言印刷形式直接相關的兩個問題，亦即文法和拼字法的確立。

費夫賀和馬爾坦在《印刷書的誕生》裡以一整個章節（「印刷與語文」）談論「十六世紀開展之前，西歐諸國的民族語言，發展成書寫語文的時間雖有先後不一，卻都緊緊跟隨著口說語言持續演化。」（四七七頁，《印刷書的誕生》，四〇二頁，貓頭鷹出版）抄寫文化無法固定語言，也無法將方言轉變成促成國家統一的大眾媒介。中古史學家指出，編纂中世紀拉丁文辭典是不可能的，理由很簡單，因為中世紀作家可以隨思想脈絡演變不斷重新界定自己所用的辭彙。單靠辭典讓每個字有固定的意義，對中世紀作家來說根本無法想像。同理，在中世紀作家下筆之前，字詞並沒有外在「符

號」、指涉或意義。非讀寫時代的人認爲「橡樹」這個詞就是橡樹，怎麼可能引出橡樹的概念？然而，印刷對語言的各個面向都產生了深遠的影響，一如當年書寫對語言的震撼。雖然從十二到十五世紀，中世紀方言改變許多，「但從十六世紀開始，情況徹底改變了。及至十七世紀，各地的方言更已經開始固定成形。」

費夫賀和馬爾坦接著討論中世紀總理大臣如何努力將口語儀式標準化，文藝復興時期的新興中央極權國家又如何定型語言。如果可以，新興國家肯定會欣然通過齊一法案，好讓印刷精神不但能走進宗教和思想領域，更擴展到拼字和文法。然而，處在現今的同步化電子時代，所有政策和做法都得倒轉過來，而首先出現的就是大企業去中心、多元化的潮流。這就是爲什麼現代人很能理解具有集中力、同質力的印刷背後的動態邏輯，因爲印刷和當前的電子科技是針鋒相對的兩個極端。十六世紀，所有文化不分古代或中世紀，都和新起的印刷術相衝突。德國比其他歐洲國家更多元，也更具部落歧異性，然而「印刷的統一力對於塑造文學語言」非常有效。費夫賀和馬爾坦寫道（四八三頁，《印刷書的誕生》，四〇六至七頁，貓頭鷹出版）：

> 路德塑造的語文，比起當時他的大多數同胞所說所撰，更加接近德文的樣貌。他的作品富於文學氣息，銷路甚佳，新舊約譯本又被死忠支持者賦予幾近神聖的地位，這一切種種都令他的語言昇華成廣獲採用的範本。操標準高地德語的讀者，可以上理解其文意……許多字詞……亦是在路德的影響下，終於推廣到整個德語區。他所選用的字彙，武斷而不容質疑，幾乎沒有印刷匠膽敢替換其中任何一字。

英國也很關切印刷和印刷業者的規律與統一。但討論英國之前，我們要記得目前結構語言學正在興起。結構主義藝術和文學批評就和非歐幾何一樣，都是源自俄國。結構主義這個詞並不能讓人一目了然，知道其中包括「內在合成」的概念，亦即不同層級和面向在三維向度裡以拼貼的方式彼此互動。然而，這種藝術語言和文學的知覺模式正是西方世界藉由古騰堡技術所極力希望去除的。如今，這樣的知覺模式又重回我們時代，是好是壞還不曉得。誠如最近一本著作在開頭所說的：[84]

語言藉由三種人類經驗來證明自身存在。第一類或許可以稱為字詞的意義，第二類是文法形式裡蘊含的意義，第三類（也是作者本人認為最重要的一類）是超越文法形式之上，神祕卻又奇妙揭露給人的意義。本章希望探討的就是第三類意義。因為第三類意義的要旨在於，思想本身必須伴隨對語言表達和人類最深最強韌的組織之間的關係的批判理解，並且努力證明語言若是完全倚賴字詞和文法，對字詞文法若有未經批判的信任，認為字詞和文法就足以構成語言的最終內容與範圍，那麼語言就會是不完美且不適當的。因為人是沒有語言的地球存有者，人就是語言。

印刷不僅改變了拼寫及文法，更改變了重音和字尾變化，讓「壞文法」從此出現

雖然現代人除了形式語言之外，也知道有非口語語言，但「人就是語言」這點在我們看來仍然非常明顯。這種經驗的結構主義取向會引發人對「無意識和以爲並不存在的事物之間的關係」的覺知。[85]換言之，印刷改變語言、經驗和動機的結構的新方法只要不被意識到，生命就會被催眠耗盡。本書先前指出，莎士比亞提供了當時的人一種模型，藉以說明印刷實際操作時的工作模式，因爲活字和所有應用知識的基礎就在於藉由機械惰性來進行功能分化，也就是將事情縮減成單一層面的問題、技能或解答。因此，約翰生才會「對莎翁許多妙言機鋒竟然歷久彌新，深表反感。因爲裡頭的角色在死神嘴邊強詞奪理，大發兩可之論，就跟其他戲劇沒什麼兩樣，都違背了『理性、規矩和眞理』。」[86]從口語文化轉成視覺文化，不僅意義的同步性消失，發音和音調也儘量平板。西里爾在《詩的追求》裡（四五頁）寫到：

我們美國人大都不了解音調變化的好處，下意識避免抑揚頓挫，覺得那是裝腔作勢，因此說話又沉又慢，彷彿是低吼，結果讓母語的力量只剩一半。音調不變，說起話來就是平板含混，尤其我們的字母和音節兜在一起，聽起來就像在唸沒有重音的散文。我們應該每個音節都發得腔圓飽滿，像金色泡泡一樣！但我們沒有，結果就是詩歌創作困難重重。大體而言，美語的聲調遠比英語豐富，但（東倫敦腔暫且不論，尤其超級東倫敦腔，也就是所謂的「牛津腔」）我們卻因此誤以為美語的聲調勝過英語。其實英語音調非常多變，讓他們說起話來就是比我們清楚明白得多。美語音調就和法國人說話手勢一樣，充滿表達力，又有重點。伊莉莎白時期的人說話當然抑揚頓挫，音調齊全，現代愛爾蘭人說起話來也是優雅流利，和伊莉莎白時期遙相呼應。

朗誦詩歌若沒有抑揚頓挫，就不可能鏗鏘有力。

美國人是最全心全意追求印刷視覺化的民族，原因稍後再做解答。丹尼爾森在《英語之多音節拉丁文、希臘文和羅曼語借字音調研究》裡也提出豐富專業資料，支持西里爾的說法。

本書先前已經藉由藝術、科學和聖經註釋學說明中世紀的視覺化傾向。現在要來談談中世紀語言逐漸演變，最後大步躍向印刷的視覺定形效應的過程。

> 就主受詞關係的表達而言，英語的發展大致都將音調單元排除在外，因此在文法上，主詞和受詞既可以放在句子的任何地方，也可以運用功能定詞順序，將動詞前面定為「主詞」區，後面定為「受詞」區。[87]

抑揚變化對口語和聽覺文化來說天經地義，因爲抑揚變化是一種同步模式。表音字母文化往往傾向削弱音調變化，偏好視覺化的定位式文法。莫里斯在《拉丁文構句法》中對這項原則做了清楚的說明。他指出，視覺化的傾向就像是

> 朝單字關係表達法前進的過程……
>
> 用單字等等取代音調的普遍潮流，是印歐語系發展史上最徹底也最激進的改變。這項改變不但意味著人對概念關係有更清楚的感覺，也代表改變是此一感覺的結果。音調主要用途在暗

示關係，而非表達關係。因此，同樣的關係用單字（如介系詞）來表達比用格形暗示清楚，這個說法並不正確。然而，唯有感覺夠清楚，概念關係才能和單字連結起來，這麼說是正確的。概念之間的關係本身也必須成為概念，因此以單字表達關係就是讓語言開始精確……副詞介系詞這類的表達形式能夠更清楚表達意義的某些部分，但這些部分用格形卻表達不出來。因此，副詞介系詞可以用來定義格形的意義。（一〇二至一〇四頁）

音調和雙關語的扁平化是十七世紀應用知識計畫的一部分

假設十七世紀不存在，那麼必然的結果就是：印刷所引起的視覺化字序效應將會剷除口語禮節的原則，終結雙關語，並且讓人不再堅持言談的同質性。早在史普瑞特主教向英國皇家學會報告之前，考德雷就已經點出印刷的可能影響了。考德雷一六〇四年表示，機智（機智在當時意味著博學）並不在於使用怪字，而在於

> 心靈的有益思想和機敏中肯的表達……吾人必須摒棄動人心弦的華麗詞藻，只用一種語言表達模式。因此，若想避免愚昧的詞藻，熟悉最平實美好的說話方式，就得不時尋找最常見的字彙和最直截了當的說法來表達內心的思想。[88]

從印刷方言的視覺經驗當中，很自然就會推導出「只能用一種語言表達方式」之類的說法。誠如培根所言，將才能和經驗化約到單一層面正是「應用」知識的關鍵所在。然而，塔夫在《伊莉莎白時期的比喻與形上譬喻》裡表示，這種化約卻會破壞所謂的「口語禮節原則」，這個原則從古希臘到文藝復興時期始終是語言藝術的核心。

不同層次的風格和不同層次的詮釋一樣，都是文化叢結的一部分。聖經的風格也大大激發了許多神父的思想。唐恩說：「聖靈撰寫聖經時覺得開心，不僅因爲內容得當，也因爲語言優雅和諧，充滿韻律。此外，聖靈也歡喜能讓讀者印象深刻的高妙比喻和象徵，而不喜歡市井巷談那種野蠻樸素的語言……」[89]

禮節原則持續影響語文風格。忽略這點讓錢伯斯等人誤以爲平實風格是來自文學實踐的全新原則。因此，風格多變的比德雖然在《劍橋英國文學史》裡備受讚揚，理由卻是他在《教會史》裡「創造了直接平實的寫作風格，造福後世英語作者良多。」

錢伯斯將十九世紀的日常語言風潮和十六世紀禱詞布道的信實風格混爲一談。聖摩爾在《理查三世》裡用的是最新的英語，《烏托邦》是中庸的嘲諷風格，禱詞的文風則是信實素樸。唐恩繼續發展了禮節原則，其中他大膽運用樸素技巧裡的比喻來凸顯道成肉身的神聖人性的矛盾之處。然而，本書只想藉此說明語言中的禮節原則傳統在各種主題裡的運用範圍與深度，因爲隨著印刷出現，理解原則必須加以摒棄，這樣人才能「只用一種語言表達方式」。將所有情境同質化，以便文化和印刷的潛能和諧一致，這樣的需求很容易理解，也很容易辨認。史普瑞特主教在《英國皇家學會史》（一六六七）裡不但準備揚棄禮節和各種風格，就連詩歌也考慮去除。至於神話和寓言，則是種族於發展初期憑藉空想創造出來的語言形式：

> 眾人之中最早的知識大師是詩人和哲學家。奧甫斯、萊勒斯、穆塞爾斯和荷馬起初改善人類天生的粗野，再藉由詩文音韻創作誘使人接受索倫、泰利斯和畢達哥拉斯的嚴苛教條。這種方法起初很管用，民眾以為對自己有好處而欣然被騙，卻或許對後世哲學留下不少壞處，並讓希臘人有理由拚命靠機智和想像力揣摩自然的作為，而非以前後一致的方法真誠追問自然的道理。[90]

將史普瑞特的說法（史普瑞特試圖延續培根的說法）稍加變形便能導出一點，即現代科學家和哲學家才是眞正的詩人。爲了將過去殘留的渣滓去除乾淨，史普瑞特認爲，英國皇家學會「致力讓自然知識擺脫華麗詞藻、空想方法和讓人愉悅的不實寓言。」

「應用」知識的技巧在於區隔和分化的過程，這點在化約古代事物時顯得格外清楚。皇家學會成員都對此一方法三緘其口，並拒絕接受「詞彙的邪惡豐富、比喻的詭計和語調的流暢，因爲這一切都讓世界顯得如此嘈雜。」

> 因此，在浮誇的世界裡，他們非常嚴格服用唯一的解藥，就是以不移的決心拒斥所有誇大、離題和過度膨脹的風格：重回原始的單純簡潔，即使人有那麼多話要說，用的字數也差不多，但還是要追求單純與簡潔。他們要求所有成員以一種封閉坦白自然的方式說話，正面陳述，意義清楚，口語平易，讓所有表達的事物盡可能像數學一樣簡潔明白。他們喜歡的語言是工匠、村夫

和商人的語言，在此之前則是學者的語言和機智的言談。[91]

印刷創造了民族統一和集權政府，但也帶來個人主義和反政府運動

將所有語言化約成單一模式，這麼做其實並未背離印刷的原始意義，亦即將方言變成民族意味濃厚的大眾媒介。如果我們追隨史普瑞特的腳步，挖掘其後一百多年印刷術成爲齊一化工具的過程，一定收穫豐富。

德易志在《民族主義與社會溝通》裡（七八至七九頁）寫道：

> 「民族」就是積極取得有效控制成員行為的方法的一群人……當他們獲得足夠的權力支持其想法理念，民族主義就會落實成為國家。最後，要是他們的民族主義同志成功建立新國家或讓舊國家改制，新國家便會擁有治權，「民族國家」也正式宣告成立。

海耶斯講得很明白，文藝復興時期之前沒有民族主義。現在我們對於印刷的特質了解夠多，就會曉得理應如此，因爲印刷除了讓方言成爲大眾媒介，也成爲政府用來控制社會的工具，其力量遠遠超過擁有紙草、字母和道路的羅馬人所能理解。然而，印刷特質卻也造成製造者和消費者、統治者和被統治者之間的利益衝突，因爲印刷是一種集中化的大量製造方式，肯定會讓「自由」問題超越所有社

會和政治討論之上。一九五〇年三月十七日，適逢圖書周，「明尼亞波里晨間論壇報」在一篇名為〈閱讀的權利〉社論裡引述了胡佛和杜魯門兩位總統的聯合聲明：「對我們美國人來說，自由的意義就在於人人都有思考的權利，而思考的權利就是閱讀的權利：閱讀任何事物，不分時地，不分作者。」這眞是讓人印象深刻的消費者聲明，其基礎就來自印刷的同質化特質。印刷如果是齊一化的，讀者和作者、出版者和消費者雙方的權利也該齊一化。關於印刷的意義為何有許多相左的看法，長期經驗這些相左意見的人最早定居的地方就是美國殖民地。古騰堡時代的意義從製造者和統治者的角度來說很簡單，就是統治階層有權將齊一的行為模式強加給社會，消費者國家出現之前，警察國家會先誕生。因此，我們應該聽聽美國人對英國出版自由的說法（希伯特的《英國出版自由一四七六至一七七六年：政府控制的盛衰》），因為他們的說法可以讓我們知道，製造者強加的齊一化「對抗」消費者強加的齊一化的相對優點。美國在製造者取向和消費者取向之間不停轉換，這樣的轉換讓人覺得矛盾有趣。然而，正是這點讓托克維爾的《民主在美國》引起廣大的迴響。集權政府和拓荒者之間的利益衝突是因尼斯在《加拿大毛皮貿易》所探討的主題。因尼斯指出（三八八頁），中央希望邊緣組織化，目的是製造主要產品，而非消費者商品：

> 生產、行銷和運輸技術的改進，加上成品製造技術提升，鼓勵了原料的大規模生產，結果就是殖民地的能源直接間接都被用於生產主要產品。人民直接參與了主要產品的製造，同時間接參與提升產能的設備器材的製造。農業、工業、運輸、貿易、金融和政府活動都傾向從屬於主要作物的製造，藉以建立更分工、更專業的製造社群。這種普遍化傾向可能因為政府政策或商業

體系而加強，但政策的重要性隨產業不同而異。加拿大雖然貿易自由，但還是英國屬地，因為它還是繼續出口主要作物到工業化程度更高的母國。

因尼斯指出，一七七六年爆發的獨立戰爭是中央與邊陲的衝突，正好跟十六世紀齊一與多元、政治與文學的衝突相當。由於「從事毛皮貿易的殖民地沒有能力發展工業，和母國製造商競爭，」因此邊陲地區對於文學和藝術，也只會從消費者的角度去看。這樣的態度一直延續到二十世紀。

拒絕合作主義者比較偏向讀者和消費者，認為印刷的意義是私人而且個人化的。順從主義者則傾向作者和製造者，也就是擁有新興力量的統治者。印刷術問世之後，絕大多數英國文學都是出自統治者取向的小眾之手。這點的重要性值得探討。

希伯特表示（二五頁）：「都鐸王朝基於國家安全考量，嚴格管制出版，此一做法延續到十六世紀。」顯然，印刷的出現讓十六世紀親眼目睹了「樞密院權力（行政、司法和立法權）大幅增長，過程中犧牲了議會和舊法院，卻對君王的私利有好處。」儘管如此，十六世紀末葉書市規模不斷擴大，廣泛閱讀的習慣愈來愈普遍，消費者對中央管制的反彈也愈來愈大。萊特在傑作《伊莉莎白時期英格蘭的中產階級文化》裡告訴我們，當時印刷用途廣泛，許多自學和自我教育方法也應運而生。讀者階級出現初期顯然不只追求不同的書類，也希望學習各種應用知識的方法。

讀了萊特的作品就很容易理解，伊莉莎白時期的集權結構在各式各樣個人主義者出現之後，是如何被這些人從內部加以顛覆：

當時已經有不同團體開始挑戰政府的管制體系。出版業者出於經濟因素，清教徒基於宗教因素，各自提出挑戰。另外還有（起碼一名議員）在政治上挑戰政府管制。出版業者如沃爾夫等人對受制於書商公司忿忿不平，於是起而反對印務特權和專利壟斷。宗教界的反政府人士駁斥訴諸民意的特權，亟於從政治體制裡鑽出縫來，最後將政治體制完全瓦解。[92]

印刷過程的集中化和封閉運動之間的關係，可能要一本書才能解釋清楚。不過，這裡只需要舉一個例子，就足以說明印刷促進集權化的能力，那就是一五五九年伊莉莎白時期訂立的齊一法案。這項法案當初在下議院遭到反對，原因是政府按理「無權決定如何處置信仰、聖禮和教會規約，也無權加以定義……」然而，祈禱書和教會規章對印刷來說不算什麼，因爲祈禱書和規章早就以書面形式存在了。一五五二年的祈禱書定於一五五九年六月二十四日「正式全面生效」，所有修道院長都「必須傳誦並執行早課、晚禱和聖餐禮，主持所有聖禮和共同公開祈禱，無分規模大小。」方法書同時記載：「一切如書中規定，不得違背。」

一五六二年傳道書出版，供所有傳道場合向大眾宣讀之用。書的內容暫且不論，重點是教會將它強加在所有大眾之上。印刷將方言轉變成大眾媒介，因而爲政治集權主義帶來以前無法擁有的新工具。與此同時，個人及政治上的服從也變成需要精確界定的事務，因此學者和教師便開始合力推行正確拼音和文法運動。

在非讀寫社會裡，沒有人會犯文法錯誤

想了解印刷的新穎之處和集中齊一化的效果，對拼字學的狂熱是很好的指標。費里斯在《美式英語文法》裡研究了書寫語言和口語之間的衝突：「只有六十六個最常用的強動詞得以避免規則化……其實，十六、七世紀當時有股強烈的趨勢，想去除所有不規則動詞的過去式和過去分詞不同形的現象……」（六一頁）

印刷對於任何口語和社會形式都能產生齊平化的效果，這一點本書已經反覆申論過。印刷雖然讓有些字尾變化維持原樣（如：who和whom），卻設下了傻瓜陷阱，就是所謂的「正確文法」，亦即在視覺和口語模式之間畫下鴻溝。這些議題目前的狀況可以從「時代」雜誌[93]一篇英國上議院的報導中清楚得知：

> 針對旅館業者的權利義務，英國上議院在討論一條相關法案的利弊得失時，發現他們遇到一個大問題：英文「旅館hotel」這個詞，前面要加哪個不定冠詞，a或an？費靈頓爵士主張用an，並懇求「在座爵士響應，和他一起聲援優雅的語言。」康斯佛爵士也表示贊同。他指出英文「旅館」的h不發音，因此必須用an。他表示：「我認為，在座爵士都會說a Harrow Boy，但也會說an Harrovian。」然而，里雅爵士反問，單音節的字詞該怎麼辦？某棟公眾建築的餐館招牌上，應該寫a Horse and a Hound，或是an Orse and an Ound呢？麥瑟爵士則是上溯佛勒這樣的權威人士來證明an hotel的拼法已經過時；但卻徒然無功。爭論到最後，勝出的是ans。事後，梅瑟爵士

談起他伊頓中學的同窗費靈頓爵士，他說：「想當初我和費爵士同時在伊頓求學，四十年後竟然在議事殿堂上因為這個問題意見相左，真是讓人難過。」

照理說，在非讀寫社會裡是不可能犯文法錯誤的，因爲沒有人聽過什麼是文法。口語和視覺秩序的差別導致種種「不合文法」的困擾。同理，十六世紀的拼字改革狂熱也是出於當時的人想要調整視覺和聽覺的比重。史密斯爵士聲稱：「每個字都有內在的本質，只能有一種發音合適。」這樣的看法就是受印刷術「一次一樣」的特質毒害的結果。當時還有不少人想把同樣的邏輯加到字詞的意義上。然而，許多「粗野之士」如穆卡斯特曾經聯合起來，反對這套視覺邏輯，一如約翰生博士也曾號召有志之士，反對視覺邏輯所要求的戲劇齊一化教條。

生活和語言裡觸覺性質減少，是文藝復興時期所追求的精緻，現在卻遭到電子時代拒絕

狂熱的國語民族主義者大力鼓吹印刷的種種效應，很快便讓語言失去許多觸覺特質。十六到十九世紀始終有人宣揚英語腔調的「精緻化」。十六世紀當時還有許多土腔和方言，提供觸覺和共鳴的特質。即便到了一五七七年，薩克遜語的逐步精緻化和相對完美的發展程度還是讓賀林謝德感到欣慰。

古薩克遜英語

在我們國家剛接觸它的時候，是又粗又硬的語言，現在卻隨著我們改變，變成更細緻而簡單的語言。古薩克遜英語變得更優雅，同時加入許多較為溫和的新字，這使我們不禁要問：為何目前諸多語言當中竟沒有一種比我們所用的英語有（或能有）更多樣的字彙、更豐富的辭句和象徵，以及更優雅流利的表達方式？[94]

生活和語言裡的觸覺性質減少，向來是精緻化的標誌。得等到前拉斐爾派和霍普金斯出現，才有人對古薩克遜語的觸覺性質在英語中的價值提出比較慎重的支持。不過，觸覺還是屬於互動和存在的模式，而非區隔和線性序列的模式。概略研究印刷對重塑我們時空觀念的影響，可以讓我們了解後印刷時代數百年來的發展。畢竟本書不可能一一探討印刷引發的所有效應。

印刷人的新時間觀是電影化、序列化、圖像化的

印刷導致區隔化的強度和數量增加，並帶領個人進入動態化、區隔化的世界。經驗和事件的所有層面都開始強調功能區隔、成分分析和時間切割。因為在視覺孤立化的風潮下，互動的感覺和「光透」存在網絡的經驗都消退了，「人類的思想不再感覺自己是事物的一部分。」莎士比亞在《李爾王》裡提到「珍貴的感官對當關係」，很可能是借用邏輯學傳統的「四角對當關係」來指稱感官和理性的互動。但在視覺孤立化的趨勢下，理性也

跟外在時間脫節了，甚至也跟心靈世界的時間脫節了。影響理性的種種調整一個一個接替出現，讓理性自覺內在有所延續。然而，這樣的延續來自模式之間的互相取代，根本不是會思考的存有者的時間，只是人一連串思想的組合。人類意識跟事物的時間脫節，甚至跟事物的存在模式脫節，結果就是發現自己的存在沒有時間，只有永遠的現在。[95]

這就是馬克白「明天之後又是明天」的世界。蒲列表示這就是現代人的經驗，蒙田在《隨筆集》裡率先提及這個經驗。蒙田在閱讀和思考時，藉由「心靈速寫」來捕捉心靈的瞬間。就這點看，蒙田藉由應用知識來實踐印刷所蘊含的原則，做得比誰都要徹底。他促成一大堆自省者出現，這些人靠著捕捉心靈的瞬間，爭相表達片刻的經驗序列。這就是後來電影的原理：「起先，在這獨立的瞬間，人被孤立起來，卻又用存在將這瞬間塡滿。這麼做讓人覺得自己存在於任何時間、空間，因而保留了文藝復興時期所經歷過的喜悅。人現在有的只是瞬間，但每個瞬間都可能獲得光照和圓滿……」[96]

然而，有兩樣東西和視覺知覺及視覺秩序密不可分，那就是斷裂和自我疏離的感覺。波易留說：「我們每小時就被自己掃地出門一次。」至於時間感，則是被一股狂亂的急切侵犯：「人曉得時間在他思考或期望的那一刻正從他的手中流逝，便急忙將自己推向下一瞬間，擁有新思想和新願望的瞬間：『但人卻在瘋狂的行徑裡毫無停歇／在思想與思想之間無止盡地飄忽』。」[97]

蒲列寫道（一九頁）：在疏離的瞬間，「創造並保守萬物的神不在了，主角不再出現，因爲我們尋找相關的次因，結果取代了第一因的至高地位。占據神的位置的是感覺、情緒和刺激情緒的事物。」這裡所謂刺激情緒的事物，指的絕對是印刷術，還有印刷的效力（即李爾王所說的「黑暗目的」），也就是將小小的人類國度切成一堆不協調的原子和齊一同質的組成元素。如此一來，存在就再也不是「存在」，而是「流變、陰影和永不止息的改變。」蒙田表示：「我不描述存在，只描述過程。」還有什麼比這段話更像電影？排斥描述「什麼」的結果，就是偏好由一連串靜態「特寫」組成的幻象，亦即詳盡的印刷。讓我們回頭想想《李爾王》。李爾王是個活生生的例子，說明感官逐步孤立化是如何剝除人類的組織和意識本身。當代和這齣心理實驗劇的類似之處，就是藉由控制變因來去除感官。然而，剛接觸印刷經驗的人卻有一種極端的感官分化感，這種感覺要到電影及隨後廣播問世之後才又重新出現。巴洛克畫家的做法跟蒙田一樣，就是將焦點轉移到視覺邊界上。針對這一點，蒲列說得對（四三頁），他說：

> 因此，放棄描述存有，改為描述過程，不僅是一種前所未有的揭露，而且做起來非常艱困。描述過程不單是在逐漸消逝的客體裡捕捉自身，藉自身的模糊將自我凸顯出來；描述過程不是繪製肖像，肖像只要去除所有繪製過程中的情境細節就能更加信實，但描述過程卻要在情境除舊布新的瞬間，當下抓住自我。

蒲列（或其他人）倘若認爲蒙田的新策略對上述做法有非比尋常的深入發現，他們的看法可能是錯的。不過，就如同微積分當初發明是爲了將非視覺經驗轉譯成同質的視覺語彙，蒙田「抓住細微片刻或瞬間面貌」的做法，也就是「捕捉靈魂如何藉各種難以察覺的方式表達熱情」的手法，其實進入了「萊布尼茲後來稱爲『無限小實體』的世界……企圖『選擇或掌握那麼多輕微細小的動態』是種賭博……因此，自我非但消融於瞬間，也消融於瞬間與瞬間之間。自我折射的方式就和潑灑水花一樣。」[98]

這裡提及的做法，和涅夫先前描述的精確視覺量化法完全一樣。涅夫曾指出，這類細微統計法是應用知識或轉譯知識的工具。蒙田的經驗和技巧就和現代印象派電影的經驗和技巧相同。兩種知覺模式都是印刷應用到口語之後，從印刷直接引申出來的，至於印象派象徵主義則是曾經試圖恢復存在的統一場域。我們處在現今的電子時代，其實不難理解從十六到十九世紀片段化印象派技巧的新穎之處。這些技巧都跟古騰堡星系密不可分。

這些技巧也和笛卡兒有關。科學在笛卡兒眼中就是預知因果：「按照笛卡兒的想法，受人敬重的科學之基礎就是『事物鏈』的組合：『鏈結』的世界，徹底決定論，自發、自由和信仰都不存在。」[99]將知識化約成僅僅是序列的視覺模式，從此「再也沒有保證，瞬間之後還有瞬間；再也沒有保證，兩個瞬間之間有所連結……這樣的焦慮是所有焦慮當中最強烈的，也就是笛卡兒所謂的『惶恐』。『在時間中失敗』的惶恐除了眞實躍向上帝，沒有其他保障。」[100]蒲列是這麼描述「跳躍」的（三五七頁）：

> 就這樣，上帝的概念重新回到笛卡兒心中。主意識著迷於「受人敬重的科學」而長久忽略神，但神卻在次意識的自發行動中重現在笛卡兒夢裡。可以說從那一刻起，似乎總是領人陷入真實絕望的夢境氛圍改變了。然而，笛卡兒要到最後的真實「庇護所」尋得真實的「解藥」，還必須接受其他試煉。使他轉向上帝的自發行動在這一刻並不具有必然的效果：因為那不是「純粹的」

自發。這個行動並不是直接訴諸當下的神，而是過去的神……

剝除意識生活，將意識生活化約成單一層面，在十七世紀創造出「無意識」世界。新的舞台是爲了集體無意識的原型而準備，從此不再有個人心靈的原型與姿態

因此，十七世紀的意識生活變成純粹的視覺科學，並且化約成必須仰賴夢境的世界。活字要求行線精確的機械精神，這一點在笛卡兒筆下得到最信實的反省。我們稍早前提過，笛卡兒提出新的消費者哲學觀，建議讀者閱讀他的作品「要從頭到尾讀完，就像閱讀小說，不要過分強迫自己專心，也不要遇到困難就停下來。」在單一平面上依循敘事知覺穩定前進的做法完全背反了語言和意識的本質，卻和印刷字的特質非常一致。語言的非線性特質被剝除，機械式重複和再現的印象和這一點關係密切。這類印象在文藝復興心靈裡所占的分量愈來愈大：

有如海浪衝上撒滿卵石的岸邊，
我們的分分秒秒也趕著奔向終點；
先前出現改變的地方，
在接連不斷的痛苦中奮鬥。[101]

然而，這樣的演變最初有其逗趣的一面，不只莎翁注意到了，希尼也在《愛星者和星星》裡做了詳盡的探討：

誰要是模仿字典的方法
就會讓韻腳一陣慌亂

關於新的視覺線性化力量，例子簡直不勝枚舉。其中最有趣的是英王欽定版《聖經》（一六一一年）將〈主禱文〉中的「債務」（debt）變成「罪過」（trespass）。「債務」和義務這種多層次概念被化約成只剩書寫的法律意義，而「踰越界限」這樣的概念卻被賦予了複雜的神學和道德意涵。

矛盾的是，印刷問世也將無意識帶進人的世界。印刷只允許感官的一小部分主宰其餘大部分，其他感官只好自行尋找庇護所。之前提過，西班牙人非常了解並在意印刷的壓制效應。《唐吉訶德》跟《李爾王》一樣，指出心、靈和感官三者因爲印刷書出現而產生二元對立。其他更講求實際的國家則傾向「履行」印刷帶來的結果，而非藉由生活藝術的模式來思考這些結果。

懷德在《佛洛依德前的無意識》裡提到，印刷的極端局限性大大限制了意識生活，卻也因而讓人開始「發現」無意識世界。「沉浸其中，別碰笛卡兒的彈簧」是喬伊斯在《芬尼根守靈》裡（三〇一頁）的戲言。然而數百年來，西方世界選擇接受這種簡單的機械主義驅使，彷彿活在夢中，藝術家則想方設法希望喚醒我們。懷德說（五九五至六〇〇頁）：

所有文化或許都有人知道某些他人所不知、會影響人思想行為的因素。我先前說過，這一點絕對放諸四海皆準。例如，中國人對心靈的看法就比某段時期的笛卡兒式歐洲來得平衡統一。

就本書的關切範圍而言，無論將無意識看成未知領域或比日常意識更深邃的領域其實都無濟於事，因為即便是受限的意識也比無意識深邃而有趣。本書的重點在指出我們由於加重視覺在整體感官裡的比重而創造出大領域的平凡與沉悶，波普在《鄧西亞德》和史威夫特在《盆子故事》裡對此大加讚揚。無意識是印刷術直接創造出來的，裡頭不斷累積遭到拒斥的意識殘渣。

沒有任何思想家認為「身體」和「心靈」（如果這兩個詞還有意義的話）是毫不互動的。我們應該要求笛卡兒學派（如同笛卡兒本人）解釋，清楚而明晰的思考最先得到的結論是身體和心靈是兩個獨立的實體，但為何兩者之間卻還是互動密切？我們學到的經驗是，照在兩個相鄰領域上的光愈亮，兩者之間的互動就愈陷入深邃的混沌當中。102

哲學和科學一樣，都天真而無意識地接受了印刷的假設和互動型態

印刷品在新的時空組織裡大量出現，使得懷德剛才引述的種種荒謬現象獲得權威和聲望。因此（比方說）如果要現今的學童思考媒體節目有多愚蠢，肯定會嚇到他們。因為他們都接受一項假設，

就是成人花時間心力表現的東西一定是眞實有效的，他們認定大人「完全」不會參與墮落的行動。通常只有學會媒體語言，從腳本到平面，從平面到電視之後，才能讓這個明顯的事實根植心中。笛卡兒的理論所以有效，是因爲他所處的時空環境和生活在他所說的機械時代裡的人。在當前電子時代，笛卡兒得到短暫的寬恕，現代人將之前集中在笛卡兒式知覺的明亮片段的注意力轉到無意識上。我們難道不能從科技的潛意識運作中解脫出來嗎？教育的本質難道不是讓人民有能力對抗媒體的爭執嗎？但既然任何文化都不曾付出類似的努力，答案也就値得懷疑了。在人的心靈沉睡和自我催眠背後，或許有之前不曾發現的明智動機，等到人接觸媒體技術的效應之後，說不定會浮現出來。但無論如何，十七世紀開始，印刷強加在我們心靈裡的僞二元對立和視覺量化，顯然具有消費者「體系」哲學的特質。這樣的哲學體系可以很簡單說個概要，但多虧印刷的催眠能力才讓它占據數個世代的人類心靈。笛卡兒以降哲學彼此分化的程度，就跟蒸汽機和汽柴油引擎不同的程度相當。柏格森雖然試圖終結這類哲學，其實和對手笛卡兒一樣機械化，只不過他自己的體系所偏好的是宇宙能量而已。只要認同莎翁在《李爾王》提及的語言與經驗的跳躍和片段化，就沒有停留的可能。思想的雲霄飛車從笛卡兒、洛克到康德，沿途布滿了驚慌和「恐懼」（*Angst*），要多少有多少。懷德總結道（六〇至六一頁）：

> 十七世紀晚期，歐洲哲學思潮有三大態度，呼應三種對於存在本質的詮釋。唯物論將物質和物質運動視為主要實體，唯心論的主要實體是心靈和精神。笛卡兒的二元論則將心和物看成兩個獨立實體，分別是心靈的「能思之物」（*res cogitans*）和物質的「擴延之物」（*res extensa*）。唯心、唯物兩派很容易認同潛意識的心靈狀態，只要將之視為非主要實體即可。唯物論認為所有

心靈事件都是心理學的，無意識的心靈狀態跟思想類似，之所以會影響思想，是因為人無法直接感知身體的運作，才有潛意識存在。唯心論則認為，一切自然現象都是宇宙心靈或世界精神的外顯展現，人類無法直接掌握這樣的心靈，但宇宙心靈有某些特質和人類心靈是相同的。因此，潛意識對唯心論者來說也不是問題。個人的無意識心靈並不令人意外，只不過是宇宙心靈的一部分，個人意識無法察知分享而已。然而，承認潛意識心靈狀態存在卻會嚴重挑戰笛卡兒學派，因為如此一來，二元論主張必須揚棄，兩個獨立實體（運動中的物質和必然思考的心靈）必須捨棄其一。笛卡兒信徒認為，人意識不到的一定是物質的、心理學的，因此不屬於心靈精神。

最後這句話可能會讓某些讀者認爲，本書所作的假設是物質的、心理學的，而非心靈精神的。其實不然。本書和本書的主題都不是物質和心理學的。重點是，我們要怎麼才能意識到字母、印刷和電報是如何形塑我們的行爲？讓自己被這些事物形塑，是既荒謬又可鄙的一件事。知識不會拓展決定論，而是會限制它。引申自技術的未檢視假設的影響是讓人類生活走進不必要的極度決定論，而所有教育的目的就是從這一個陷阱中掙脫。儘管如此，無意識世界並非領域剝除化世界的避難所，正如萊布尼茲的學說或其他二元論也不能解決笛卡兒二元論的難題。完整而和諧一致的感官互動依然存在，因此「光透」還是可能的。技術讓人強調「單一」感官、強調「光照」，使得「光透」被迫終止。巴斯卡的世界就是「光照」的夢魘：「理性行動緩慢，觀點原則太多，永遠局限於當下，爲了當下擁有所有原則，隨時隨地可能睡著或迷失。」[103]

海德格以勝利者之姿乘著電子浪頭前進，一如笛卡兒乘著機械浪頭前進

古騰堡用孤立的視覺感官為音符，譜寫出這一首心靈芭蕾，就跟康德假定歐式幾何是先驗的一樣充滿哲學意涵。然而，字母一類事物向來是人類哲學及宗教假定的潛意識來源。海德格將語言整體視為哲學材料顯然有他的道理在，因為其中的感官比例是包含「所有」感官在內，起碼在非讀寫時代是如此。然而，這不表示非讀寫比應用印刷更反對讀寫的判斷。其實，海德格似乎沒有發現，電子技術有助於推展他在語言和哲學方面的非讀寫傾向。任誰只要不加思索地沉浸在電子世界的形上組織裡，就會對海德格的出色語言學產生狂熱。笛卡兒的機械主義如今看來並不重要，但出於同樣的潛意識理由，機械主義在笛卡兒當時卻是所向披靡。因此，所有潮流都可以說暗示了某種夢遊症，也都是科技導致的心靈效應的批判取向。或許這一點對那些很想說「難道印刷就沒半點好處？」的人有點幫助。本書主題不在探討印刷的好壞，而在強調：對「任何」一種力量的效果毫無意識將會帶來災難，尤其是我們自己創造出來的力量。再說，要測試十六世紀以降印刷對西方思想的全面影響其實不難，只要檢視科學和藝術最特出的發展即可。發現於十六、七世紀的片段化和同質線性化，到了十八、九世紀卻變成廣受歡迎的新玩意和功利主義的流行物品。換言之，機械主義的「新穎感」一直持續到法拉第等人揭開的電子時代。或許有人覺得生命太過重要、太過愉悅，不應該浪費在隨意非自願的自動作用之上。

蒙田使用類似柯達相機的手法捕捉瞬間，巴斯卡則借用蒙田的方法以進入兩難的悲慘處境：「當我們熱切愛著，見到所愛之人永遠覺得新奇。」然而，這樣的自發性其實來自同時性和瞬間的湧出，

而心靈只能逐一接受這些元素。因此，在巴斯卡那裡同樣出現了印刷的無理由潛意識成分。所有經驗都是片段的，必須依序處理。因此豐富的經驗就能躲過悲慘之網，躲過我們的注意。「人不是靠單走極端而偉大，而是能同時擁有兩個極端，並且充滿極端之間的所有位置。」[104]當然，巴斯卡藉由設立這個小小的古騰堡刑台來折磨自己的精神，從而確定自己會得到大眾注意和接受：「心靈的偉大努力，靈魂偶爾可以達致，卻無法持續。靈魂只能靠跳躍獲致這樣的偉大努力，永遠只有瞬間，而非穩坐於王位之上。」[105]

巴斯卡指出，意識過去擁有王者之姿，是穩穩「坐在王位上」的。從前，國王是角色而非職責，是無所不包的「沒有邊緣的中央」。有如新王儲的新意識則是憂心忡忡的執行者，處理工作，運用知識解決問題，對於邊緣主體只有短暫的接觸，而邊緣主體都是有野心的敵對單元。

蒲列下面這段話（八五頁）肯定意帶嘲諷：「只有一瞬！之後便支離破碎回到人類的悲慘境地和時間經驗的悲劇當中：人在那瞬間捉到他的獵物，經驗欺騙人，而他也知道自己受騙。他的獵物是個影子，他在那瞬間抓住了那瞬間，但那瞬間隨即消逝，因爲它只是瞬間。」

這些哲學家將古騰堡的機械主義明白放進我們的感性裡，加以戲劇化，感覺就像圍著蛋頭先生的國王人馬，這樣的做法讓我們不安。人要怎麼在瞬間的直線序列裡發現人類本質的原則？自我是受迫的，這就是印刷瞬間的不連續，「每回都得忘記自己以便重新發明自己，發明自己以便重新喚起對自己的興趣，簡單說就是創造一個連續創造的模擬幻象，想像如此的幻象能躲避自己實際的空無，從而改造出新的眞實。」[106]

然而，依循古騰堡而來的同質化重複依舊保留了某些值得自我追求的事物。既然我們看不見自己的牙齒，那要如何跟呑圓鋸的人講道理呢？這就是統一的「自我」在印刷片段化時代的命運。然而，我們實在很難相信人（無論何種年紀）在安排生活順序時會認眞考慮古騰堡的假定。

喬伊斯顯然認爲他在維柯身上發現了哲學家的身影，認爲他比受「笛卡兒彈簧」感召的人還有文化覺察力。維柯就和海德格一樣，是哲學界裡的語言學家。他的ricorsi時間理論，在線性心靈的詮釋下變成了「再現」。不過，最近一份關於維柯的研究排除了這個看法。[107]

維柯認爲，歷史的時間架構是「非線性的，是對位的，必須同時沿幾條發展路線回溯……」對維柯而言，所有歷史都是當下而同時的，而喬伊斯肯定會補充說，這是由於語言的性質使然，因爲語言是所有經驗的同時儲藏室。根據維柯，「再現」這個概念「就國家發展的時間軌跡而言是無法接受的。」「天意創建帶來了普世歷史，將人類精神的全部濃縮成一個概念。按此原則，至高的ricorsi就在這個概念之下完成，並包含自身，包含過去、現在和未來在一個行動中，完全呼應自身的歷史性。」[108]

印刷打破了沉默的聲音

對古騰堡時代片段化的線性苦痛來說，南義的聽觸覺彈性世界是個解答。至少米謝萊和喬伊斯如此認爲。

讓我們暫且回頭，簡單談談受古騰堡影響的空間問題。大家應該都很熟悉「沉默的聲音」這個說法。過去這個說法指的是雕刻，大學若能安排一整年的課程，教導學生了解這個說法，世界很快便能擁有足夠有能力的心智。古騰堡印刷充斥世界的同時，人類聲音就消失了。人開始靜默而被動地閱讀，變成消費者，建築和雕塑也枯竭了。在文學領域，唯有來自落後口語地域的作家（葉慈、辛格、喬伊斯、福克納和狄倫湯馬斯之類的作家），才能將共鳴注入語言。這些議題都和勒科布西以下這段話有關。勒科布西清楚指出，石頭和水爲什麼密不可分：

> 無論建築周圍或建築內部，都有明確有限的場所和數學的點將整體融合起來，並建立平台讓言語的聲響得以在建築的所有部分迴盪。這樣的建築是雕刻的先聲，它不會是三槽板間平面或山牆三角面，也不是門廊，而是更精確細緻的東西。這樣的場所就像拋物線或橢圓的焦點，就像不同平面交會的精確的那一點，如此構成了建築，而字詞和聲音就從這裡出現。這樣的處所是為雕刻準備的焦點，也是為聽覺而存在的焦點。雕刻家，站在這裡吧，如果你希望自己的聲音被人聽見。109

人「藉由」古騰堡而成爲中心，但隨即因爲哥白尼出現而被貶成邊緣的微塵，這一點無須多言。人在存在鏈末端擺盪了幾百年，線性發展的過程卻被達爾文打斷，因爲他所提的線性發展強調過程中有個失落的環節。總而言之，達爾文破除人類中心意識，一如哥白尼掃除了人類的地球中心觀。然而，人類在佛洛依德之前起碼還享有一點點微帶自發性的意識直覺。佛洛依德所提出的心靈景象卻連這最後一點直覺也去除了，讓它成爲無意識汪洋裡的波紋。要不是西方長期受制於印刷，這些象徵比喻根本不會引人興趣。針對這一點，我們來看看數學家惠帖克所寫的一本書，他在書中提出部分解釋。在此之前，康德《實際理性批判》有段話（一四頁）可以當成入門磚：「數學確切證明空間可以無限分割，但經驗卻不允許。從此以後，人類所能獲得的最高證據就和來自經驗原則的推論出現明顯矛盾……切瑟德倫盲人所問的問題可能還有人問：『是什麼騙了我？視覺或觸覺？』經驗主義建立在觸覺之上，理性主義卻以可見的必然性爲基礎。」康德不僅不曉得數字是聽觸覺的，可以無限重複，更不清楚從聽觸覺抽離出來的視覺將建立一個二律背反的二分世界，裡頭充滿無法消融、彼此無關的事物。

惠帖克在《空間與精神》裡（一二一頁）藉由最近的數學和物理學發展，來解釋文藝復興時期統一連續空間觀如何因爲視覺量化而終結：

> 我們目前跳脫了牛頓宇宙的秩序……常見論述裡所用的語言只適用於單因單果，單果單因，所有因果鏈都是簡單線性序列的情況。但要是考慮到事件可能是許多原因共同造成，或一個原因可能產生不同結果，因果鏈就會開始分岔，甚至彼此連結。然而，原來的規則還是成立，亦即因必定發生在果之前，因此證明不必然受到影響。此外，論述並不要求所有因果鏈回溯到最後必須停在「同一個」點上。換言之，這代表宇宙無須在創造伊始就獲得所有的物質，之後不再接受任何東西。因此，十八世紀有神論牛頓學派普遍主張，世界是完全封閉的系統，完全按照機械法則發展，所有歷史事件都隱含在最開始的瞬間裡，這樣的說法其實是得不到證實的。當前的物理思潮和牛頓學派的說法恰好相反（從上面因果律的說明就可以清楚看出），目前的物理

學家傾向主張，物理世界不斷會有新的干擾和創造物出現。宇宙遠遠不只是創世瞬間粒子排列的數學演繹結果，它要比任何決定論者所想的還更有趣，充滿更多新奇事件。

這段話清楚說明了本書書名和主題處理手法，但對處理我們所面臨的古騰堡組態沒有必然的關聯。尋找單一因果的傾向或許能解釋印刷文化長久以來爲何對其他因果關係視若無睹。現代科學和哲學的一致共識是，當前所有研究和分析領域已經從「因果」轉向「組態」，因此物理學家如惠帖克等人才會認爲，中世紀早期聖安瑟姆想靠純粹理性證明神的存在和後來牛頓反其道而行，都是很可惜的做法（一二六至一二七頁）：「牛頓對神學有嚴肅的興趣，卻似乎認爲物理學家能全心探索足以讓人預測現象的法則，同時將較深層的問題暫且完全擱置：他的目的是描述，而非解釋。」

這就是笛卡兒的分析（分割）法。這個方法確保經驗裡所有遭忽略的層面都會被收回潛意識裡。這樣的策略是線性分殊化和功能分工的結果，創造出沉悶平凡、假裝深奧的世界，讓史威夫特、波普和史特恩大加嘲諷。牛頓可以說是《鄧西亞德》裡英雄的化身，也肯定在《格列佛遊記》占了一席之地。

我們之前提過，字母讓古希臘人進入虛擬的「歐式幾何空間」。表音字母的效果就是將聽觸覺世界轉譯成視覺世界，同時在物理和文學領域創造出「內容」謬誤。因此，惠帖克寫道（七九頁）：「亞里斯多德認爲，物理的『位置』是由包含物體的物體內表面所決定，不被任何物體包含的物體沒有位置，因此最外層的第一天界不在任何地方。第一天界之外，時空都不存在。亞氏因而表示，宇宙的範圍是有限的。」

一九〇五年曲面空間出現，古騰堡星系正式宣告瓦解，其實早在兩個世代前，古騰堡星系便已經遭到電報入侵

惠帖克指出（九八頁）牛頓和加森地的空間「是歐氏幾何的空間：無限、同質，而且完全無特徵，每個點都和其他點一樣……」本書先前的重點在於說明為何這種同質和齊一連續的功能會來自表音書寫，尤其是印刷術。惠帖克表示，就物理學而言，牛頓空間只是「可以安置事物的空無。」儘管如此，連牛頓也認為重力場和這種中性空間並不相容。「其實，牛頓的追隨者發現到這個困難，便多次在這個毫無特性、只供占據的空間裡加上介質『以太』，讓電力、磁力和重力得以運作，並解釋光的傳播。」（九八至九九頁）

空間視覺化、單一化的最驚人證據，或許是巴斯卡這句名言：「永恆空間的無盡沉默使我驚惶。」想想沉默的空間為何這麼駭人，可以讓我們獲得不少洞見，了解印刷書的視覺化壓力如何造成人類感性的文化革命。

將空間說成中性容器雖然荒謬，但是對將視覺從其他感官孤立出來的文化而言，卻非如此。不過，惠帖克表示（一〇〇頁）：「愛因斯坦認為，空間不是物理劇搬演的舞台，空間本身就是演員。重力是物理性質，完全取決於曲率。然而，曲率卻是空間的幾何性質。」

一九〇五年，曲率空間得到認同，古騰堡星系正式瓦解。隨著線性分化和固定觀點的結束，分門化知識從此變得無法讓人接受，也毫無關聯。然而，思想分析化卻讓科學成為特定部門的事務，對眼睛和思想沒有任何影響，只有在運用科學時才會有間接的效應。近年來，分化主義的態度已經減弱。

字母和印刷造成視覺孤立，讓人以爲知識專門化是可能的，本書目的就在解釋其間的過程。這一點再怎麼反覆強調也不爲過。認爲知識專門化是可能的，這樣的看法或許有利，或許有害，但對我們所擁有的科技的因果毫無意識，絕對會是災難。

十七世紀後期，印刷書籍數量不斷增加，有非常多人提出警告或表示反感。最初想要藉由書籍大大改革人類行爲的期盼是令人失望的。一六八〇年，萊布尼茲寫道：

> 我很擔心，由於我們犯了錯，現有的困惑與貧苦將維持很長一段時間。我甚至擔心，我們將好奇心突然耗盡，卻沒有從探索中讓我們在幸福裡得到可觀的收穫，世人將對科學感到厭惡，而這致命的絕望將使他們回歸野蠻。目前不斷增加、已經汗牛充棟的書籍可能是大幫兇。因為無秩序最後將變得難以操控，而難以計數的作者將很快面臨被大眾遺忘的危險。許多人努力研究為了獲得榮耀，這樣的希望也將突然幻滅。過去當作家是件光榮的事，未來卻可能成為恥辱。後來的人頂多以閱讀時禱書為樂，這樣的書可能還能流傳個幾年，讓讀者偶爾得些樂趣，不致無聊。但這樣的書目的卻不是為了增進知識，也不值得後代子孫欣賞。應該有人告訴我，寫作的人這麼多，不可能保留所有人的作品。這點我承認，我也不認為那些活像春天的花或秋天的果的小書能風行超過一年。要是小書做得不錯，效果就會像有用的對話，不但有趣，能用詼諧的內容趕走沉悶，還能塑造心靈和語言。這些小書的目的通常是希望引出當時人心中的善念，而這也是我出版這本小書的心願……110

萊布尼茲認爲自己的作品是士林哲學的當然繼承者，卻也是可能捲土重來的士林哲學的劊子手。將書本看成追求名望和不朽的工具，在他看來正面臨最嚴苛的危險，因爲「有難以計數的作者」存在。他認爲，一般書籍的功能是促進對話，讓「詼諧的內容趕走沉悶」並且「塑造心靈和語言」。書本在當時顯然遠非政治及社會的主要模式，書本只是表面的現實，才剛要開始遮蔽西方社會的傳統面貌。至於士林哲學捲土重來的威脅，不斷有人從文學或視覺角度抱怨口語化的士林哲學，說它盡是字字。萊布尼茲在〈發現的藝術〉裡說道：

> 士林學派有位人稱計算家的隋塞特，我找不到他的著作，只讀過他門生的部分作品。這位隋塞特率先在士林哲學論證中引入數學，但效法者少之又少，因為必須放棄簿記和推理原本的辯論法，而且下筆必須儘量減少大聲疾呼。[111]

波普的《鄧西亞德》提出指控，說印刷書籍是原始的浪漫主義復辟的發聲筒。純粹的視覺量化引發部落族群的神祕共鳴，而票房則象徵著詩人咒語的回音箱的重返

一六八三到八四年，莫克遜的《完整印刷術的機械作業》在倫敦面世。書中（vii頁）指出「印刷讓書寫獲得一種非常傳統的知識」，該書「四十多年來一直是所有語言裡最早的印刷術說明書。」

吉朋在著作中回顧羅馬，莫克遜的寫作動機似乎是他感覺到印刷已經到達極限。史威夫特也是出於同樣的感覺而創作了《盆子故事》和《書的戰鬥》。然而，想了解印刷字的歷史和對人類的貢獻，就非看《鄧西亞德》不可，因爲《鄧西亞德》對人類心靈墮入書籍所製造的無意識泥淖的過程做了清楚的研究。後人對這本書並不熟悉，該書第四卷末尾曾經做出預言，說明文學爲何會被視爲愚化人類的工具，又如何將禮貌世界催眠似地重新帶回原始主義，其中包括非洲，還有更重要的無意識領域。想要了解其中奧妙，本書從開頭便不斷提及一個關鍵，就是視覺從和其他感官的互動中孤立出來，使得我們的經驗大部分被摒棄在意識之外，因而造成無意識世界的異常發達。波普將這個不斷膨脹的領域稱爲「渾沌與前夜」的世界，而這正是艾里亞德在《神聖與世俗》裡大加讚揚的部落化的非讀寫世界。

史庫利博魯斯在註釋《鄧西亞德》時表示，描寫印刷出版業裡無數的作家和辛勤工作的工人，遠比描寫查爾曼大帝、普魯特和勾佛瑞困難得多。史庫利博魯斯接著又說，諷刺家需要「阻止沉悶，懲罰邪惡」，同時也探索了導致危機發生的一般狀況：

本書稍後會揭露促使詩人創造這部作品的情境和原因。詩人所處的時代（神讓印刷術得以發明，藉此懲罰知識分子的罪）紙張非常便宜，印刷業者眾多，以致作者氾濫成災：這些人不僅讓原本未受書寫騷擾的個體每天遭受褻瀆，還無情要求眾人喝采，索求以往不可能取得、也不配擁有的金錢。與此同時，出版自由幾乎完全不受限制，拒絕作者變得非常危險，因為作者可以匿名，任意誹謗他人，完全不受懲罰。出版者也不用在（確實立意良善的）政府出版法底下躲躲藏藏。112

史庫利博魯斯接著（五〇頁）從一般經濟因素轉向作者個人的道德動機，也就是「無聊與貧窮。有些作者生來無聊又貧窮，其他則無視於個人的天賦……」簡言之，他攻擊的是在「工業」和「勤奮」裡凸顯出來的應用知識。這是因爲渴望自我主張和自我表達的作者都被引導去「建立這個悲慘不幸的行業。」

憑藉受應用知識之害的眾人的行動（亦即擁有「工業」和「勤奮」、渴望自我主張的作者），使得「渾沌和前夜」重新取得統治權，將王座上的女兒「無趣」趕出禮貌世界之城。書籍市場不斷成長，智識和商業目的也開始分道揚鑣。出版取代了機智、精神和政府的功能。

初版《鄧西亞德》開頭詩句就是這個意思：

我歌頌書和那人，那首先將
工匠繆思帶到諸王耳邊的人。

對當時「禮貌世界」來說，大眾作者可以取得決策權和國王般的統治權是很奇怪的。如今我們接受重視每月暢銷書的人統治已經不足爲奇，也不再惹人反感。使徒巴托羅謬慶典的舉辦地史密斯菲爾德仍然沿襲叫賣書籍的傳統，但波普在《鄧西亞德》後來的版本裡改寫了開頭的詩句：

大能的母親和她的兒子
將工匠繆思帶到諸王耳邊。

他遭遇大眾，遇上集體潛意識，按當時的神祕學將之稱爲「大能的母親」。而這就是之前提過喬伊斯筆下的「領頭的和善野禽」（Lead kindly Fowl）——foule、owl、crowd。

隨著書市規模成長，新聞蒐集與報導的進步，作者和大眾的本質產生巨大改變。這些改變如今看來沒什麼特別。誠如萊布尼茲評估之後所指出的，書本保留了抄寫時期的某些私人及對話功能，但艾迪遜和史提勒的作品卻提醒我們，書本的確也慢慢向報紙靠攏。印刷技術不斷改善，推動這一波風潮直到十八世紀末，改由氣壓印刷技術取而代之。

然而，杜德克在《文學與印刷傳播》裡（四六頁）表示，即使改用氣壓式印刷……

> 這世紀前二十五年的英語報紙仍然不是設計給所有人閱讀的。按現在的標準看，當時的報紙太過沉悶，頂多只能吸引一小群嚴肅的讀者……十九世紀初，報紙主要為文人雅士而存在，風格既僵硬又正式，介於艾迪遜的優雅和約翰生的高調之間。報紙內容包括小幅廣告、當地要聞和國家政治，尤其是商業訊息和長篇的議會報導……當時最好的文學也會在報紙中提及……散文大家蘭姆回憶道：「想當年，每家晨報為了鞏固地位，都會延請作家每天寫上幾段機智文章……」當時新聞語言和文學語言尚未分家，因此十八世紀末到十九世紀初可以見到不少主要文人為報紙執筆，或靠寫作維生。

不過，波普在《鄧西亞德》裡卻衍生出更多這類的人，因爲他的理解與批評並非針對個人，也不是來自私下觀察。他所關切的是一個全面的改變。這改變直到一七四二年出版的《鄧西亞德》（第四卷）才被提出，這點實在値得研究。介紹完知名古典大師西敏學派的巴斯比博士之後，接著便是古代西塞羅式的主題：人的卓越（卷四·二·一四七至一五〇行）：

面色蒼白、不停顫抖的年輕元老院議員起身，
雙手緊緊摁在臀上。
接著說：眾人皆知，語言讓人和野獸不同，
語言是人的範疇，唯有人能傳授。

西塞羅認爲，口才是一種總合智慧，能調和人的感官知能，統整所有知識。我們先前提過上述主題對西塞羅的意義。波普在此顯然認爲，這種統整智慧的敗壞導因於字詞的分疏化和侵蝕作用。我們已經討論過意識的剝離侵蝕過程在文藝復興期間的發展，而這也正是波普《鄧西亞德》的主題。年輕元老院議員的詩句繼續下去：

理性猶疑的時候，猶如薩摩斯書簡，
將有兩條路走，窄的比較好。
站在智識之門前，由年輕領導，
我們不曾因為站得太開受苦。
追問、猜測和知曉在開始的時候，

就如幻想開啓了感官的湧泉，
我們努力回想，填滿腦袋，
箍住叛逃的機智，鎖上加鎖，
限制思緒，調節呼吸；
將一切鎖在蒼白的辭彙裡，直到死去。
無論天賦為何，如何翻譯，
我們都在心上拴了扣鎖：
第一天，詩人將鵝毛筆沾上墨水；
但最後呢？最後還是只有詩人一個。
可憐哪！魅力只及於我們牆內，
但卻失落，太快失落在彼端的屋宇廳院。

波普對歐洲智性「委靡」的嚴肅分析並未得到應有的重視。他延續莎翁在《李爾王》和唐恩在《解剖世界》裡的論述：

全都成了碎片，融貫蕩然無存，
一切只剩供需和關係。

感官分化和字詞的疏離效應，在波普筆下就和莎翁在《李爾王》所描述的一樣。隨著視覺量化和同質化穿透所有領域，以及語言和文學不斷機械化，藝術和科學終於宣告仳離：

> 遭到禁錮的科學，在她腳凳下呻吟，
> 機智害怕放逐、懲罰和苦痛。
> 試圖反抗的邏輯被人箝制，動彈不得，
> 修辭被剝光衣物，虛弱癱倒在地上……[113]

在波普看來，新的集體無意識是不斷累積的個人自我表達逆流

波普撰寫這首詩，前三卷的計畫非常簡單：第一卷探討作者、作者的自我中心，以及作者對自我表達和永恆名聲的欲望。第二卷討論書商，他們提供管道，掀起大眾自我表達的風潮。第三卷關切無意識，亦即自我表達潮流下不斷增長的逆流。波普的主題直截了當，就是無聊和新部落主義的迷霧，其能源來自於出版印刷。機智（亦即人類感官和功能的迅速互動）因此被無意識不斷侵蝕，終至麻木。從波普提出的諸位作者的內容去了解他的意思，會錯失必要的線索。波普從內部解釋如此變形的原因，所以他給的是形式因，而非動力因，因此他的主張總結起來其實就是下面這兩行詩句（卷一・二・八九至九〇行）：

夜色低垂，榮耀的場面結束，
但在塞陀的詩句中，還有一天存活。

印刷齊一、可重複、內容無限，確實能讓所有人重新擁有生命和名聲。無聊腦袋想出的無聊主題所帶來的殘缺生命，形式化地滲透到所有存在當中。既然讀者和作者一樣徒勞，便非常渴望看到他們自己的集體面貌。因此，隨著集體閱聽大眾增加，便愈來愈需要最無趣的心智表達自我。這種集體驅力的終極表現，就是「以人性爲旨趣」的報紙：

警長和市長全都靜默，滿足地躺著，
在夢裡享受當天的餐後甜點；
唯有詩人痛苦熬夜，
不眠不休好讓讀者睡覺。114

當然，波普的意思不是不眠不休的詩人和新聞記者的作品都會讓讀者感到無聊。正好相反，讀者看到自己的形象用白紙黑字印出來，其實會深受震撼感動。沉睡的是讀者的精神，他們的機智並不痛苦，只是受損。

關於印刷，波普對英語世界所說的一切，塞萬提斯對西班牙語世界說過，拉柏雷也對法語世界說過。印刷是一種譫妄，是一種轉型變形藥，能夠將自身的假設強加在意識的所有層面上。但是對身處一九六〇年代的我們來說，印刷擁有的是電影和火車那種奇特後退的特性。了解印刷隱含的力量之後，我們可以強調印刷的好處，並且對廣播電視的潛力和最新型態有更多洞見。

波普分析了書籍、作者和書籍市場，他和《通訊偏差》作者因尼斯一樣，都假設印刷在生活中的所有運作不僅是無意識的，並且因而難以估量地拓展了無意識領域。波普在《鄧西亞德》開頭安排了一隻貓頭鷹，因尼斯《通訊偏差》第一章標題是〈米娜娃的夜梟〉：米娜娃的夜梟總在天色將暗時開始飛行……

威廉史對一七二九年再版的《鄧西亞德》做了詳細的詮釋。[115]他引述波普寫給史威夫特的信：

《鄧西亞德》就要風光付梓了……未來還會有序言、導論、相關作品、作者註和眾家雜註。至於後者，我希望您讀完內文之後，能依個人喜好説點什麼，或許嘲諷雞毛蒜皮評論的做法風格，或幽默談論作者，或從歷史角度談論人事時地物，或做解釋，或收集古人類似的著作。

這首詩作不是波普個人對無趣的攻擊，而是提供詩作一種集體報紙的創作形式，以及大量的「人性旨趣」。因此，針對培根式應用知識和團隊合作，波普替這種孜孜不倦的工業做法賦予一種戲劇化的特質，進而揭露了他所非難的無趣。威廉史説（六〇頁）：「這首詩作的新素材之所以不曾獲得適當界定，我想是因爲許多批評家和編輯都假設註釋訴諸的是歷史，主要目的就是繼續以散文評論的方式表達個人的挖苦嘲諷。」

《鄧西亞德》最後一卷宣稱，機械式應用知識的變形力量是聖餐禮的驚人諧擬

《鄧西亞德》第四卷從頭到尾都和《古騰堡星系》的主題有關，亦即將多元模式轉譯或化約成同質事物的單一模式。從一開頭（卷四・二・四四至四五行）這個主題就以新義大利歌劇的方式表現出來。

當哈洛特的形象輕柔滑過，
碎步、輕聲，眼神無精打采；

波普在新色彩學裡發現（卷四・二・五七至六〇行）人類精神受到書本影響，產生不停化約和同質化的現象：

一種震撼將調和歡樂、悲傷和憤怒，
喚醒沉悶的教會，安撫喧囂的舞台；
您的兒子將哼唱同樣的曲子，或是打呼，
您的女兒則會打著呵欠，大喊：安可！

同質化和片段化所引發的化約或變形，是第四卷不斷出現的主題（卷四・二・四五三至四五六行）：

喔！人類的子孫可曾想過，上天賦與他們
眼睛和理性，只是為了研究蒼蠅！
只從狹隘的片段觀察自然，
卻漏了創造一切的作者：

不過，就像葉慈所說的，這一切都只是工具，讓

洛克陷入昏睡；
花園死寂；
神將不停旋轉的紡紗機
從祂身邊挪開。

齊一可重複化帶來的普遍催眠促使人類創造出分工的奇蹟和全球市場。波普在《鄧西亞德》裡預見的就是分工的奇蹟。因爲齊一和可重複化的轉型力早已深深影響了人的心靈。如今人的心靈充滿渴望和力量，想藉由不停累加的序列往上攀爬：

這一切辛勞所為何來？您的兒子已學會歌唱。
野心是多麼急於嘲弄！
父親成了窺伺者，兒子成了傻子。

接下來這個關鍵段落（卷四・二・五四九至五五七行）清楚評論了應用知識和人類變形的古騰堡奇蹟：

有些，教士穿著簡樸的白色披肩
出席，在他眼裡看不到任何人！
牛肉被他輕輕一碰，立刻變成了泥，
巨大的野豬縮成壺子：
被他裝滿似是而非的奇蹟的板子，
將野兔變成雲雀，鴿子變成蟾蜍。
還有一個（一個人能照亮什麼？）
解釋了葡萄藤蔓的汁液和酸澀。
有什麼是大量犧牲不能彌補的？

波普刻意將應用知識的奇蹟視為聖餐禮的諧擬。應用知識也有相同的轉型化約能力，能將所有藝術和科學混淆在一起。波普表示，這是因爲印刷書籍所帶來的新翻譯研究（亦即研究和規範的傳遞）與其說是傳遞，不如說是規範和人類心靈的徹底轉變。學術研究被轉譯的方式，就和織工巴頓被轉譯的方式一樣。

> 波普宣稱「沉悶」在地球上蔓延，這一點和「翻譯研究」關係有多密切，比較《鄧西亞德》第三卷六五至一一二行和十四世紀英國人文學家德布里一段有關歷史的談話，很容易就會明白了。那段話是這麼說的：令人敬佩的米娜娃似乎繞經地球上的所有國家，她施展大力一一造訪，想將自己顯露在全人類面前。我們發現，她拜訪過印度人、巴比倫人、埃及人和希臘人，還有阿拉伯人和羅馬人。現在，她經過巴黎，快快樂樂來到英國，這座最尊貴的島嶼，不，這個自足的小宇宙，她或許會說希臘人和原始人都欠了她的債。[116]

波普將沉悶封爲無意識女神，將她和機警急智女神米娜娃相比。不過，印刷書籍加諸西方人身上的不是米娜娃本人，而是那隻夜梟，也就是她正向的互補。「無論他們的英雄面貌有多不搭調，」威廉史指出（五九頁）：「起碼都能找到笨蛋，投注未經開化的史詩般比例的力量。」有古騰堡技術在手，笨蛋塑造人心、困惑心靈的力量幾乎無限。波普試圖澄清這點，結果卻是徒勞無功。他非常關切一大群武裝無名氏的行爲「模式」，卻讓後人誤以爲只是表達個人的嫌惡。波普關注的焦點其實完全在於新科技的「形式模式」和新科技穿透事物、改變組態的能力。讀者太過執著於「內容」和應用知識的實用好處，反而對他的作品感到困惑。波普在第三卷第三三七行詩的註釋裡寫到：

親愛的讀者，就算蔑視推動學習革命的器械，也不要以為高枕無憂，更不要嫌惡詩中所描繪的弱者，而是千萬記得，許多「荷蘭」故事說過的，他們各省大多都淹過水，原因只是一隻「水鼠」在某個堤防上鑽了個洞。

然而，新機械工具和被工具催眠同質化的僕人（就是那些庸才）是無法抗拒的：

徒勞啊徒勞——無所不包的時間
束手倒地：繆思臣服在權力之下。
她來了！她來了！黑暗之王看見了
原始的「夜」和古老的「渾沌」！
她來之前，鑲著「幻想」的雲朵消散了，
變幻的彩虹也褪去了顏色。
「機智」徒勞發射短暫的砲火，
流星殞落，燦爛稍縱即逝。
一個接著一個，有如驚恐的美帝亞，
生病的星辰消失在虛幻的平原上；

艾古斯的雙眼被赫米斯的細杖壓著，
一一闔上，永遠安息；
眾人都感覺到她的降臨，和她祕密的大能，
「藝術」一個接一個消失，只剩黑夜。
躲躲藏藏的「真理」逃回她的洞穴，
決疑論的山脈壓在頭上！
過去曾降落在天堂的「哲學」，
縮水成第二因，沒有再多。
形上的物理學乞求辯護，
形上學高聲呼求，救救「感官」！
瞧，「神祕」飛向了「數學」！
徒勞啊，他們凝視、暈眩、胡言、死亡。
「宗教」臉紅著遮住神聖的火焰，
「道德」無聲無息失去了效力。
「大眾」的火和「個人」的火都不敢燃亮；
沒有半點「人性」火光閃爍，目光一瞥也不再「神聖」！
看哪！在你們驚恐的帝國之上，「渾沌」再度出現；
光在你們並未創造的字前黯淡：

你們的手，偉大的安那其，讓幕垂下吧；
宇宙的黑暗將埋葬所有。[117]

正是這個夜晚，讓喬伊斯邀請芬尼根前來守靈。

星系重組：

個人主義社會裡大衆人的困境

本書到目前爲止都採用拼貼式的知覺和觀察模式。之所以採取這樣的程序，浪漫詩人布雷克可以爲本書提出解釋，並舉理由加以證明。《耶路撒冷》這首詩，就和布雷克其他詩作一樣，主題都是改變中的人類知覺。第二部第三十四章提出一個普遍主題：

> 知覺器官改變，知覺對象似乎
> 也跟著改變：
> 知覺器官關閉，知覺對象似乎
> 也隨之關閉。

布雷克力圖解釋心靈變化的原因和後果，個人和社會層面皆然。他在很久之前便得出和《古騰堡星系》一樣的主張：

> 七個國家在他眼前逃離：他們成為
> 自己眼中所見的。

布雷克清楚指出，感官比重改變，人會因而改變。只要單一感官或單一身心功能藉由機械形式得以外在化，感官比重就會調整：

幽靈是人體內的理性，當理性
與想像分離，並像封在鋼鐵裡一樣，
封在記憶的事物比重裡，就會形成律法和規範，
並藉由殉道和戰爭，扼殺聖體——想像。[1]

想像就是感官和功能尚未內化於物質技術，並藉由物質技術外在化之前，彼此之間的比重。感官和功能外在化之後，個別感官和功能就會自成封閉系統。在此之前，經驗是完全彼此互動的，這樣的互動或聯覺是一種可觸知性，而布雷克在雕刻和雕刻形式的輪廓線條中尋求的正是這種可觸知性。

當人恣意發展的天賦部分外在化，成爲物質技術之後，感官比重就會徹底改變。於是人被迫親眼目睹片段化的自我「封閉在鋼鐵之中」。非但如此，人還被迫成爲這樣的事物。這就是線性片段化分析及其無情的同質化力量的起源：

理性的幽靈
站在植物人和人的不朽想像之間。[2]

布雷克對他所處的時代做出針砭，他的診斷和波普的《鄧西亞德》一樣，都直接衝擊塑造人類知覺的力量。他藉由神話形式產生個人視野，這麼做是必須的，但也是沒有效果的，因爲神話是同時知覺一群複雜因果關係的一種模式。古騰堡技術創造了線性片段化的知覺，並且大加擴展。處在線性片

段化知覺的時代，神話視野依然顯得神祕難以穿透。浪漫派詩人遠遠缺乏布雷克那種神話同步化的視界，他們信守牛頓的單一視界觀，將外在圖像化的世界加以完美化，藉此將內在生活的單一狀態孤立出來。[3]

想了解人類的感性史，有一點值得注意，就是風行於布雷克當時的歌德式浪漫後來在魯斯金和法國象徵派詩人手中變成極爲認眞的美學運動。對這些人而言，歌德式品味乍看非常陳腐荒誕，卻證實了布雷克對時代需求和缺陷的診斷。這樣的品味本身就是前拉菲爾和前古騰堡時代對統一知覺模式的追求。魯斯金在《現代畫家》裡（第三冊九一頁）的做法，使得他將歌德式的中世紀主義和一切關於中世紀歷史的關注切割開來。這麼做讓他贏得藍波和普魯斯特的認眞對待：

好的怪誕是真理的瞬間表達，方法是將一連串象徵以大膽無懼的方式連接起來。如此形成的真理用口語表達需要很長的時間，而且需要觀者自行掌握象徵的連接。想像力是急促的，想像力的跳躍造成落差，落差就是怪誕的特質。

布雷克終其一生都在描述封閉的知覺體系，並且與之對抗。對魯斯金而言，想要打破這樣的知覺體系，就絕對不能沒有歌德式藝術。他接著（九六頁）解釋，想終結文藝復興時期的透視觀點和單一視界現實主義，歌德式怪誕爲什麼是最好的方法：

長久以來，這個人類智性的偉大領域完全封閉。我就是希望重新開啓這一領域的觀點（這個藝術觀點不是最微不足道的）才會致力於將歌德式建築引入日常生活，並力圖重振光照的藝術（這麼說真名副其實）。我指的並非書本或羊皮紙上的微幅繪畫，之前大家都荒謬地搞混了，而是藉由完美協調的用色（藍、紫、絳紅、白和金）幫助作者不停發揮幻想，投入各種怪誕的想像，同時小心排除陰影，以便讓「書寫」本身變得賞心悅目。光照和繪畫截然不同，差別就在於光照「沒有」任何陰影，只有純色的漸層。

研究藍波的人會發現，藍波就是讀到魯斯金這段話才將詩集命名為《光照》。詩集裡所使用的視界技巧，亦即「描繪景片」（藍波本人在標題頁以英文如此稱呼），正是魯斯金所描述的怪誕。然而，喬伊斯的《尤里西斯》裡其實也找得到預告同樣現象的段落：

因此，完全接受怪誕，無論輕描淡寫或完整表達，對人類都有無止盡的好處。人若能徹底認可怪誕這個領域和這種表達方式，那麼將有一股無比巨大的智性力量讓人永遠運用。然而，這股力量在我們現今這個世紀卻在街頭閒言和無謂狂歡當中蒸散消失。一切有益的機智和諷喻也在日常談話中流逝（有如酒沫）。然而，十三、四世紀，機智和諷喻在雕刻和光照藝術裡卻是普遍認可的有用表達方式，好比凝固在玉髓裡的氣泡。[4]

換言之，喬伊斯也接受怪誕，將之視爲一種破碎、切分的操作模式，讓人得以獲得對完整多元場域的「包容」同步知覺。這其實就是象徵主義的定義：根據仔細建構的比重，將所有單元加以並置來傳達洞見，但卻不提供單一觀點或任何線性關聯和序列。

因此，喬伊斯所說的比重和圖像寫實主義之間的差距非常之大。他其實是把圖像寫實主義和古騰堡技術當成自己象徵主義的一部分來加以應用。例如《尤里西斯》第七章（亦即愛奧勒斯的故事）就利用報紙的技術作爲舞台，引出昆提里安在《演說講座》提到的九百多位雄辯家。古典演說家是個人心靈的原形和投射，喬伊斯則藉由現代的印刷出版業將古典演說家轉譯成集體意識的原形與投射。他不但破開古典修辭演說術的封閉系統，也切穿了現代報紙的夢遊症。象徵主義就像充滿機鋒的爵士樂，實現了魯斯金對怪誕的期望，這點應該會讓魯斯金本人大感震撼。然而事實證明，這是擺脫「單一視界和牛頓式沉睡」的唯一方法。

布雷克雖然洞察到這一點，卻缺乏技術資源將他的視界傳達出來。矛盾的是，讓詩人發現同步世界（也就是現代神話）之鑰的不是書本，而是大眾印刷出版（尤其是電報印刷）的發展。藍波和馬拉美在日報格式裡發現一種方法，可以詮釋古騰堡所謂「有組織」想像力的所有功能互動。[5]這是因爲大眾出版並不提供單一視界或觀點，而是如馬拉美所主張的，是集體意識樣態的拼貼。不過，雖然集體或部落意識模式由於電報（同步）印刷而大幅增長，但對仍然鎖在「單一視界和牛頓式沉睡」的作家、文人和書商來說，這樣的模式還是不當而神祕難解的。

十八世紀的主流觀念非常粗糙，就當時的機智看來極爲可笑。存在的偉大鎖鏈和盧梭在《社約論》裡提到的鎖鏈一樣滑稽。另外還有一個概念也不適合作爲秩序的概念，就是純粹視覺化的善，亦即將善看成一種充滿（*plenum*）：「可能世界當中最好的一個」其實就是量化的概念，將世界比擬做塞滿最多好事的袋子；這個概念在史帝文生的襁褓時光依然存在（「這世界充滿那麼多數量的事物」）。儘管如此，彌爾在《論自由》裡提出量化眞理概念，將眞理視爲裝載所有可能意見和觀點的理想容器，卻造成心智的痛苦，因爲抑制眞理的其他面向和任何有效角度都可能削弱整個架構。其實，強調抽象視覺的結果就是讓眞理的標準變成僅只是物與物間的符應。主張眞理符應論的人成爲主流，但他們卻徹底缺乏意識，因此當波普或布雷克指出眞理是心靈和事物間的比重，是形塑想像力而得的比重，符應論者竟然沒注意也不了解。於是，從那時直到我們現在，主宰藝術、政治、教育和諸科學的始終是機械配對，而非想像創造。

之前討論過，波普預見了部落集體意識的復甦，我們提到他的看法和喬伊斯《芬尼根守靈》有所關聯。喬伊斯爲西方人設計了一套走向集體潛意識的個人通關密碼，他在《芬尼根守靈》最後一頁這麼表示。他知道西方個體面對古騰堡技術和隨後的馬可尼技術所帶來的集體部落式效應，陷入了兩難困境，但他已經解決了。波普發現，因爲書本交易而產生的新大眾文化裡潛藏著部落意識。語言和藝術不再是關鍵知覺的主要代言人，而是變成包裝工具，目的只在於傾銷口語商品。布雷克、浪漫派和維多利亞時期的人都熱中於一個想法，就是藉由根植在土地、勞力和資本的自我規約體系之上的工業經濟體，藉由這個新組織來實現波普的預言。牛頓的力學法則就蘊藏在古騰堡印刷術裡，隨後再藉由亞當斯密轉譯成掌管製造和消費的法則。亞當斯密呼應波普的預言（自動恍惚或所謂的「機械中心主義」）指出，經濟領域的機械法則也同樣適用於心靈事物：「富庶商業社會裡，思想論理就和其他事務一樣，也會成爲一種職業，由少數人從事，將他們勞心得到的思想和理論提供給大眾。」[6]

亞當斯密始終忠實於固定的視覺觀點和固定觀點所導致的機能與功能分化，但從上述段落中可以發現，他似乎感覺知識分子的新角色就是抽取「勞心得到的」集體意識。換言之，知識分子的任務不再是導引個人知覺和判斷，而是探索並傳達集體人的集體無意識。知識分子的新角色就是原始的「觀看者」，也就是先知。知識分子還是英雄，在商業市場上極不相稱地兜售個人的發現。就算亞當斯密不願意將他的見解推到超越想像的程度，布雷克和浪漫派卻絲毫不以爲憂心，將文學轉到超越先驗的領域。於是文學便必須和自己交戰，也和意識目標及動機的社會力學交戰，因爲文學視界的組成元素是集體神祕的，其表達和溝通卻是個人、片段而機械的。視界是部落、集體的，表達卻是私人、可販售的。這個兩難一直持續到現在，並且形塑了個別的西方意識。西方人明白，自己的價值和行爲模式是文字讀寫的產物。然而，推展價值的技術工具卻似乎拒絕了這樣的價值，甚至加以反轉。波普在《鄧西亞德》中同時處理兩難的兩面，布雷克和浪漫派完全偏向其中神祕和集體的層面，彌爾和亞諾德等人則專注於兩難的另一個層面，亦即大眾文化裡個人文化和自由的問題。然而，這兩面不能獨立存在，而要找到兩難的起因，就得在文學和古騰堡技術形成的事件星系裡尋找。誠如喬伊斯所感覺到的，我們所以能從兩難中解脫，靠的是電子科技，因爲電子科技具有絕對的有機特質，能將人類經驗裡的神祕集體面向完全放進有意識的「守靈一日」的世界裡。這就是《芬尼根守靈》書名的含意。在無意識的集體夜晚裡，當舊的芬恩圈處於部落式的恍惚，新的芬恩圈（亦即由徹底相互依存的人所組成的圈子）必須活在意識的陽光下。

從這點看，普蘭尼在《大變形》裡談到的「當代政經型態的源起」和《古騰堡星系》的拼貼其實關係密切。普蘭尼關切的是十八、九世紀牛頓力學侵入社會、改造社會所憑藉的舞台，卻從內部遭遇到反轉的動力。他分析經濟系統在十八世紀之前是如何和當時的文學藝術一樣「收納在社會體系當中」。這樣的情況要等到德萊頓、波普和史威夫特當時才有所改觀，這三個人親眼目睹了大變形的發生。普蘭尼讓我們（六八頁）得以面對熟悉的古騰堡原則，亦即藉由形式和功能分化達成實際進展和便利的原則：

> 照理說，經濟系統收納在社會體系當中，無論經濟活動的主要行為法則為何，所出現的市場模式都應該和社會體系相容。而市場模式所依循的交易法則也沒有犧牲其他，成全自己的傾向。市場發展程度最高的地區生活在重商體系之下，即使有集權政府對農民家庭和國家生活實施獨裁，卻仍然富庶繁榮。市場和規範在當時其實相輔相成，所謂自我規範的市場並不存在，自我規範的市場這個概念其實和當時的發展趨勢完全相反。

自我規範的原則獲得牛頓世界觀的迴響，迅速進入社會的各個面向。這個原則，波普戲稱爲「存在即眞理」，史威夫特則嘲諷爲「精神的機械運作」。這個原則完全來自一個視覺形象，亦即連接不斷的存有鏈，或是「可能世界當中最好的一個」裡的善的視覺充滿。只要認同線性連續和序列依賴的假設，不干涉自然秩序的原則便成爲應用知識的吊詭結論。

十六、七世紀整整兩百年，按照應用視覺「方法」推動工藝機械化的轉型過程進展緩慢，卻對既有的非視覺模式產生最大的干擾。及至十八世紀，應用知識的過程獲得足夠的動能，因而獲得大眾接納，被視爲理所當然，除非後果罪大惡極，否則不應該加以干涉：「部分的惡是全體的善。」普蘭尼注意到（六九頁）這種意識自動化的現象：

另一組假定跟國家和國家政策有關：市場的形成不能有任何阻礙，收入除了藉由銷售不得以其他方式取得。價格調整和市場條件變動也不能加以干擾（物品價格、勞動價值和金錢價值皆然）。因此，工業裡的所有元素都應該各有其市場，但卻不能以任何政策影響市場行為。價格和供需都不能固定或加以規範，任何政策和措施必須以能讓市場成為經濟領域裡的唯一組織力量，協助市場確保自我規範為前提。

印刷式分化、工藝分化和社會職責專門化所創造的應用知識都隱含了幾個假設。印刷愈擴大市場，這些假設就愈容易爲大眾所接受。同樣的假設也出現在牛頓力學和時空概念裡，因此文學、工業和經濟才會那麼容易和牛頓的學說相協調。任何人質疑這些假設，就是拒絕接受科學事實。如今牛頓已經和科學脫鉤，我們也可以開始思索自我規範經濟和快樂微積分與心情輕盈和頭腦清楚之間的兩難。然而，十八世紀人卻鎖在封閉的視覺體系裡，不曉得爲何如此，於是變得機械中心，遵從新視界的命令，貫徹執行。

不過，一七〇九年巴克萊主教出版《視覺新論》，揭發了牛頓光學的偏頗假設。後世也有人（起碼如布雷克）了解巴克萊的批評，戮力恢復觸覺原本的角色，也就是統整知覺。當代科學家和藝術家同聲讚揚巴克萊，然而他的智慧在當時卻杳無反應，因爲他所處的時代被裹在「單一視界和牛頓沉睡」裡，被催眠得只能執行抽象視覺權威的命令。普蘭尼發現（七一頁）：

自我規範的市場要求社會裡的經濟和政治領域進行組織化分工。從社會的角度觀之，這樣的政經二分其實只是重申了自我規範市場的完整存在。或許有人認為，從古到今所有社會都將這兩個領域加以區隔，其實這樣的看法是建立在錯誤假設上的。的確，社會存在必須仰賴某個特定體系，確保貨品製造和經銷的秩序。然而，這不表示社會一定有獨立的經濟建制。大體而言，經濟秩序是應社會秩序而生，也包含在社會秩序當中。就如先前所證明的，無論部落、封建或商業社會都沒有獨立的經濟體系。十九世紀社會的經濟活動被孤立出來，並且歸因於特定的經濟動機，其實只是偏離常態的個例。

這樣的經濟建制模式唯有當社會接受其要求才能運作。市場經濟只存在於市場社會，這樣的結論是對市場模式進行普遍分析的結果，我們現在可以指出理由何在。首先，市場經濟必須包含工業的所有元素，包含勞力、土地和資金（資金對於市場經濟而言也是工業生活的必要元素。我們稍後會指出，將資金納入市場機制影響相當深遠）。然而，勞力和土地其實指的就是社會的組成分子（人）和所處的自然環境。將勞力和土地納入市場機制，就代表要社會的組成實體服從市場法則。

市場經濟「只能存在於市場社會」，但要有市場社會，必須先靠古騰堡技術進行爲期數百年的改造。因此，目前想在俄羅斯或匈牙利等國家建立市場經濟其實非常荒謬，因爲這些國家直到二十世紀才進入封建時代而已。他們可以有現代化生產模式，但要產生市場經濟以處理生產線製造出來的產品，還需要長時間的心理改造。也就是說，需要一段時間改變知覺和感官比重。

當社會因爲感官比重固定而變得封閉，人就很難想像事情有其他可能。因此，對文藝復興時期的人來說，民族主義興起相當令人意外，即使民族主義出現的條件之前就已存在。工業革命早在一七九五年就上路了，但誠如普蘭尼所言（八九頁）：

……訂定史賓漢蘭法案（即「濟貧法」）的那一代人並沒有意識到大事就要發生了。偉大的工業革命在爆發之前沒有任何跡象或前兆。資本主義不告而來，也沒有人預測到機械工業的發展驚人，一切都讓人完全意外。水壩崩塌當時，英國人確實一度以為外貿將持續衰退，結果卻是舊世界在好勝心的驅使下，創造了巨幅的經濟成長。

所有處於巨變邊緣的世代，似乎都對後人看來理所當然的議題和重要事件置若罔聞。然而，我們必須了解科技孤立感官因而催眠社會的能量和推力，而催眠的公式就是：一次一種感官。新技術之所以能催眠，就是因爲它能孤立感官。這正是布雷克提出的說法：他們變成他們所見的。在新事物所開創的新領域裡，觀者與物體的關係會重新界定，但每項新技術都削減了新領域裡的感官互動與意識。觀者夢遊似地服從新形式和新結構，反而讓愈沉浸於革命中的人愈少察覺革命背後的相互作用。普蘭尼發現，參與推動新機械工業的人對於自己的所作所爲毫無所知，這種對革命不知不覺的態度在當時當代非常普遍。當時的人感覺未來會更大幅改善，會是更大的「剛才」。革命之前，「剛才」的景象既強烈又堅定。這或許因爲這是感官唯一能自由互動的領域，不受對新科技形式瘋狂認可的影響。

談到這種謬誤，最極端的例子就是當前的電視形象。過去靠重複來處理經驗的機械化電影化模式，如今改由電視代勞。數十年後要描述因爲觀看電視那種拼貼影像而產生的人類知覺和動機革命應該比較容易，但在今天連討論都是徒勞。

威廉斯回顧十八世紀晚期文學形式的革命，在《文化與社會：一七八〇至一八五〇年》裡（四二頁）寫道：「規範習俗要改變，感覺基本架構必須先大幅改變。」此外，「市場雖然可以說讓藝術家成爲專門人才，藝術家卻希望讓他們的技藝普遍化，成爲想像眞理的共同資產。」（四三頁）在浪漫派身上就能看到這一點。他們發現自己無法和意識人交談，便開始用神話和象徵描繪夢境生活裡的無意識層面。和部落人的想像團圓幾乎不能說是文化的主動策略。

十八世紀市場社會最激進的新文學形式是小說，之前是所謂的「單聲散文」。艾迪遜和史提勒（還有其他人）發明了這種以單一聲調對讀者說話的新形式。視覺機械固定觀點在聽覺層面的對應就是小說。奇妙的是，小說這種單聲散文的突破竟突然讓作者變成「文學家」，讓作者可以不倚賴贊助人，以令人自滿的固定身分面對市場社會的同質大眾。作者對聲音和影像都以同質的手法處理，因而能接觸廣大群眾。他只需要提供眾人同質化的共同經驗，這也就是爲什麼小說後來會被電影取代的原因。約翰生博士在〈漫談者四〉（一七五〇年三月三十一日）裡談的就是這個主題：

> 當前世代似乎特別偏愛小說作品，彷彿小說展現的就是真實生活。意外事件使得小說本本不同，日常生活也是。小說受情感和性格影響，但這些情感和性格全都能在與人交往時發現。

約翰生機巧點出新的社會寫實主義會帶來哪些效應，並表示這和透過書本學習的方法完全不同：

> 現代作者的職責跟過去大不相同了，現在除了從書本中學習，以及憑藉個人努力獲得經驗，還要和日常世界廣泛對話，並且精確觀察。誠如賀拉斯所言，當前作者的表現「讀者要求愈嚴苛，作者責任愈沉重」（*plus oneris quantum veniae minus*），淺嘗即止，因此更加困難。他們積極描繪大家已經知悉的原始真相，只要稍微偏離精確的模仿，就會被察覺出來。其他非小說著作都很安全，不受學識的威脅，小說卻面臨所有普通讀者的挑戰，這就好比作工不好的鞋子會被正好路過的鞋匠發現一樣。

約翰生延續這條思路指出，新小說和舊的書本學習模式之間還有其他對立：

> 前人撰寫羅曼史，故事裡所有事物和情感都和人與人之間發生的事情距離遙遠，讀者很難誤將故事應用到自己身上，書裡的美德惡行也超出讀者行為的可能範圍。因此，讀者能以故事中的英雄、叛徒、救人者和劊子手等等非他族類的人物事蹟為樂。這些異類有自己的行事動機，犯錯與成功的標準也和讀者不同。
>
> 然而，當探險家變得和常人無異，在舉世皆然的戲劇場景裡活動，擁有和一般人相同的命運，年輕讀者看待探險家的目光將會更加專注，希望藉由觀察他的行為與成就，作為未來自己遇到相同或類似情境時的行動指引。
>
> 因此，熟悉的軼事可能比嚴謹道德的莊嚴力量還有用，所提供的善惡知識也比定義和公理來得有效。

當時除了將書頁延伸成為日常生活的活動圖像，還有一個平行的進展，就是羅文塔在《大眾文化與社會》裡（七五頁）提到的「從資助者到大眾的關鍵轉變」。他在書裡引述戈史密斯一七五九年出版的《歐洲禮節學習現況問答》裡的一段話：

目前，英國有少數詩人已經不再仰賴君王資助，只靠大眾資助，而「大眾」整體來說是「善良而慷慨的主人」……確有實力的作者只要向錢看，就很可能輕鬆致富。至於沒實力的作者，則可以說一切都隱藏在未知的實力裡。

羅文塔對大眾文學文化的新研究不僅關切十八世紀以後，也探索從蒙田和巴斯卡以降到當前雜誌偶像時代，藝術裡出軌與救贖的兩難。羅文塔指出，戈史密斯大大改變了文學評論，他將焦點轉到讀者「經驗」上，這個發現讓他開創了豐富的新研究領域（一〇七至一〇八頁）：

文學評論的概念經歷不少演進改變，其中最深遠的改變或許是評論者現在肩負著雙向功能：不僅要向大眾揭示文學作品的美（按戈史密斯的說法，他們所使用的方法「連哲學家都能因此獲得掌聲」），還必須向作者闡釋大眾。簡而言之，評論家不僅「要教導不文之人，讓他們知道角色哪個部分值得強調、讚揚」，還必須告訴「學者該把技巧用在哪裡，才能贏得讚賞。」戈史密斯認為就是因為缺乏這種中介評論者，才會讓許多作家以財富而非真實的文學名望為目標。他擔心，如此一來，後世將不會記得他所處時代的任何文學作品。

我們已經了解到，戈史密斯致力掌握作者所面臨的兩難，在他身上能看到不同（有時甚至對立的）觀點存在。不過我們也發現，預言未來的應該是樂觀的戈史密斯，而非悲觀的戈史密斯，因此在他眼中的「理想」評論家，應該是讀者和作者之間的中介，而這樣的看法最後果真成為主流。文評、作者和哲人之流（約翰生、柏克、休謨、雷諾茲、凱姆斯和華爾頓派）在分析讀者經驗時，全都接受了戈史密斯的前提。

市場社會界定自身的同時，文學的角色也有所改變，成爲一種消費商品，大眾則變成資助者。藝術的角色也一百八十度翻轉，從知覺的嚮導變成方便取得的舒適和包裝。然而，藝術家（製造者）卻因此被迫研究自己所創造的藝術。這是前所未有的演變，而人類也在藝術裡發現了新的功能。操縱大眾市場的人主宰了藝術家，孤立的藝術家卻獲得了一種新的透視力，看出設計和藝術在人類秩序和自我實現方面扮演了關鍵的角色。藝術的使命從此就跟大眾市場一樣，旨在實現人類秩序，大眾市場則創造平台讓所有人分享從新視野和新潛能中所獲得的知覺，同時享有生活各層面的美與秩序。我們事後看來，或許必須承認大眾行銷的時代創造出一套工具，得以在美和商品之中建立秩序。

藉由大量製造建立消費旺盛世界的方法，也讓最高級藝術品的創造變得更確定、更能自我掌控。要證明這點其實不難，而且一般說來，某個原先模糊的領域後來所以變得清楚透明，是因爲我們已經進入新的層面，可以清楚簡單思考之前情境的演變輪廓。正因爲如此，我才可能撰寫《古騰堡星系》這本書。當我們處在電子有機時代，愈來愈清楚經歷到時代的主要輪廓，之前的機械時代就變得非常容易理解。磁帶同步化的新資訊模式出現，生產線因而沒落，也讓大量製造的奇蹟變得完全可以理解。然而，自動化創造出無事功無特性的社群，種種新穎之處也讓我們陷入新的不確定當中。

懷德海的經典之作《科學與現代世界》（一四一頁）有一段話醍醐灌頂，之前本書在其他段落曾經討論過：

十九世紀最偉大的發明，就是發明方法的發明。新的方法誕生了。要了解我們的這個時代，可以忽略所有改變的細節，例如鐵路、電報、廣播、紡紗機和合成染料等等，將焦點放在方法本身。方法才是新的，它破除了過去文明的根基。培根當年的預言，現在終於實現了，不時夢想自己地位僅次於天使的人類也點頭答應，要當自然的主子和僕人。一個演員能不能分飾兩角，還有待時間檢驗。

懷德海堅持「將焦點放在方法本身」是正確的。引出現代世界種種特質的事物，就是古騰堡的同質切割法。數百年來的表音文字爲古騰堡方法提供了心理基礎，而以手工藝機械化方法製造出來的產品和引發的事件則組成內容繁多的星系。然而，所有事件和產品不過是方法的附屬。將「可重複」視爲眞理和實用與否的判準的，就是固定觀點和專門分工化的方法。今天我們所有的科學和方法不再追求觀點，而是努力做到沒有觀點。現在的方法不再是封閉與透視，而是開放「場域」和虛懸判斷。在電子化同步資訊運動和人類完全相互依存的世界裡，這是目前唯一可行的方法。

懷德海對十九世紀的偉大發現（也就是發明方法）並沒有多加著墨。不過，這個發明方法其實很簡單，就是從結果回頭運算，亦即倒推回起點的方法。古騰堡的同質切割技術就蘊含了這個方法。然而，這個方法一直要到十九世紀才從生產層面進入到消費層面。計畫生產的意思是：生產程序的所有階段都必須精確掌握，方法是從產品往回逆推，感覺就像推理故事。商品大量製造和文學市場商品化的初期，研究消費者經驗成爲必須。換句話說，從事創造之前必須先檢驗藝術和文學的「效果」，這正是通往神話世界的「文字」入口。

面對這個詩意過程的終極知覺，最先理出背後道理的是愛倫坡，最先看出必須讓讀者參與作品而非將作品導向讀者的也是他。這就是他的「創作哲學」計畫。起碼在波特萊爾和維樂希眼中，愛倫坡和達文西不相上下。愛倫坡清楚看出，有機掌握創作過程的唯一方法就是預期作品的效果。艾略特也附和波、維兩人，完全認同愛倫坡的發現。他在備受讚揚的《哈姆雷特》論文[7]裡寫道：

> 在藝術形式裡，表達情感必須藉由「客觀關聯」（亦即一群物體、一個情境或一連串事件）作為表達「那個」情感的公式。如此一來，雖然外在事實必然止於感官經驗，但只要這組事實出現，就立刻會激發該情感。仔細探究莎士比亞較為成功的悲劇就會發現，他用的正是這個方法。馬克白夫人在夢裡漫遊，她的心神只要靠有技巧累積的想像的感官印象，就能讓你感覺她在對你說話。馬克白得知妻子死亡，他說的話深深撼動我們，讓我們感覺馬克白在一連串事件發生之後得知妻子死亡，肯定會脫口說出這樣的話來。

愛倫坡在不少詩和小說中都成功使用了這個方法。不過，最明顯的例子還是他發明的偵探小說。偵探杜賓是鑑賞家，靠藝術知覺的方式辦案、破案。這個偵探故事不僅是由果追因的著名例子，讀者也身陷在這樣的小說形式中，成爲共同的作者。象徵主義詩作也是如此。象徵主義詩人的作品要完全顯現效果，就需要讀者無時無刻的參與，參與詩意構成的過程。

這是非常典型的對偶句交錯配列法。最後的辭句和之前辭句的特質完全不同，藉此讓整個過程得到最大的發展。集體心靈交錯配列法（反轉法）有一個典型例子：西方人愈是努力爭取個體性，就愈失去個人的獨特存在。新的集體壓力讓擁有自我變得太過沉重。因此，十九世紀藝術家集體放棄了獨特自我，但獨特自我在十八世紀卻是理所當然的。彌爾雖然放棄自我，卻全心追求個體性，詩人和藝術家大聲斥責藝術作品的消費行爲導致新的集體去人格化，卻也開始在藝術創作中採用去人格的手法。另一個類似的相關例子就是，新的藝術形式開始邀請大眾藝術的消費者參與創作過程。

這是超越古騰堡技術的時刻。數百年來的感官分離和功能分工，因爲突如其來的統一而告終止。藉由這樣的反轉，新市場和新群眾促使藝術家放棄獨特自我，但反轉也可能是藝術和科技的最後極致。當象徵主義派開始以由果追因的手法創造藝術作品，放棄獨特自我就變成無可避免。然而，也正是在這樣一個極端的時刻，新的反轉發生了。從愛倫坡到維樂希，在象徵主義藝術生產線轉變成新的「意識流」表現手法的同時，藝術創作過程也愈來愈像工業製造，變得更嚴格、更不具人格。意識流是一種開放的「場域」知覺，反轉了十九世紀發明的生產線（或所謂「發明方法」）的所有層面。

誠如班托克所言：

> 在愈來愈社會化、標準化和齊一化的世界裡，主要目標是強調獨特性，強調經驗當中純粹個人的部分，同時在「機械」理性裡提出人類可以表達自我的其他模式，並且將生命視為一連串的

情感強度，其邏輯和理性世界的邏輯不同，唯有在互不關聯的影像或接連不斷的意識冥想中才能捕捉。[8]

因此，懸置判斷是二十世紀藝術和科學的偉大發明，也是十九世紀藝術和科學無人性生產線創作法的反彈與變形。之所以有人強調意識流和理性世界不同，也只因爲他們堅持視覺序列是理性的範準，同時將藝術免費奉送給無意識世界。其實，當前所討論的非理性與非邏輯種種，都只是重新發現自我和世界的日常互動，以及主客體之間的相互交流。這樣的交流似乎在古希臘就因爲表音文字的效應而終止，文字讓受啓蒙的人類成爲封閉系統，同時在眞實與表象之間畫下鴻溝。直到意識流出現，鴻溝才得以消弭。

誠如喬伊斯在《芬尼根守靈》中所說的：「我的消費者難道不也是我的製造者嗎？」整個二十世紀始終不停努力掙脫被動性格的制約，亦即擺脫古騰堡的遺產。人類洞察和展望事物的模式迭有改變，不同模式間的戲劇化奮鬥創造出最偉大的時代，科學和藝術皆然。我們所處的時代比「莎翁的時刻」更豐富也更恐怖，夸特威在同名的《莎翁時刻》裡有精彩的描述。然而，檢視由字母和印刷術引申出來的機械技術並且專注於此，是本書的任務。從新的電子時代詮釋舊的知覺與判斷形式會產生什麼樣的新機制和文字組態呢？電子時代的新事件星系已經深植在古騰堡星系之中。就算兩者沒有衝撞，彼此不同的技術和知覺並存也會爲活著的人帶來創傷和緊張，讓我們習以爲常的態度突然變得稀奇古怪，熟悉的組織和機構有時也似乎變得危險、充滿惡意。這許許多多的轉變都是任何社會引進新媒體之後的正常效應，需要專門研究，也將是下一本書的主題：《認識媒體》。

註釋

前言

1 Quoted in *The Singer of Tales*, p. 3
2 *Trade and Market in the Early Empires*, p. 5
3 Edward T. Hall, *The Silent Language*, p. 79
4 Leslie A. White, *The Science of Culture*, p. 240
5 *Democracy in America*, part II, book I, chap. I.

古騰堡星系

1 書中引用莎士比亞作品的譯文出自《莎士比亞全集》，朱生豪譯，世界書局出版。
2 See chapter on "Acoustic Space" by E. Carpenter and H. M. McLuhan in *Explorations in Communication*, p. 65-70
3 Utrum Christus debuerit doctrinam Suam Scripto tradere. *Summa Theologica*, part III, p. 42, art. 4.
4 *Phaedrus*, trans. B. Jowett, 274-5. All quotations from Plato are from Jowett's translation.
5 Quoted by Cassirer in *Language and Myth*, p. 9.
6 H. M. McLuhan, "The Effect of the Printed Book on Language in the Sixteenth Century," in *Explorations in Communication*, p. 125-35
7 "Film Literacy in Africa," *Canadian Communications*, vol. I, no. 4, summer, 1961, p. 7-14.
8 For more data on the new space orientation in TV-viewing, see H. M. McLuhan, "Inside the Five Sense Sensorium," *Canadian Architect*, June, 1961, vol. 6, no. 6, p. 49-54.
9 The Koreans by 1403 were making cast-metal type by means of punches and matrices (*The Invention of Printing in China and its Spread Westward* by T. F. Carter). Carter had no concern with the alphabet relation to print and was probably unaware that the Koreans are reputed to have a phonetic alphabet.
10 See "Acoustic Space."
11 Georg von Bekesy's article on "Similarities between Hearing and Skin Sensations" (*Psychological Review*, Jan., 1959, p. 1-22) provides a means of understanding why no sense can function in isolation nor can be unmodified by the operation and diet of the other senses.
12 Ivins, *Art and Geometry*, p. 59.
13 John White, *The Birth and Rebirth of Pictorial Space*, p. 257.
14 *Mimesis: The Representation of Reality in Western Literature*. This book is devoted to a stylistic analysis of the narrative lines in Western letters from Homer to the present.

15 See the expansion of this theme in *The Shakespearean Moment* by Patrick Cruttwell.

16 There is much on this subject in *Empire and Communications* by Harold Innis, as well as in his *The Bias of Communication*. In the chapter on "The Problem of Space" in the latter book (pp. 92-131) he has much to say on the power of the written word to reduce the oral and magical dimensions of acoustic space: "The oral tradition of the Druids reported by Caesar as designed to train the memory and to keep learning from becoming generally accessible had been wiped out." And: "The development of the Empire and Roman law reflected the need for institutions to meet the rise of individualism and cosmopolitanism which followed the breakdown of the polis and the city state." (p. 13) For if paper and roads broke up the city states and set individualism in place of Aristotle's "political animal," "Decline in the use of papyrus particularly after the spread of Mohammedanism necessitated the use of parchment." (p. 17) On the role of papyrus in the book trade and Empire alike see also *From Papyrus to Print* by George Herbert Bushnell and especially *Ancilla to Classical Learning* by Moses Hadas.

17 E. S. Carpenter suggests that Vladimir G. Bogaaz (1860-1936) may have been the first anthropologist to state that non-literate man had non-Euclidean space conceptions. He states these themes in an article, "Ideas of Space and Time in the Concept of Primitive Religion," *American Anthropologist*, vol. 27, no. 2, April, 1925, pp. 205-66.

18 Ryle, *The Concept of Mind*, pp. 223-4.

19 Ivins cites the article of Lynn White on "Technology and Invention in the Middle Ages" in *Speculum*, vol.XV, April, 1940, pp. 141-59.

20 John Pick, ed., *A Gerard Manley Hopkins Reader*, p. xxii.

21 See references on this subject in my article on "The Effect of the Printed Book on Language in the Sixteenth Century," *Explorations in Communications*, pp. 125-35.

22 See also J. W. Clark, *The Care of Books*.

23 E. F. Rogers, ed., *St. Thomas More: Selected Letters*, p. 13.

24 *L'Enseignement de l'e/criture aux universite/s medie/vales*, p. 74; translations by the present author.

25 These considerations put Chaucer's clerk in an interesting light and offer some reason for preferring the reading "worthy" to "worldly" in the disputed text:

> A Clerk ther was of Oxenford also,
> That unto logyk hadde longe ygo.
> As leene was his hors as is a rake,
> And he nas nat right fat, I undertake,

But looked holwe, and therto sobrely.
Ful thredbare was his overeste courtepy;
For he hadde geten hym yet no benefice,
Ne was so worldly for to have office.
For hym was levere have at his beddes heed
Twenty bookes, clad in blak or reed,
Of Aristotle and his philosophie,
Than robes riche, or fithele, or gay sautrie.

26 See C. S. Baldwin, *Medieval Rhetoric and Poetic*, and D. L. Clark, *Rhetoric and Poetry in the Renaissance*. They find this Ciceronian fusion of poetic and rhetoric puzzling. But Milton accepted it. He takes the Ciceronian view in his tract *On Education*. After grammar, he says, just so much logic should be studied as is useful to "a graceful and ornate rhetoric." To these "poetry would be made subsequent, or indeed rather precedent, as being less subtile and fine, but more simple, sensuous and passionate." These latter words of Milton have often been cited out of context and without any regard for the precise technical sense of Milton's language.

27 H.-I. Marrou, *Saint Augustin et la fin de la culture antique*, p. 530, note.

28 In the sixteenth century the Elizabethan actors were sometimes referred to as "the rhetoricians." This was natural in a time that studied *pronuntiatio* as much as the other four parts of rhetoric: *inventio, dispositio, and memoria*. See B. L. Joseph's fine study, *Elizabethan Acting*, in which from the sixteenth century manuals of grammar and rhetoric he derives the numerous techniques of dramatic delivery and action with which every Elizabethan school child was acquainted.

29 *Roman Declamation*, p. 10. Somewhere Cicero states "Philosophy shall be the declamation of my old age." At any rate, it was the declamation of the Middle Ages.

30 In *Studies in the Renaissance*, vol. VIII, 1961, pp. 155-72.

31 Edmund Joseph Ryan gives a history of the idea of the *sensus communis* as it was understood in the Greek and Arab world, in his *Role of the Sensus Communis in the Psychology of St. Thomas Aquinas*. It is a doctrine that found a key place for tactility, and it pervades European thought as late as the work of Shakespeare.

32 "The Written Word as an Instrument and a symbol in the First Six Centuries of the Christian Era," Columbia University, 1946, p. 2.

33 Ivins, *Art and Geometry*, p. 82.

34 Ezra Pound, *The Spirit of Romance*, p. 177.

35 *The Portable Dante*, p.xxxiii.

36 But the tendency for the visual to become "explicit" and to break off from the other senses has been noted even in the development of Gothic script. E. A. Lowe remarks: "The Gothic script is difficult to read . . . It is as if the written page was to be looked at and not read" (in "Handwriting" in G. C. Crump and E. F. Jacob, eds., *The Legacy of the Middle ages*, p. 223).

37 Under "textbook," the O.E.D. tells us that such arrangements continued into the eighteenth century.

38 See "Effects of Print on the Written Word in the Sixteenth Century," *Explorations in Communication*, pp. 125 ff.

39 Helmut Hatzfeld in *Literature Through Art* illustrates the plastic and pictorial aspect of this question. Stephen Gilman's article on "Time in Spanish Poetry" (*Explorations*, no. 4, 1955, pp. 72-81) reveals "the hidden system or order" in the tenses of *Le Cid*.

40 In R. J. Schoeck and Jerome Taylor, eds., *Chaucer Criticism*, p. 2. See B. H. Bronson, "Chaucer and his Audience" in *Five Studies in Literature*.

41 In "New Directions for Organization Practice" in *Ten Years Progress in Management, 1950-1960*, pp. 48, 45.

42 My translation, as are the other quotations below from this work.

43 More, *English Works*, 1557, p. 835.

44 *Studies in English Literature, 1500-1900*, vol. I, no. 1, winter, 1961, pp. 31-47.

45 *The Works of Mr. Francis Rabelais*, translated by Sir Thomas Urquhart, p. 204.

46 *English Literature in the Sixteenth Century*, p. 140.

47 Usher, *History of Mechanical Inventions*, p. 240.

48 In W. J. Bates, ed., *Criticism: the Major Texts*, p. 89.

49 H. M. McLuhan, "Printing and Social Change," *Printing Progress: A Mid-Century Report*, The International Association of Printing House Craftsmen, Inc., 1959.

50 *Studies in the Renaissance*, vol. VIII, 1961, pp. 155-72.

51 Harold Innis, *Essays in Canadian Economic History*, p. 253.

52 Quoted in *ibid*., p. 254.

53 "Ramist Method and the Commercial Mind," p. 159.

54 See H. M. McLuhan, "The Effects of the Improvements of Communication Media," *Journal of Economic History*, December, 1960, pp. 566-75.

55 Charles P. Curtis, *It's Your Law*, pp. 65-6.

56 Walter Ong, "Ramist Method and the Commercial Mind," p. 165.

57 Printed in *Lay Sermons, Addresses and Reviews*, pp. 34-5. See also H. M. McLuhan, *The Mechanical Bride: Folklore of Industrial Man*, p. 108.

58 See *The Mechanical Bride*, p. 107.
59 See Etienne Gilson, *La Philosophie au Moyen Age*, p. 481.
60 *Midsummer Night's Dream*, V, i.
61 *Paradise Lost*, IX, 11. 201-3.
62 *Essays*, ed. R. F. Jones, p. 294.
63 *Advancement of Learning*, p. 125.
64 Sir Philip Sidney, *Astrophel and Stella*.
65 Edward Hutton, *Pietro Aretino, The Scourge of Princes*, p. xl.
66 *The Works of Aretino*, translated into English from the original Italian, with a critical and biographical essay, by Samuel Putnam, p. 13.
67 *As You Like It*, II, vii.
68 Aretino, *Dialogues*, p. 59.
69 *Pietro Aretino*, p. xiv.
70 *Tamburlaine the Great*, I, ii.
71 Translated by John Alday, 1581; STC 3170, Riii to Riv.
72 Buhler, *The Fifteenth Century Book*, p. 33.
73 R. H. Tawney, *Religion and the Rise of Capitalism*, p. 156.
74 Quoted in *ibid*., p. 151.
75 See *L'Apparition du livre*, pp. 127, 429.
76 *The Bias of Communication*, p. 29.
77 *Ibid*., p. 28.
78 Joseph Leclerc, *Toleration and the Reformation*, vol. II, p. 349.
79 Cited by Jones in *The Triumph of the English Language*, p. 321.
80 Hayes, *Historical Evolution of Modern Nationalism*, pp. 63-4.
81 *The Triumph of the English Language*, p. 183.
82 S. L. Greenslade, *The Work of William Tyndale*, with an essay . . . by G. D. Bone, p. 51.
83 Gue/rard, *Life and Death of an Ideal*, p. 44.
84 R. N. Anshen, *Language: An Enquiry into its Meaning and Function*, Science of Culture series, vol. VIII, p. 3.
85 *Ibid*., p. 9. See also Edward T. Hall, *The Silent Language*.
86 M. M. Mahood, *Shakespeare's Wordplay*, p. 33.
87 Charles Carpenter Fries, *American English Grammar*, p. 255.
88 Quoted in Jones, *The Triumph of the English Language*, p. 202.
89 Quoted in W. F. Mitchell, *English Pulpit Oratory from Andrews to Tillotson*, p. 189.
90 Cited in Basil Willey, *The Seventeenth Century Background*, p. 207.
91 *Ibid*., p. 212.

92 Siebert, *Freedom of the Press in England, 1476-1776*, p. 103.
93 July 2, 1956, p. 46.
94 Quoted in Jones, *The Triumph of the English Language*, p. 189.
95 Poulet, *Studies in Human Time*, p.13.
96 *Ibid*., p. 15.
97 *Ibid*., p. 16.
98 *Ibid*., p. 45.
99 *Ibid*., p. 54.
100 *Ibid*., p. 58.
101 Shakespeare, Sonnet LX.
102 Whyte, *The Unconscious before Freud*, p. 60.
103 Poulet, *Studies in Human Time*, p. 78
104 *Ibid*., p. 80.
105 *Ibid*., p. 85.
106 *Ibid*., p. 87.
107 A. Robert Caponigri, *Time and Idea: The Theory of History in Giambattista Vico*.
108 *Ibid*., p. 142.
109 Carola Giedion-Welcker, *Contemporary Sculpture*, p. 205.
110 *Selections*, ed., Philip P. Wiener, pp. 29-30.
111 *Ibid*., p. 52.
112 *The Dunciad* (B), ed., James Sutherland, p. 49.
113 *Ibid*., IV, ll.21-4.
114 *Ibid*., IV, ll.91-4.
115 *Pope's Dunciad*, p. 60.
116 *Ibid*., p.47.
117 *Dunciad* (B), IV, 11. 627-56.

星系重組

1 *Jerusalem*, III, 74.
2 *Ibid*., II, 36.
3 This Newtonian theme is developed by myself apropos "Tennyson and Picturesque Poetry" in John Killham, ed., *Critical Essays on the Poetry of Tennyson*, pp. 67-85.
4 John Ruskin, *Modern Painters*, vol. III, p.96.
5 See H. M. McLuhan, "Joyce, Mallarme/ and the Press," *Sewanee Review*, winter, q954, pp. 38-55.
6 Cited by Raymond Williams, *Culture and Society, 1780-1850*, p. 38.
7 In *Selected Essays*, p. 145.
8 "The Social and Intellectual Background" in *The Modern Age* (The Pelican Guide to English Literature), p. 47.

參考書目

ANSHEN, R. N., *Language: An Inquiry into its Meaning and Function*, Science of Culture Series, vol. III (New York: Harper, 1957). page 231

AQUINAS, THOMAS, *Summa Theologica*, part III (Taurini, Italy: Marietti, 1932). 23, 98, 106

ARETINO, PIETRO, *Dialogues, including The Courtesan*, trans. Samuel Putnam (New York: Covici-Friede, 1933). 194–6

——— *The Works of Aretino*, trans. Samuel Putnam (New York: Covici-Friede, 1933). 194–6

ATHERTON, JAMES S., *Books at the Wake* (London: Faber, 1959). 74–5

AUERBACH, ERICH, *Mimesis: The Representation of Reality in Western Literature*, trans. Willard R. Trask (Princeton: Princeton University Press, 1953). 57

BACON, FRANCIS, *The Advancement of Learning*, Everyman 719 (New York: Dutton, n.d. [original date, 1605]). 102, 187, 190–2

——— *Essays or Counsels, Civil and Moral*, ed. R. F. Jones (New York: Odyssey Press, 1939). 189, 190, 233

BALDWIN, C. S., *Medieval Rhetoric and Poetic* (New York: Columbia University Press, 1928). 98

BANTOCK, G. H., "The Social and Intellectual Background," in Boris Ford, ed., *The Modern Age*, Pelican Guide to English Literature (London: Penguin Books, 1961). 278

BARNOUW, ERIK, *Mass Communication* (New York: Rinehart, 1956). 128

BARZUN, JACQUES, *The House of Intellect* (New York: Harper, 1959). 32

BÉKÉSY, GEORG VON, *Experiments in Hearing*, ed. and trans. E. G. Wever (New York: McGraw-Hill, 1960). 41–2, 53, 63, 127

——— "Similarities Between Hearing and Skin Sensation," *Psychological Review*, vol. 66, no. 1, Jan., 1959.

BERKELEY, BISHOP, *A New Theory of Vision* (1709), Everyman 483 (New York: Dutton, n.d.). 17, 53, 271

BERNARD, CLAUDE, *The Study of Experimental Medicine* (New York: Dover Publications, 1957). 3, 4

BETHELL, S. L., *Shakespeare and the Popular Dramatic Tradition* (London: Staples Press, 1944). 206

Blake, The Poetry and Prose of William, ed. Geoffrey Keynes (London: Nonsuch Press, 1932). 265–6

BOAISTUAU, PIERRE, *Theatrum Mundi*, trans. John Alday, 1581 (STC 3170). 203

BONNER, S. F., *Roman Declamation* (Liverpool: Liverpool University Press, 1949). 100–1

BOUYER, LOUIS, *Liturgical Piety* (Notre Dame, Ind.: University of Notre Dame, 1955). 137–40

BRETT, G. S., *Psychology Ancient and Modern* (London: Longmans, 1928). 74

BROGLIE, LOUIS DE, *The Revolution in Physics* (New York: Noonday Press, 1953). 5, 6

BRONSON, B. H., "Chaucer and His Audience," in *Five Studies in Literature* (Berkeley, Calif.: University of California Press, 1940). 136

BUHLER, CURT, *The Fifteenth Century Book* (Philadelphia: University of Pennsylvania Press, 1960). 129, 153–4, 208

BURKE, EDMUND, *Reflections on the Revolution in France* (1790), Everyman 460 (New York: Dutton). 170–1

BUSHNELL, GEORGE HERBERT, *From Papyrus to Print* (London: Grafton, 1947). 62

CAPONIGRI, A. ROBERT, *Time and Idea: The Theory of History in Giambattista Vico* (London: Routledge and Kegan Paul, 1953). 250

CAROTHERS, J. C., "Culture, Psychiatry and the Written Word," in *Psychiatry*, Nov., 1959. 18–20, 22, 26–8, 32–4

CARPENTER, E. S., *Eskimo* (identical with *Explorations*, no. 9; Toronto: University of Toronto Press, 1960). 66–7

CARPENTER, E. S., and H. M. MCLUHAN, "Acoustic Space," in *idem*, eds., *Explorations in Communication* (Boston: Beacon Press, 1960). 19, 136

CARTER, T. F., *The Invention of Printing in China and its Spread Westward* (1931), 2nd rev. ed., ed. L. C. Goodrich (New York: Ronald, 1955). 40

CASSIRER, ERNST, *Language and Myth*, trans. S. K. Langer (New York: Harper, 1946). 25, 26

CASTRO, AMERICO, "Incarnation in Don Quixote," in Angel Flores and M. I. Bernadete, eds., *Cervantes Across the Centuries* (New York: Dryden Press, 1947). 225–7

——— *The Structure of Spanish History* (Princeton: Princeton University Press, 1954). 225–6

CHARDIN, PIERRE TEILHARD DE, *Phenomenon of Man*, trans. Bernard Wall (New York: Harper, 1959). 46, 174, 179

CHAUCER, GEOFFREY, *Canterbury Tales*, ed. F. N. Robinson, Student's Cambridge ed. (Cambridge, Mass.: Riverside Press, 1933). 96

CHAYTOR, H. J., *From Script to Print* (Cambridge: Heffer and Sons, 1945). 86–9, 92–3

CICERO, *De oratore*, Loeb Library no. 348–9 (Cambridge, Mass.: Harvard University Press, n.d.). 24, 98, 101

CLAGETT, MARSHALL, *The Science of Mechanics in the Middle Ages* (Madison, Wisc.: University of Wisconsin Press, 1959). 80–1

CLARK, D. L., *Rhetoric and Poetry in the Renaissance* (New York: Columbia University Press, 1922). 98

CLARK, J. W., *The Care of Books* (Cambridge: Cambridge University Press, 1909). 92

COBBETT, WILLIAM, *A Year's Residence in America*, 1795 (London: Chapman and Dodd, 1922). 171–2

CROMBIE, A. C., *Medieval and Early Modern Science* (New York: Doubleday Anchor books, 1959). 120, 123, 124

CRUMP, G. C., and E. F. JACOB, eds., *The Legacy of the Middle Ages* (Oxford: Oxford University Press, 1918). 127

CRUTTWELL, PATRICK, *The Shakespearean Moment* (New York: Columbia University Press, 1955; New York: Random House, 1960, Modern Library paperback). 1, 278

CURTIS, CHARLES P., *It's Your Law* (Cambridge, Mass.: Harvard University

Press, 1954). 165–6

CURTIUS, ERNST ROBERT, *European Literature and the Latin Middle Ages*, trans. W. R. Trask (London: Routledge and Kegan Paul, 1953). 186–7

DANIELSSON, BROR, *Studies on Accentuation of Polysyllabic Latin, Greek, and Romance Loan-Words in English* (Stockholm: Almquist and Wiksell, 1948). 232

DANTZIG, TOBIAS, *Number: The Language of Science*, 4th ed. (New York: Doubleday, 1954, Anchor book). 81, 177–81

DESCARTES, RENE, *Principles of Philosophy*, trans. Holdvane and Rose (Cambridge: Cambridge University Press, 1931; New York: Dover Books, 1955). 243

DEUTSCH, KARL, *Nationalism and Social Communication* (New York: Wiley, 1953). 236

DIRINGER, DAVID, *The Alphabet* (New York: Philosophic Library, 1948). 47–50

DODDS, E. R., *The Greeks and the Irrational* (Berkeley: University of California Press, 1951; Boston: Beacon Press paperback, 1957). 51–2

DUDEK, LOUIS, *Literature and the Press* (Toronto: Ryerson Press, 1960). 217, 257

EINSTEIN, ALBERT, *Short History of Music* (New York: Vintage Books, 1954). 61

ELIADE, MIRCEA, *The Sacred and the Profane: The Nature of Religion*, trans. W. R. Trask (New York: Harcourt Brace, 1959). 51, 68–71, 256

ELIOT, T. S., *Selected Essays* (London: Faber and Faber, 1932). 276–7

FARRINGTON, BENJAMIN, *Francis Bacon, Philosopher of Industrial Science* (London: Lawrence and Wishart, 1951). 184–5

FEBVRE, LUCIEN, and MARTIN, HENRI-JEAN, *L'Apparition du livre* (Paris: Editions Albin Michel, 1950). 129, 142–3, 207–8, 214, 228–30

FISHER, H. A. L., *A History of Europe* (London: Edward Arnold, 1936). 26

FLORES, ANGEL, and M. I. BERNADETE, eds., *Cervantes Across the Centuries* (New York: Dryden Press, 1947). 225–7

FORD, BORIS, ed., *The Modern Age*, The Pelican Guide to English Literature (London: Penguin Books, 1961). 278

FORSTER, E. M., *Abinger Harvest* (New York: Harcourt Brace, 1936; New York: Meridian Books, 1955). 203

FRAZER, SIR JAMES, *The Golden Bough*, 3rd ed. (London: Macmillan, 1951). 90–1

FRIEDENBERG, EDGAR Z., *The Vanishing Adolescent* (Boston: Beacon Press, 1959). 214–15

FRIES, CHARLES CARPENTER, *American English Grammar* (New York: Appleton, 1940). 232, 238

FRYE, NORTHROP, *Anatomy of Criticism* (Princeton: Princeton University Press, 1957). 193

GIEDION, SIEGFRIED, *Mechanization Takes Command* (New York: Oxford University Press, 1948). 44, 147

——— *The Beginnings of Art* (in progress; quoted in *Explorations in Communication*). 65–6

GIEDION-WELCKER, CAROLA, *Contemporary Sculpture*, 3rd rev. ed. (New York: Wittenborn, 1960). 251

GILMAN, STEPHEN, "The Apocryphal Quixote," in Angel Flores and M. I. Bernadete, eds., *Cervantes Across the Centuries* (New York: Dryden Press, 1947). 227

GILSON, ETIENNE, *La Philosophie au Moyen Age* (Paris: Payot, 1947). 185

——— *Painting and Reality* (New York: Pantheon Books, Bollingen Series, XXXV. 4, 1957). 51

GOLDSCHMIDT, E. P., *Medieval Texts and Their First Appearance in Print* (Oxford: Oxford University Press, 1943). 130–5

GOLDSMITH, OLIVER, *Enquiry into the Present State of Polite Learning in Europe*, cited by Leo Lowenthal in *Popular Culture and Society*. 274

GOMBRICH, E. H., *Art and Illusion* (New York: Pantheon Books, Bollinger Series XXXC. 5, 1960). 16, 51, 52–3, 81–2

GREENSLADE, S. L., *The Work of William Tyndale* (London and Glasgow: Blackie and Son, 1938). 228

GRONINGEN, BERNARD VAN, *In the Grip of the Past* (Leiden: E. J. Brill, 1953). 56–8

GUÉRARD, ALBERT, *The Life and Death of an Ideal: France in the Classical Age* (New York: Scribner, 1928). 148, 228

GUILBAUD, G. T., *What is Cybernetics?* trans. Valerie Mackay (New York: Grove Press, Evergreen ed., 1960). 154–5

HADAS, MOSES, *Ancilla to Classical Learning* (New York: Columbia University Press, 1954). 62, 85–6, 207

HAJNAL, ISTVAN, *L'Enseignement de l'écriture aux universités médiévales*, 2nd. ed. (Budapest: Academia Scientiarum Hungarica Budapestini, 1959). 94–9, 109

HALL, EDWARD T., *The Silent Language* (New York: Doubleday, 1959). 4, 231

HARRINGTON, JOHN H., "The Written Word as an Instrument and a Symbol of the Christian Era," Master's thesis (New York: Columbia University, 1946). 109

HATZFELD, HELMUT, *Literature through Art* (Oxford: Oxford University Press, 1952). 136

HAYES, CARLETON, *Historical Evolution of Modern Nationalism* (New York: Smith Publishing Co., 1931). 217–24

HEISENBERG, WERNER, *The Physicist's Conception of Nature* (London: Hutchinson, 1958). 29

HILDEBRAND, ADOLF VON, *The Problem of Form in the Figurative Arts*, trans. Max Meyer and R. M. Ogden (New York: G. E. Stechert, 1907, reprinted 1945). 41

HILLYER, ROBERT, *In Pursuit of Poetry* (New York: McGraw-Hill, 1960). 232

HOLLANDER, JOHN, *The Untuning of the Sky* (Princeton: Princeton University Press, 1961). 60, 202

HOPKINS, GERARD MANLEY, *A Gerard Manley Hopkins Reader*, ed. John Pick (New York and London: Oxford University Press, 1953). 83

HUIZINGA, J., *The Waning of the Middle Ages* (New York: Doubleday, 1954; Anchor book). 117–18, 120, 138

HUTTON, EDWARD, *Pietro Aretino, The Scourge of Princes* (London: Constable, 1922). 194, 197

HUXLEY, T. H., *Lay Sermons, Addresses and Reviews* (New York: Appleton, 1871). 172

INKELES, ALEXANDER, *Public Opinion in Russia* (Cambridge, Mass.: Harvard University Press, 1950). 21

INNIS, HAROLD, *Empire and Communications* (Oxford: University of Oxford Press, 1950). 25, 50, 115

——— *Essays in Canadian Economic History* (Toronto: University of Toronto Press, 1956). 162

——— *The Bias of Communication* (Toronto: University of Toronto Press, 1951). 25, 61, 216–17, 260

——— *The Fur Trade in Canada* (New Haven: Yale University Press, 1930). 216, 236

IVINS, WILLIAM, JR., *Art and Geometry: A Study in Space Intuitions* (Cambridge, Mass.: Harvard University Press, 1946). 39, 40, 54, 81, 112

——— *Prints and Visual Communication* (London: Routledge and Kegan Paul, 1953). 71–3, 77–9, 125–6

JAMES, A. LLOYD, *Our Spoken Language* (London: Nelson, 1938). 87

JOHNSON, SAMUEL, *Rambler* no. 4 (March 31, 1750). 273–4

JONES, R. F., *The Triumph of the English Language* (Stanford, Calif.: Stanford University Press, 1953). 224, 227, 229, 240

JONSON, BEN, *Volpone.* 168–9

JOSEPH, B. L., *Elizabethan Acting* (Oxford: Oxford University Press, 1951). 99

JOYCE, JAMES, *Finnegans Wake* (London: Faber and Faber, 1939). 74–5, 83, 150, 183, 217, 245, 263, 268, 278

——— *Ulysses* (New York Modern Library, 1934; New York: Random House, 1961 [new ed.]). 74, 203, 267

KANT, EMMANUEL, *Critique of Practical Reason*, 1788, Library of Liberal Arts ed. 251

KANTOROWICZ, ERNST H., *The King's Two Bodies: A Study in Medieval Political Theology* (Princeton: Princeton University Press, 1957). 120–3

KENYON, FREDERICK, C., *Books and Readers in Ancient Greece and Rome* (Oxford: Clarendon Press, 1937). 82, 84–5

KEPES, GYORGY, *The Language of Vision* (Chicago: Paul Theobald, 1939). 126–7

KILLHAM, JOHN, ed., *Critical Essays on Poetry of Tennyson* (London: Routledge and Kegan Paul, 1960). 266

LATOURETTE, KENNETH SCOTT, *The Chinese, Their History and Culture* (New York: Macmillan, 1934). 34–5

LECLERC, JOSEPH, *Toleration and the Reformation*, trans. T. L. Westow (New York: Association Press; London: Longmans, 1960). 223

LECLERCQ, DOM JEAN, *The Love for Learning and the Desire for God*, trans. Catherine Misrahi (New York: Fordham University Press, 1961). 89–90

Leibnitz, Selections from, ed. Philip P. Wiener (New York: Scribners, 1951). 254–5

LEVER, J. W., *The Elizabethan Sonnet* (London: Methuen, 1956). 206

LEWIS, C. S., *English Literature in the Sixteenth Century* (Oxford: Oxford University Press, 1954). 149, 228–9

LEWIS, D. B. WYNDHAM, *Doctor Rabelais* (New York: Sheed and Ward, 1957). 147–8, 153

LEWIS, PERCIVAL WYNDHAM, *The Lion and the Fox* (London: Grant Richards, 1927). 119

——— *Time and Western Man* (London: Chatto and Windus, 1927). 63

LORD, ALBERT B., *The Singer of Tales* (Cambridge, Mass.: Harvard University Press, 1960). 1

LOWE, E. A., "Handwriting," in *The Legacy of the Middle Ages*, ed. G. C. Crump and E. F. Jacob (Oxford: Oxford University Press, 1928). 127

LOWENTHAL, LEO, *Literature and the Image of Man* (Boston: Beacon Press, 1957). 209, 211, 213–14

——— *Popular Culture and Society* (Englewood Cliffs, New York: Prentice-Hall, 1961). 274

LUKASIEWICZ, JAN, *Aristotle's Syllogistic* (Oxford: Oxford University Press, 1951). 59

MAHOOD, M. M., *Shakespeare's Wordplay* (London: Methuen, 1957). 231–2

MALLET, C. E., *A History of the University of Oxford* (London: Methuen, 1924). 209

MALRAUX, ANDRÉ, *Psychologie de l'art*, vol. I, *Le Musée imaginaire* (Geneva: Albert Skira Editeur, 1947). 118

MARLOWE, CHRISTOPHER, *Tamburlaine the Great.* 197, 200

MARROU, H. I., *Saint Augustin et la fin de la culture antique* (Paris: de Coddard, 1938). 99–100

MCGEOCH, JOHN A., *The Psychology of Human Learning* (New York: Longmans, 1942). 141

MCKENZIE, JOHN L., *Two-Edged Sword* (Milwaukee: Bruce Publishing Co., 1956). 165

MCLUHAN, HERBERT MARSHALL, ed. with E. S. Carpenter, *Explorations in Communication* (Boston: Beacon Press, 1960). 19, 136

——— "Inside the Five Sense Sensorium," in *Canadian Architect*, vol. 6, no. 6, June, 1961. 39

——— "Joyce, Mallarmé and the Press," in *Sewanee Review*, Winter, 1954. 268

——— "Myth and Mass Media," in Henry A. Murray, ed., *Myth and Mythmaking* (New York: George Braziller, 1960).

——— "Printing and Social Change," in *Printing Progress: A Mid-Century Report* (Cincinnati: The International Association of Printing House Craftsmen, Inc., 1959). 158

——— "Tennyson and Picturesque Poetry," in John Killham, ed., *Critical Essays of the Poetry of Tennyson* (London: Routledge and Kegan Paul, 1960). 266

——— "The Effects of the Improvement of Communication Media," in *Journal of Economic History*, Dec., 1960. 165

——— "The Effect of the Printed Book on Language in the Sixteenth Century," in *Explorations in Communications.* 84

——— *The Mechanical Bride: Folklore of Industrial Man* (New York: Vanguard Press, 1951). 172, 212

MELLERS, WILFRED, *Music and Society* (London: Denis Dobson, 1946). 200–1

MERTON, THOMAS, "Liturgy and Spiritual Personalism," in *Worship* magazine, Oct., 1960. 137

MILANO, PAOLO, ed., *The Portable Dante*, trans. Laurence Binyon and D. G. Rossetti (New York: Viking Press, 1955). 113–14

MILL, JOHN STUART, *On Liberty*, ed. Alburey Castell (New York: Appleton-Century-Crofts, 1947). 268

MITCHELL, W. F., *English Pulpit Oratory from Andrewes to Tillotson* (London: Macmillan, 1932). 234

MONTAGU, ASHLEY, *Man: His First Million Years* (Cleveland and New York: World Publishing Co., 1957). 76–7

MORE, THOMAS, *Utopia* (Oxford: Clarendon Press, 1904). 129

More, St. Thomas: Selected Letters (1557), ed. E. F. Rogers (New Haven: Yale University Press, 1961). 93, 143–4

MORISON, SAMUEL ELIOT, *Admiral of the Ocean Sea* (New York: Little Brown, 1942). 185

MORRIS, EDWARD P., *On Principles and Methods in Latin Syntax* (New York: Scribners, 1902). 232

MOXON, JOSEPH, *Mechanick Exercises on the Whole Art of Printing* (1683–84), ed. Herbert Davis and Harry Carter (London: Oxford University Press, 1958). 255

MULLER-THYM, B. J., "New Directions for Organization Practice," in *Ten Years Progress in Management, 1950–1960* (New York: American Society of Mechanical Engineers, 1961). 140–1

MUMFORD, LEWIS, *Sticks and Stones* (New York: Norton, 1934; 2nd rev. ed., New York: Dover Publications, 1955). 164

NEF, JOHN U., *Cultural Foundations of Industrial Civilization* (Cambridge: Cambridge University Press, 1958). 167, 181–2, 184

ONG, WALTER, "Ramist Classroom Procedure and the Nature of Reality," in *Studies in English Literature, 1500–1900*, vol. I, no. 1, Winter, 1961. 146

——— *Ramus: Method and the Decay of Dialogue* (Cambridge, Mass.: Harvard University Press, 1958). 129, 159–60

——— "Ramist Method and the Commercial Mind," in *Studies in the Renaissance*, vol. VIII, 1961. 104, 160, 162–3, 168, 174–6

OPIE, IONA and PETER, *Lore and Language of Schoolchildren* (Oxford: Oxford University Press, 1959). 91–2

PANOFSKY, ERWIN, *Gothic Architecture and Scholasticism*, 2nd ed. (New York: Meridian Books, 1957). 106–7, 113

PATTISON, BRUCE, *Music and Poetry of the English Renaissance* (London: Methuen, 1948). 201

PIRENNE, HENRI, *Economic and Social History of Medieval Europe* (New York: Harcourt Brace, 1937; Harvest book 14). 114–16

PLATO, *Dialogues*, trans. B. Jowett (New York: 1895). 25, 27

POLANYI, KARL, *The Great Transformation* (New York: Farrar Strauss, 1944; Boston: Beacon Press paperback, 1957). 270–2

——— Conrad M. Arenberg, and Harry W. Pearson, eds., *Trade and Market in Early Empires* (Glencoe, Ill.: The Free Press, 1957). 2

POPE, ALEXANDER, *The Dunciad*, ed. by James Sutherland, 2nd ed. (London: Methuen, 1953). 155, 255–63, 268–9

POPPER, KARL R., *The Open Society and Its Enemies* (Princeton: Princeton University Press, 1950). 7–9

POULET, GEORGES, *Studies in Human Time*, trans. E. Coleman (Baltimore: Johns Hopkins Press, 1956; New York: Harper Torch Books, 1959). 14–15, 241–3, 247, 249

POUND, EZRA, *The Spirit of Romance* (Norfolk, Conn.: New Directions Press, 1929). 114

POWYS, JOHN COWPER, *Rabelais* (New York: Philosophic Library, 1951). 150

Rabelais, The Works of Mr. Francis, trans. Sir Thomas Urquhart (New York: Harcourt, 1931). 147–8, 153

RASHDALL, HASTINGS, *The University of Europe in the Middle Ages*, 2nd ed. (Oxford: Oxford University Press, 1936). 108

RIESMAN, DAVID J., with REUEL DENNY and NATHAN GLAZER, *The Lonely Crowd* (New Haven: Yale University Press, 1950). 28–9, 214

ROSTOW, W. W., *The Stages of Economic Growth* (Cambridge: Cambridge University Press, 1960). 90

RUSKIN, JOHN, *Modern Painters*, Everyman ed. (New York: Dutton, n.d.). 266–7

RUSSELL, BERTRAND, *ABC of Relativity* (1st ed., 1925), rev. ed. (London: Allen and Unwin, 1958; New York: Mentor paperback, 1959). 41

——— *History of Western Philosophy* (London: Allen and Unwin, 1946). 22

RYAN, EDMUND JOSEPH, *Role of the Sensus Communis in the Psychology of St. Thomas Aquinas* (Cartagena, Ohio: Messenger Press, 1951). 106

RYLE, GILBERT, *The Concept of the Mind* (London: Hutchinson, 1949). 72–3

SAINT BENEDICT, "De opera manum cotidiana" in *The Rule of Saint Benedict*, ed. and trans. by Abbot Justin McCann (London: Burns Oates, 1951). 93

SARTRE, JEAN-PAUL, *What is Literature?* trans. Bernard Frechtman (New York: Philosophic Library, 1949). 199

SCHOECK, R. J., and JEROME TAYLOR, eds., *Chaucer Criticism* (Notre Dame, Ind.: Notre Dame University Press, 1960). 136

SCHRAMM, WILBUR, with JACK LYLE and EDWIN B. PARKER, *Television in the Lives of Our Children* (Stanford, Calif.: University of California Press, 1961). 145

SELIGMAN, KURT, *The History of Magic* (New York: Pantheon Books, 1948). 108

SELTMAN, CHARLES THEODORE, *Approach to Greek Art* (New York: E. P. Dutton, 1960). 61–4

Shakespeare, The Complete Works of, ed. G. L. Kittredge (Boston, New York, Chicago: Ginn and Co., 1936). 11–15, 161–3, 169–70, 188–9, 244

SHAKESPEARE, WILLIAM, *Troilus and Cressida*, First Quarto Collotype Facsimile, Shakespeare Association (Sidgwick and Jackson, 1952). 204–5

SIEBERT, F. S., *Freedom of the Press in England 1476–1776: The Rise and Decline of Government Controls* (Urbana, Ill.: University of Illinois Press, 1952). 236–8

SIMSON, OTTO VON, *The Gothic Cathedral* (London: Routledge and Kegan Paul, 1956). 105, 107

SISAM, KENNETH, *Fourteenth Century Verse and Prose* (Oxford: Oxford University Press, 1931). 198

SMALLEY, BERYL, *Study of the Bible in the Middle Ages* (Oxford: Oxford University Press, 1952). 99, 105–6, 110–11

SPENGLER, OSWALD, *The Decline of the West* (London: Allen and Unwin, 1918). 54–5

SUTHERLAND, JAMES, *On English Prose* (Toronto: University of Toronto Press, 1957). 201–2

TAWNEY, R. H., *Religion and the Rise of Capitalism.* Holland Memorial Lectures, 1922 (New York: Pelican books,1947). 209

THOMAS, WILLIAM I., and FLORIAN ZNANIECKI, *The Polish Peasant in Europe and America* (first published Boston: R. G. Badger, 1918–20; New York: Knopf, 1927). 176–7

TOCQUEVILLE, ALEXIS DE, *Democracy in America*, trans. Phillips Bradley (New York: Knopf paperback, 1944). 236

TUVE, ROSAMUND, *Elizabethan and Metaphysical Imagery* (Chicago: University of Chicago Press, 1947). 234

USHER, ABBOTT PAYSON, *History of Mechanical Inventions* (Boston: Beacon Press paperback, 1959). 6, 124, 152

WHITE, JOHN, *The Birth and Rebirth of Pictorial Space* (London: Faber and Faber, 1957). 55

WHITE, LESLIE A., *The Science of Culture* (New York: Grove Press, n.d.). 5

WHITE, LYNN, "Technology and Invention in the Middle Ages," in *Speculum*, vol. XV, April, 1940. 79

WHITEHEAD, A. N., *Science and the Modern World* (New York: Macmillan, 1926). 45, 276

WHITTAKER, SIR EDMUND, *Space and Spirit* (Hinsdale, Ill.: Henry Regnery, 1948). 57, 251–3

WHYTE, LANCELOT LAW, *The Unconscious Before Freud* (New York: Basic Books, 1960). 245–7

WILLEY, BASIL, *The Seventeenth Century Background* (London: Chatto and Windus, 1934). 234–5

WILLIAMS, AUBREY, *Pope's Dunciad* (Baton Rouge, La.: Louisiana State University Press, 1955). 260, 262

WILLIAMS, RAYMOND, *Culture and Society 1780–1950* (New York: Columbia University Press, 1958; Anchor books, 1959). 269, 273

WILLIAMSON, GEORGE, *Senecan Amble* (London: Faber and Faber, 1951). 103

WOLFFLIN, HEINRICH, *Principles of Art History* (New York: Dover Publications, 1915). 41, 81

WILSON, JOHN, "Film Literacy in Africa," in *Canadian Communications*, vol. I, no. 4, Summer, 1961. 38

WORDSWORTH, CHRISTOPHER, *Scholae Academicae: Some Account of the Studies at the English Universities in the Eighteenth Century* (Cambridge: Cambridge University Press, 1910). 211

WRIGHT, L. B., *Middle-Class Culture in Elizabethan England* (Chapel Hill, N.C.: University of North Carolina Press, 1935). 161

YOUNG, J. Z., *Doubt and Certainty in Science* (Oxford: Oxford University Press, 1961). 4

中英名詞對照表及索引

文獻

二至五畫

六至十畫

十一至十五畫

十六畫以上